普通高等教育教材

高分子材料
测试分析技术

陈雅君　编著

化学工业出版社
·北京·

内容简介

本书系统介绍了高分子材料研究中常用的测试与分析方法。全书内容共分为五个部分：光谱分析（包括紫外吸收光谱、红外光谱和拉曼光谱）、核磁共振波谱分析、有机质谱分析、热分析（涵盖热重分析、差示扫描量热分析和热机械分析）以及显微分析（涉及光学显微镜、透射电镜和扫描电镜）。本书不仅详细讲解各项技术的基本原理，还结合典型应用案例进行分析，帮助读者掌握如何运用这些技术研究高分子材料的结构与性能。

本书主要面向高分子及相关专业的本科生，作为专业课程教材使用。同时也可作为研究生和科研、工程技术人员的参考用书。希望本书能为读者在高分子材料测试分析领域的学习和实践提供有益的帮助。

图书在版编目（CIP）数据

高分子材料测试分析技术 / 陈雅君编著. — 北京 : 化学工业出版社，2025. 11. —（普通高等教育教材）.
ISBN 978-7-122-49506-8

Ⅰ. TB324

中国国家版本馆 CIP 数据核字第 2025VD6071 号

责任编辑：高　宁　　　文字编辑：张瑞霞
责任校对：王鹏飞　　　装帧设计：韩　飞

出版发行：化学工业出版社
（北京市东城区青年湖南街 13 号　邮政编码 100011）
印　　装：北京科印技术咨询服务有限公司数码印刷分部
787mm×1092mm　1/16　印张 13½　字数 314 千字
2026 年 3 月北京第 1 版第 1 次印刷

购书咨询：010-64518888　　　售后服务：010-64518899
网　　址：http://www.cip.com.cn
凡购买本书，如有缺损质量问题，本社销售中心负责调换。

定　　价：48.00 元

前言

高分子材料作为现代材料科学的重要组成部分，广泛应用于航空航天、电子信息、生物医药、能源环保等诸多领域。随着高分子材料设计与制备技术的快速发展，对材料结构与性能的精准表征提出了更高要求。测试分析技术是揭示材料组成、结构、性能及其相互关系的关键手段，也是科研创新、技术开发和产品质量控制的重要支撑。正确选择和使用测试分析技术，能够帮助研究者深入理解材料特性、优化工艺参数、解决生产和应用中的实际问题。因此，系统学习高分子材料测试分析技术，对于材料及相关专业的学生、科研人员和工程技术人员都具有重要意义。

本教材的编写源于北京工商大学高分子材料与工程专业的教学实践。自2011年起，编著者与许国志教授共同为本科生和研究生开设“高分子材料测试分析技术”课程。在许国志教授已有的教学课件基础上，编著者结合多年授课经验，不断调整、补充和完善，逐步形成了内容相对固定的教学课件，并在本科教学中使用了近十年。本书正是在这些教学资料的基础上，参考国内外相关教材、专著及研究论文，经过系统整理、修改和扩充后编写而成，力求在理论深度和实践应用之间取得平衡，使之更适合教学使用。

本书系统介绍了高分子材料研究中常用的测试分析技术，主要内容包括：光谱分析（紫外吸收光谱、红外光谱、拉曼光谱）、核磁共振波谱分析、有机质谱分析、热分析（热重分析、差示扫描量热分析、热机械分析）以及显微分析技术（光学显微镜、透射电镜、扫描电镜）。不仅阐述各类分析技术的基本原理，还通过典型应用案例，帮助读者掌握运用这些技术解析高分子材料的结构与性能关系的方法。本书适用于高分子材料及相关专业的本科生教学，同时也可作为研究生和科研技术人员的参考书。

本书的出版得到了北京工商大学“十四五”规划本科教材建设项目的资助，同时也受益于国家自然科学基金（项目编号：22175006）的支持。在此，特别感谢许国志教授在“高分子材料测试分析技术”课程建设中的积累和贡献，以及在编著者讲授该课程过程中给予的指导和帮助，这些宝贵的知识积淀为本书的编写奠定了坚实基础。此外，本书在编写过程中参考了大量教材、专著和文献，在此向相关作者致以诚挚的谢意。由于编著者水平有限，书中难免存在不足之处，恳请广大读者批评指正，以便在今后的修订中不断完善。

陈雅君

2025 年 7 月

目 录

第一章　光谱分析　1

第二章 核磁共振波谱分析 51

第三章 有机质谱分析 83

第四章　热分析 105

第五章　显微分析 162

第一章　光谱分析

第一节　光谱分析概述

光谱分析是现代分析化学和高分子材料表征的重要技术手段之一，主要包括红外光谱（IR）、拉曼光谱（Raman）、紫外吸收光谱（UV-vis）、荧光光谱（fluorescence）等。这些方法通过研究物质与电磁辐射的相互作用，能够提供分子结构、化学键、官能团以及分子间相互作用等丰富的信息。

自 20 世纪初以来，光谱分析技术经历了显著的发展。早期，研究者们对双原子分子的光谱进行了系统的研究，奠定了分子光谱学的基础。随着量子力学的建立和发展，多原子分子光谱理论逐渐完善，研究者们积累了大量的实验数据和理论模型。20 世纪 60 年代激光技术的出现，为分子光谱研究带来了革命性的变革。激光的高强度、单色性和相干性极大地提高了光谱分析的灵敏度和分辨率，使得研究者能够更精确地探测分子的振动、转动和电子跃迁等信息。

目前，光谱分析技术在高分子材料研究中发挥着不可替代的作用。它不仅广泛应用于高分子的鉴别和定量分析，还能够深入解析高分子的链结构、构型、构象以及结晶行为。此外，光谱分析法在高分子材料的添加剂分析、残留单体检测、填料鉴定以及增塑剂分析等方面也表现出独特的优势。例如，红外光谱可以快速鉴定高分子中的官能团，拉曼光谱适用于研究高分子的结晶度和取向，紫外吸收光谱可用于分析共轭体系和高分子的电子结构，而荧光光谱则在高分子材料的表面和界面研究中具有重要应用。随着仪器技术的不断进步和计算机辅助分析的发展，光谱分析技术的灵敏度、分辨率和自动化程度不断提高，为高分子材料的结构表征和性能研究提供了更加全面和精确的工具。

一、电磁辐射与光谱分析方法

（一）电磁辐射

电磁辐射又称为电磁波、辐射能，是能量以电磁波形式在空间传播。1873 年

J. C. Maxwell 提出了可见光是电磁波的一种形式，而使光的范畴扩展为电磁波谱。概括地说，电磁波谱包括无线电波、微波、红外光、可见光、紫外光、X 射线和 γ 射线等，如图 1-1 所示。所有这些电磁波都具有共同点：它们在真空中的传播速度，即频率（υ）与波长（λ）的乘积是相同的，都等于光在真空中的传播速度（c）：

$$\lambda\upsilon = c = 3\times10^{10}\,\text{cm/s} \tag{1-1}$$

辐射能的波粒二象性：根据近代量子力学理论，光是由一粒一粒的运动着的粒子组成的粒子流，这些光粒子称为光子（又叫光量子）。被称为光子的微粒仍保持着一定频率（或波长），且具有能量 $E=h\upsilon_0$，其中 h 为普朗克常数，数值为 6.63×10^{-34} J · s（4.14×10^{-15} eV · s）。

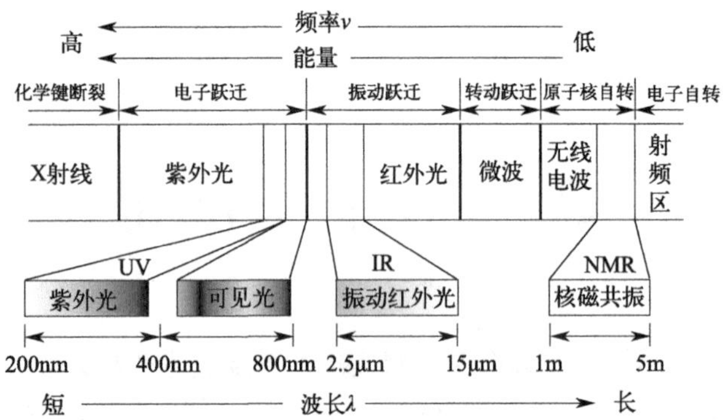

图 1-1 光波谱区及能量跃迁相关图

（二）电磁辐射的特性与光谱分析方法

辐射能具有光的特性：如吸收、发射、散射、折射、反射、偏振等。当光照射到物体上时，电磁波的交变电场就会与被照射物体的原子和分子发生相互作用。利用这种相互作用使被照射物体内分子运动状态发生变化并产生特征能级之间的跃迁进行分析的方法，称为光谱分析法。若不涉及特征能级之间的跃迁，只运用照射光的方向及物体某些物理性质的变化（如折射、反射、散射、偏振、二色性等）进行分析，这样的方法称为非光谱分析法。

1. 电磁辐射的吸收特性

辐射能作用于粒子，粒子可选择性地吸收某些频率的辐射能，并从低能态跃迁至高能态，这种现象称为吸收。吸收的辐射能可以从 γ 射线至无线电波，作用的粒子可以是电子（最常见）、原子核（高能时显著）、其他带电粒子（如质子、离子）、凝聚系统中的准粒子（等离激元、声子等）等。

不同的粒子吸收的能量不同，形成了选择性吸收，由此可得到各自的特征光谱，从而达到鉴别各种粒子的目的。基于这种原理建立的光谱分析方法，称为吸收光谱法。红外光谱、紫外吸收光谱、核磁共振波谱都属于吸收光谱。

2. 电磁辐射的发射特性

粒子吸收能量后，从低能态跃迁至高能态，处于高能态的粒子是不稳定的，在短暂的时间内，又从高能态跃回低能态。在此过程中，将吸收的能量释放出来，若以光的形式释放能量，则该过程称为发射。不同的粒子，发射的光谱各不相同，具有各自的特征光谱，基于此原理的分析方法称发射光谱法。荧光光谱、磷光光谱等属于发射光谱分析法。

3. 电磁辐射的散射特征

光的散射是带电粒子相互作用引起的，当辐射能通过介质时引起介质内带电粒子的受迫振动，每个振动着的带电粒子向四周发出辐射而形成散射光。当散射光的波长与入射光波长相同时称为瑞利散射。当散射光的波长与入射光波长不相同时称为拉曼散射。利用光的散射原理，测量散射光谱线的频率，计算它们与入射光谱线的频率差的分析方法称拉曼光谱。

二、分子光谱与原子光谱

根据量子力学的基本理论，原子或分子只能存在于以确定能量为特征的某种状态。在一定条件下，某种运动形式所处的最低能量状态叫基态，而高于基态的各能量状态叫激发态，体系能量以不连续状态存在。当原子或分子改变其状态时，必须吸收或者释放出一定大小的能量恰使原子或分子进入另一种状态。即分子或原子吸收光子的能量从低能级跃迁到高能级，或发射光子的能量从高能级跃回到低能级。在此过程中，总的能量守恒。

（一）原子的运动与原子光谱

原子的运动主要表现为电子在原子核周围的运动。原子的能量状态主要由电子能决定，电子能来源于电子在原子核周围的运动以及电子与电子、电子与原子核之间的相互作用。原子光谱是由原子中电子在不同能级之间跃迁所产生的光谱。当原子受到光源辐照时，电子从基态跃迁到激发态，产生原子吸收光谱；而当电子从激发态跃迁回到基态时，产生原子发射光谱。

（二）分子的运动与分子光谱

与原子的运动相比，分子的运动较为复杂，主要有分子的整体平动、分子绕其质心的转动、分子内原子的各种类型的振动/原子间的相对往复运动等。它们所具有的能量分别称为平动能、转动能、振动能和电子能。分别用 $E_{平动}$、$E_{转动}$、$E_{振动}$ 和 $E_{电子}$ 表示，则分子的总能量（E）可用下式表示：

$$E=E_{平动}+E_{转动}+E_{振动}+E_{电子} \tag{1-2}$$

其中，分子平动能具有连续数值，不具有量子化的特征，而电子能、振动能和转动能是量子化的，三者统称分子内部运动能。分子内部运动能（ΔE）与电磁辐射的吸收和发射有关，即

$$\Delta E=E_{转动}+E_{振动}+E_{电子} \tag{1-3}$$

三种运动形式的能级差 $E_{电子}>E_{振动}>E_{转动}$。

分子光谱是由分子内部运动的能级跃迁而产生的。当光源照射某一分子时，分子会选择吸收某一频率的光而从基态跃迁到激发态，产生分子吸收光谱。相反，当分子从高能级跃迁至低能级时就产生发射光谱。

在分子光谱中，电子的跃迁能级差为 1～20eV（电子伏特），由分子的电子能级间跃迁所产生的光谱的波长范围在 60～1250nm（0.06～1.25μm）。主要在可见及紫外区，所形成的光谱称为电子光谱或紫外吸收光谱。

分子的振动能级差一般为 0.05～1eV，振动能级间跃迁所产生的光谱波长范围在 1250～25000nm（1.25～25μm），属红外区，所形成的光谱称振动光谱，又称为红外光谱。

分子的转动能级差一般在 0.005～0.05eV，转动能级间跃迁所产生的光谱波长范围在 25000～250000nm（25～250μm），属于远红外区的范围，形成的光谱称为转动光谱。

（三）分子光谱与原子光谱的区别

原子光谱是由一组不连续的波长谱线组成的线状谱，称为不连续光谱。每种原子电子结构不同，因此都具有自己的特征谱线。

分子光谱是由一组连续波长的谱带组成的带状谱，称为连续光谱。分子光谱与原子光谱产生差别的原因是分子比原子多了两种运动形式的能量变化，即振动能和转动能。

三、光谱分析分类

光谱分析大致有以下几种分类方法：

① 按物质吸收或产生的辐射能分类，即按照物质吸收或产生电磁辐射的波长范围可分为 X 射线光谱、紫外吸收光谱、红外光谱、微波光谱、拉曼光谱和核磁共振波谱等。

② 按作用物质的微粒分类，即按照被测物质的组成可将光谱分为原子光谱和分子光谱。

③ 按照分子或原子中的原子能级跃迁的方向分类，可将光谱分为两类，即吸收光谱和发射光谱。吸收光谱是分子或原子中的原子吸收光源辐射能由低能级跃迁到高能级所产生的光谱。发射光谱是分子或原子中的原子受能源（光、电、热等）的激发后跃迁到高能级，接着由高能级恢复到低能级释放出光能而产生的光谱。

以上几种分类方法可归纳如图 1-2 所示。在高分子结构分析中，最常用的是分子光谱。我们将在第二、三节中分别介绍紫外吸收光谱、红外光谱的原理及其在高分子结构分析中的应用。

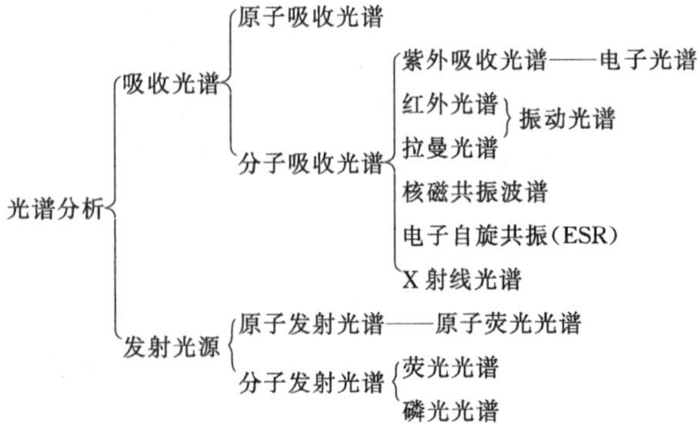

图 1-2　光谱分析分类图

第二节　紫外吸收光谱

紫外吸收光谱是当光照射样品分子或原子时，外层的电子吸收一定波长的紫外光，由基态跃迁至激发态而产生的光谱。不同结构的分子，其电子跃迁方式不同，吸收的紫外光波长也不同，吸收率也不同。因此，可以根据样品的吸收波长范围、吸光强度来鉴别不同的物质结构。

一、紫外吸收光谱的产生

紫外光可分为近紫外光（200～400nm）和真空紫外光（60～200nm，又称为远紫外光）。由于氧、氮、二氧化碳、水等在真空紫外区（60～200nm）均有吸收，因此在测定这一范围的光谱时，必须将光学系统抽成真空，然后充一些稀有气体，如氦、氖、氩等。鉴于真空紫外吸收光谱的研究需要昂贵的真空紫外分光光度计，故在实际应用中受到一定的限制。我们通常所说的紫外-可见分光光度法，实际上是指近紫外、可见分光光度法，即测试范围从 200～400nm 的近紫外区扩展到可见光区域（400～700nm）。

当紫外光照射分子时，分子吸收光子能量后受激发，分子中的电子从一个能级跃迁到另一个能级。由于分子的能量是量子化的，所以只能吸收等于分子内两个能级差的光子。

$$\Delta E = E_2 - E_1 = h\nu = hc/\lambda \tag{1-4}$$

式中　E_1，E_2——始态和终态的能量，eV；

h——普朗克常数，$6.63\times10^{-34}\text{J}\cdot\text{s}$（$4.14\times10^{-15}\text{eV}\cdot\text{s}$）；

ν——频率，Hz；

c——光速，$3\times10^8\text{m/s}$；

λ——波长，m。

如果紫外光的波长为 200nm，代入式(1-4)，可求出紫外光的能量为：

$$E = 4.14\times10^{-15}\times\frac{3\times10^8}{200\times10^{-9}}\approx6(\text{eV})$$

如果紫外光的波长为 700nm，代入式(1-4)，可求出紫外光的能量为：

$$E = 4.14\times10^{-15}\times\frac{3\times10^8}{700\times10^{-9}}\approx1.8(\text{eV})$$

这个范围内的能量可以引起电子能级（1～20eV）的跃迁。由于内层电子的能级很高，一般不易激发，故电子能级的跃迁主要是指价电子的跃迁。因此，紫外吸收光谱是由于分子吸收光能后，价电子由基态能级跃迁到能量更高的激发态而产生的，所以紫外吸收光谱也称电子光谱。

紫外光的能量较高，在引起价电子跃迁的同时，也会引起只需要低能量的分子振动和转动能级跃迁。结果是紫外吸收光谱不是一条条谱线，而是较宽的谱带。

二、朗伯-比耳定律

朗伯-比耳定律是紫外吸收光谱的理论基础和定量分析的依据，它的数学表达式为：

$$A=\lg\frac{I_0}{I}=\varepsilon lc \tag{1-5}$$

式中　A——吸光度；

I_0，I——入射光和透射光强度；

ε——摩尔吸光系数，L/(mol·cm)；

l——试样的光程长，cm；

c——溶质浓度，mol/L。

朗伯-比耳定律成立的条件是待测物为均一的稀溶液、气体等，无溶质、溶剂及悬浊物引起的散射，入射光为单色平行光。

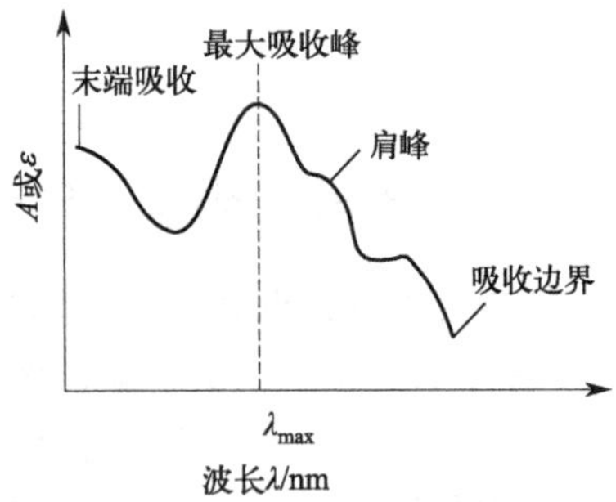

图 1-3　紫外吸收光谱示意图

让不同波长的紫外光连续通过样品，以样品的吸光度 A 对波长 λ 作图，就得到紫外吸收光谱。因为 ε 与 A 成正比，谱图可以用 ε 为纵坐标，因而 ε 也可表示吸收峰的强度（图 1-3）。一般地，$\varepsilon>10^4$ L/(mol·cm) 为强吸收 [ε 不超过 10^5 L/(mol·cm)]；$\varepsilon=10^3\sim10^4$ L/(mol·cm) 为中等吸收；$\varepsilon<10^3$ L/(mol·cm) 为弱吸收。图 1-3 中，λ_{max} 表示吸收的最大波长，即最大吸收峰位置，这个参数很重要。

三、分子轨道能级与电子跃迁类型

1. 分子轨道能级

有机物和高分子的紫外吸收光谱与分子的电子结构有关。根据分子轨道理论，当原子形成分子时，原子轨道经组合形成分子轨道，即形成能量较低的成键轨道和能量较高的反键轨道。按结合成分子的原子的电子类型，分子轨道包括 σ 成键轨道和 σ^* 反键轨道、π 成键轨道和 π^* 反键轨道。同时，分子中还存在着未共用的电子对，属于非键轨道，称为 n 键轨道。这些分子轨道能量各不相同，按其能量由低到高依次排列，见图 1-4。

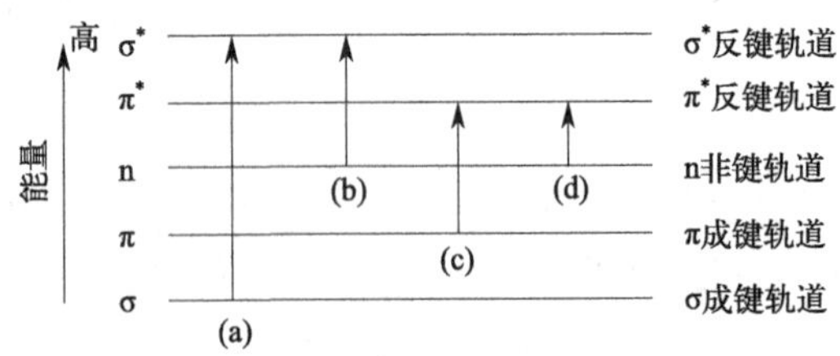

图 1-4　分子轨道能级及电子跃迁

2. 电子跃迁类型

分子处于基态时，电子处于成键轨道和非键轨道上。反键轨道由于能量较高，没有电子。而当分子吸收一定波长的紫外光时，电子吸收光能，从基态的成键轨道（σ，π）或非键轨道（n）激发到反键轨道（σ^*，π^*），这一过程称为电子跃迁。聚合物的电子跃迁有 $\sigma\rightarrow\sigma^*$，$n\rightarrow\sigma^*$，$\pi\rightarrow\pi^*$，$n\rightarrow\pi^*$ 四种形式（如图 1-4 所示），跃迁所需能量依次为 $\sigma\rightarrow\sigma^* > n\rightarrow\sigma^* > \pi\rightarrow\pi^* > n\rightarrow\pi^*$。

（1）$\sigma\rightarrow\sigma^*$ 跃迁

σ 成键电子被激发到 σ^* 反键轨道所产生的跃迁［图 1-4(a)］。实现 $\sigma\rightarrow\sigma^*$ 跃迁所需的能量最大，即吸收波长最短，一般小于 150nm，处于真空紫外区，一般的紫外吸收光谱仪无法检测。烷基中的 C—C 键都是 σ 键，它们的吸收都在真空紫外区。

（2）$n\rightarrow\sigma^*$ 跃迁

非成键电子 n 被激发到 σ^* 反键轨道所产生的跃迁［图 1-4(b)］。实现 $n\rightarrow\sigma^*$ 跃迁所需的能量较 $\sigma\rightarrow\sigma^*$ 跃迁小，吸收波长一般是 150～250nm，大部分处于真空紫外区，一部分在紫外区域内，含有 O、N、S 和卤素等杂原子的饱和烃的衍生物可发生此类跃迁。

（3）$\pi\rightarrow\pi^*$ 跃迁

电子从 π 成键轨道被激发到 π^* 反键轨道所产生的跃迁［图 1-4(c)］。实现 $\pi\rightarrow\pi^*$ 跃迁所需要的能量又较 $n\rightarrow\sigma^*$ 跃迁小，吸收波长多在紫外区。$\pi\rightarrow\pi^*$ 跃迁的特点是吸收强度较大，吸收峰的吸收系数很高，一般在 10^3～10^5 之间。不饱和烃、共轭烯烃和芳香烃可发生此类跃迁。

（4）$n\rightarrow\pi^*$ 跃迁

非成键电子 n 被激发到 π^* 反键轨道所产生的跃迁［图 1-4(d)］。实现 $n\rightarrow\pi^*$ 跃迁能量较小，一般在紫外区，但吸收强度较小，吸收系数一般在 10～100。分子中含有孤对电子和 π 键同时存在时，易发生 $n\rightarrow\pi^*$ 跃迁。

在上述四种跃迁中，对紫外吸收光谱来说最重要的是 $\pi\rightarrow\pi^*$ 和 $n\rightarrow\pi^*$ 跃迁。这两种跃迁均要求有机物分子中含有不饱和基团，如 C═C、C≡C、N═N、C═S、NO_2、COOH、$CONH_2$、C═O、共轭双键和芳环等，这类含有 π 键的不饱和基团称为生色团或生色基。

还有一些含有 n 电子的基团（如—OH、—OR、—NH_2、—NHR、—X 等），它们本身没有生色功能（不能吸收 $\lambda>200$nm 的光），但当它们与生色团相连时，就会发生共轭作用，增强生色团的生色能力（吸收波长向长波方向移动，且吸收强度增加）。这类具有未成键电子的饱和基团称为助色团或助色基。

四、吸收带的类型及特征

在紫外吸收光谱中将跃迁方式相同的吸收峰称为吸收带。化合物的结构不同，跃迁类型不同，因此，吸收带也不同。在有机物和高分子的紫外吸收光谱分析中，往往将谱带分为四种类型，为了便于讨论，用字母命名。

① R 吸收带（$n\rightarrow\pi^*$ 跃迁）：由 C═O、NO_2、NO、N═N 等生色团引起。特点是 $n\rightarrow\pi^*$ 跃迁的能量最小，波长较长，一般 λ_{max} 在 270nm 以上，但跃迁概率小，吸收强度较弱［$\varepsilon<100$L/(mol·cm)］，易被强吸收谱带掩盖，测定这种吸收带时需用浓溶液。

② K 吸收带（$\pi \rightarrow \pi^*$ 跃迁）：由共轭烯烃和取代芳香化合物引起。特点是波长比 R 吸收带短（λ_{max}>200nm），跃迁概率大，吸收强度大，一般 ε>10000L/(mol·cm)。K 吸收带是共轭分子的特征吸收带，也是紫外吸收光谱中应用最多的吸收带。

③ B 吸收带（苯环振动加 $\pi \rightarrow \pi^*$ 跃迁）：该吸收带是芳环、芳杂环的主要特征谱带。其特点是：在 230～270nm 的谱带较宽且含多重峰或精细结构，最强峰约在 255nm 处，ε_{max} 约为 200L/(mol·cm)，属于弱吸收带，常用来识别芳香族化合物。由于振动次能级的影响，当使用极性溶剂时，精细结构消失。图 1-5 是苯的 B 吸收带。

④ E 吸收带（$\pi \rightarrow \pi^*$ 跃迁）：与 B 吸收带一样，也是芳香族化合物的特征谱带，吸收强度大［ε=2000～14000L/(mol·cm)］，吸收波长偏向紫外的低波长部分，有的在远紫外区。如苯的 E_1 和 E_2 吸收带分别在 184nm［ε=47000L/(mol·cm)］和 204nm［ε=7000L/(mol·cm)］上，苯上有助色团取代时，E_2 吸收带移向近紫外区。

由于不同类型分子结构的紫外吸收谱带不同，一个分子可能同时具有几种吸收谱带（结构、基团不同导致）。例如：苯乙酮在正庚烷溶液中，可观察到 K（苯环-羰基共轭效应）、B（苯环）、R（羰基）三种谱带。又如甲基-α-丙烯基酮在甲醇中（图 1-6），可观察到 K（烯基-羰基共轭效应）、R（羰基）两种谱带。

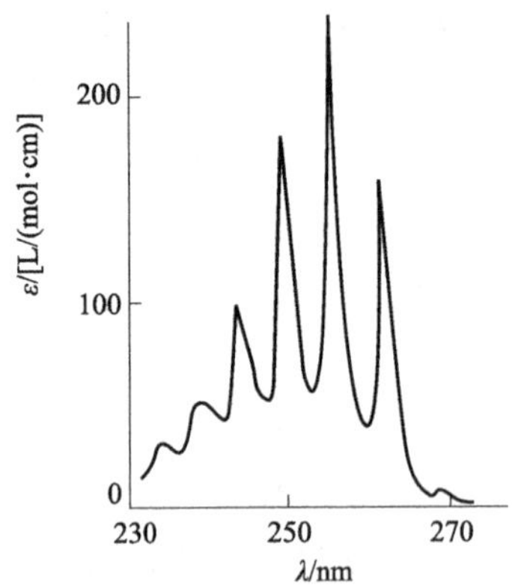

图 1-5　苯的 B 吸收带

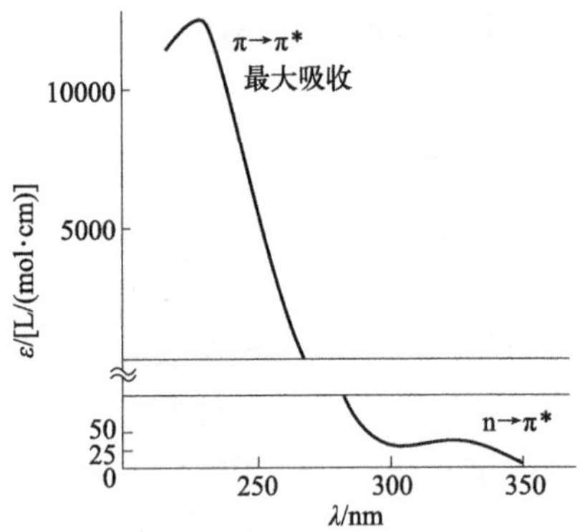

图 1-6　甲基-α-丙烯基酮在甲醇中的紫外吸收光谱图

五、溶剂对紫外吸收光谱的影响

用于紫外吸收光谱分析的样品，一般要制成均相溶液。虽然薄膜也可以直接用于测定，但只能用于定性，因为其不均匀性会给定量带来困难。制样的首要问题是溶剂的选择，用不同溶剂所测的吸收光谱往往不同。溶剂对紫外吸收光谱的影响主要表现在以下几个方面。

（1）溶剂的极性对最大吸收波长 λ_{max} 的影响

一般来说，随着溶剂极性的增大，$\pi \rightarrow \pi^*$ 跃迁吸收峰红移（向长波方向移动），$n \rightarrow \pi^*$ 跃迁吸收峰紫移（向短波方向移动）。

如图 1-7 所示，$n \rightarrow \pi^*$ 跃迁中，非键电子 n 能与极性溶剂形成氢键，n 轨道的能量降低得更多，因而 $n \rightarrow \pi^*$ 之间的能级差增加，谱带蓝移。$\pi \rightarrow \pi^*$ 跃迁中，激发态极性大于基态，当使用极性较大的溶剂时，由于溶剂与溶质相互作用，激发态 π^* 比基态 π 的能量下降更多，能级差减小，谱带红移。

(2) 溶剂的极性对光谱精细结构和吸收强度的影响

随着溶剂极性的增大，分子振动受到限制，精细结构会逐渐消失，合并为一条宽而低的吸收带。如图 1-8 所示，当溶剂由庚烷溶液变为乙醇溶液后，苯酚在 270nm 处的 B 吸收带的精细结构消失了。

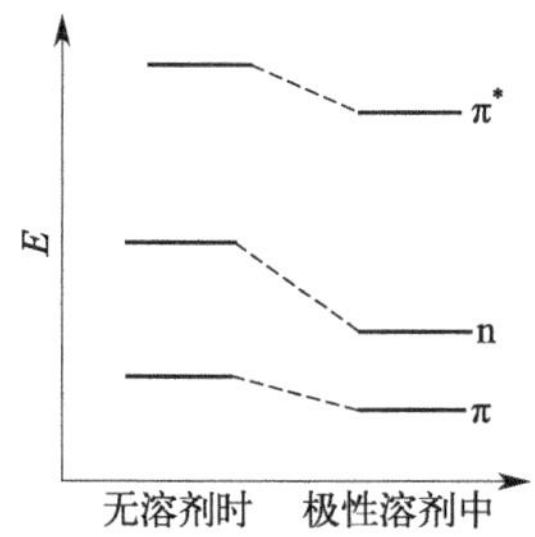

图 1-7　溶剂对能量的影响

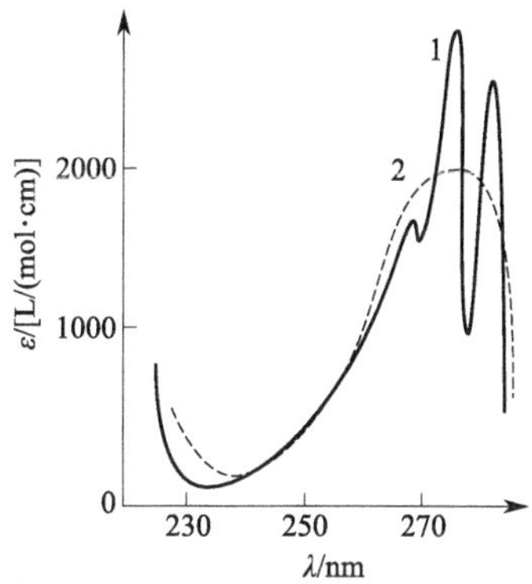

图 1-8　苯酚的 B 吸收带

1—庚烷溶液；2—乙醇溶液

(3) 溶剂的酸碱性也有很大影响

如苯胺在中性溶液中 λ_{max}=280nm，在酸性溶液中 λ_{max} 移至 254nm。苯酚在中性溶液中 λ_{max}=270nm，在碱性溶液中 λ_{max} 移至 287nm。这是由于 pH 值的变化使—NH_2 或—OH 与苯环的共轭体系发生变化，共轭发生红移，反之发生紫移。如图 1-9 所示，苯胺在未加酸时，氮原子上存在孤对电子，该孤对电子与苯环之间形成共轭体系。当加入酸后，氮原子失去电子，导致共轭体系被破坏。共轭体系的形成会降低体系的能量，因此破坏共轭体系将导致体系能量升高。根据式(1-4)，能量升高会导致波长减小，即吸收谱带发生蓝移。对于苯酚而言，其分子中存在 2 对孤对电子与苯环形成共轭体系。当苯酚处于碱性溶液中时，孤对电子数量增加至 3 对，进一步增强了给电子效应，从而扩展共轭效应。这种共轭效应的扩展导致体系能量降低，波长增加，因此吸收谱带发生红移。

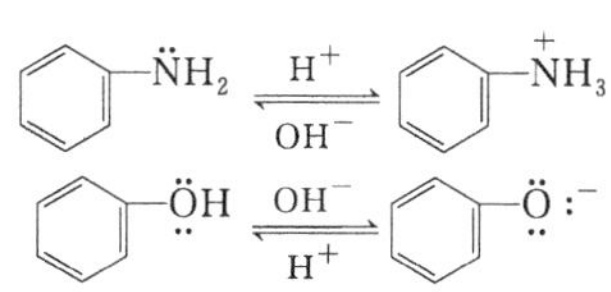

图 1-9　溶剂酸碱性的影响

因此，在选择紫外吸收光谱的溶剂时，要注意以下几点：

① 尽量选用低极性溶剂。

② 溶剂能很好地溶解高分子样品，并且形成的溶液具有良好的化学和光化学稳定性。

③ 溶剂在样品的吸收光谱区无明显吸收。一般来说，芳香族溶剂不宜在 300nm 以下测定，脂肪醛和酮类在 280nm 附近具有最大吸收。在近紫外区完全透明的有水、烃类、脂肪醇类、乙醚、稀 NaOH、NH_4OH、HCl 溶液等，大半透明的有氯仿和四氯化碳等。

表 1-1 列出了紫外吸收光谱分析中常用的溶剂。

表 1-1 紫外吸收光谱分析中常用的溶剂

溶剂	使用波长范围/nm	溶剂	使用波长范围/nm
水	>210	甘油	>230
乙醇	>210	氯仿	>245
甲醇	>210	四氯化碳	>265
异丙醇	>210	乙酸甲酯	>260
正丁醇	>210	乙酸乙酯	>260
96%硫酸	>210	乙酸正丁酯	>260
乙醚	>220	苯	>280
二氧六环	>230	甲苯	>285
二氯甲烷	>235	吡啶	>303
己烷	>200	丙酮	>330
环己烷	>200	二硫化碳	>375

在测定样品前应先对选定的溶剂进行测试，检查是否符合要求。用 10mm 石英吸收池装溶剂，以空吸收池为参比测定。一般对波长 220～240nm，溶剂的吸收不得超过 0.4（吸光度 A）；对 241～250nm，不得超过 0.2；对 251～300nm，不得超过 0.1；对 300nm 以上，不得超过 0.05。

六、紫外吸收光谱在高分子材料研究中的应用

1. 定性分析

由于高分子材料的紫外吸收峰通常只有 2～3 个，且峰形平缓，因此它的选择性远不如红外光谱。而且紫外吸收光谱主要取决于分子中生色团和助色团的特性，而不是取决于整个分子的特性，所以紫外吸收光谱用于定性分析不如红外光谱重要和准确。

同时，因为只有具有重键和芳香共轭体系的高分子材料才有近紫外活性，所以紫外吸收光谱能测定的高分子材料种类受到很大局限，已报道的某些高分子的紫外特性数据列于表 1-2。

表 1-2 某些高分子的紫外特性数据

高分子	生色团	最长吸收波长/nm
聚苯乙烯	苯基	270，280(吸收边界)①
聚对苯二甲酸乙二醇酯	对苯二甲酸酯基	290(吸收尾部)，300①
聚甲基丙烯酸甲酯	脂肪族酯基	250～260(吸收边界)
聚乙酸乙烯酯	脂肪族酯基	210(最大值处)
聚乙烯基咔唑	咔唑基	345

① 两个数值出自不同的文献。

在做定性分析时，如果没有相应高分子的标准谱图可供对照，也可以根据有机化合物中生色团的出峰规律来分析，一般有如下规律：

① 在 200～800nm 波段无吸收，可以肯定分子中没有共轭体系，也不含有 Br、I、S 等杂原子。

② 若有高强度的“末端吸收”，则可能存在孤立的双键。

③ 在 210～250nm 乃至更长波长区域出现高强度的吸收带，$\varepsilon > 10^4$ L/(mol・cm)，表明存在共轭二烯或多烯。

④ 在 250～300nm 有强度很弱的吸收带，$\varepsilon < 100$L/(mol・cm)，应有羰基、亚胺、重氮基存在。

⑤ 在 250～300nm 区域内呈现中等程度的吸收，且有精细结构，则是芳环存在的标志。这种谱带随环上取代基的增加和芳香体系的扩大，λ_{max} 发生红移，ε_{max} 值增大。

表 1-3 中列出了典型生色团的紫外吸收特征。

表 1-3　典型生色团的紫外吸收特征

生色团	λ_{max}/nm	ε_{max}L/(mol・cm)	生色团	λ_{max}/nm	ε_{max}L/(mol・cm)
C=C	178	14000	C=O	185	5000
	185	8000		280	15
C≡C	175	10000	C=C—C=C	217	20000
	195	2000		184	60000
	223	150		200	4400
C=O	160	18000		255	204

注：λ_{max} 表示吸收的最大波长，即最大吸收峰位置，ε_{max} 表示最大吸收的摩尔吸光系数。

尽管只有有限的特征官能团才能生色，使紫外吸收谱图过于简单而不利于定性，但利用紫外吸收谱图，易将具有特征官能团的高分子与不具特征官能团的高分子区别开来。比如聚二甲基硅氧烷（硅油、硅树脂或硅橡胶）就易于与含有苯基的硅树脂或硅橡胶区分。首先用碱溶液破坏这类含硅高分子，配成适当浓度的溶液进行测定，含有苯基的在紫外区有 B 吸收带，不含苯基则没有吸收。

2. 定量分析

紫外吸收光谱分析的吸收强度比红外光谱大得多，红外光谱的 ε 值很少超过 10^3L/(mol・cm)，而紫外吸收光谱的 ε 值最高可达 10^4～10^5L/(mol・cm)；紫外吸收光谱分析的灵敏度高（10^{-5}～10^{-4}mol/L），测量准确度高于红外光谱分析；紫外吸收光谱分析的仪器也比较简单，操作方便。所以紫外吸收光谱分析在定量分析上有优势。

紫外吸收光谱分析很适合研究共聚物的组成、聚合物浓度、微量物质（单体中的杂质、聚合物中的残留单体或少量添加剂等）和聚合反应动力学。

例如，涤纶的单体对苯二甲酸二甲酯（DMT）常混有间位和邻位异构体，需要控制异构体的最高含量。DMT 在 286nm 有特征吸收［ε=1680L/(mol・cm)］，如含有其他组分，ε 值就成比例降低，通过测定未知物的 ε 值，可计算出 DMT 的含量。

$$\text{DMT 含量} = \varepsilon_{未} / \varepsilon_{纯} \times 100\%$$

式中，$\varepsilon_{未}$、$\varepsilon_{纯}$分别为未知物和纯 DMT 的摩尔吸收系数（以甲醇为溶剂）。

第三节 红外光谱

红外光谱是一种基于分子振动和转动能级跃迁的吸收光谱，属于振转光谱的范畴。其常用缩写包括 IR（infrared spectroscopy）和 FTIR（傅里叶变换红外光谱，Fourier transform infrared spectroscopy）。红外光谱通过吸收特定波长的红外光，引起分子中化学键的振动和转动能级跃迁，从而提供分子结构的信息。由于红外光谱的波长较长，通常采用波数（wavenumber，$\bar{v}$）来描述光谱特征。波数是波长的倒数，表示每厘米长度内光波的数目，单位为 cm^{-1}。若波长以 μm（或 nm）为单位，波数的单位为 μm^{-1}（或 nm^{-1}），波数与波长的关系是：

$$\bar{v}(cm^{-1})=\frac{1}{\lambda(cm)}=\frac{10^4}{\lambda(\mu m)}=\frac{10^7}{\lambda(nm)} \tag{1-6}$$

在高分子材料研究中，化学键的振动能级跃迁主要发生在中红外区（4000～400cm^{-1}），因此中红外区是红外光谱分析的主要研究对象。通常，红外光谱的横坐标（波数范围）设置为 4000～400cm^{-1}，以覆盖高分子材料中常见基团的振动特征。

一、分子振动与红外光谱的产生

1. 分子的振动模式

分子的振动方式很复杂，但基本上可分成两大类，即伸缩振动和弯曲振动。所谓伸缩振动是指原子沿着键轴方向伸缩使键长发生变化的振动。伸缩振动按其对称性的不同可分为对称伸缩振动和不对称伸缩振动（或称逆对称伸缩振动）。前者振动时各键同时伸长或缩短，后者振动时，某些键伸长而另外的键缩短。

弯曲振动又称变形振动，一般指键角发生变化的振动。弯曲振动又分为面内弯曲振动和面外弯曲振动。面内弯曲振动的振动方向位于分子的平面内，而面外弯曲振动则是垂直于分子平面方向上的振动。面内弯曲振动可以分为剪式振动和面内摇摆振动。当两个原子在同一平面内相对运动，导致键角周期性变化时，这种振动称为剪式振动。如果基团的键角保持不变，而是整个基团在分子平面内左右摇摆，这种振动则称为面内摇摆振动。面外弯曲振动也分为两种，一种叫扭绞振动，振动时基团离开平面、方向相反地来回扭动，另一种是面外摇摆振动，振动时基团作为整体在垂直于分子对称平面的前后摇摆振动，基团键角不发生变化。

在红外光谱的文献资料中经常用下面的缩写符号表示基团的各种振动方式：

ν：伸缩振动（stretching vibration）

δ：弯曲振动（bending vibration）

s：对称振动（symmetric vibration）

as：不对称振动（asymmetric vibration）

例如，ν_{as}（CH_3）表示甲基的不对称伸缩振动，δ_s（CH_3）表示甲基的对称弯曲振动。

红外光谱是一种振动光谱，对应振动能级的跃迁，从理论上讲，分子的每一种振动都应在红外谱图上产生相应的一个基频吸收带，图 1-10 所示为亚甲基基团的各种振动模式及其所对应的红外吸收。因此，红外光谱图上吸收峰的个数是由分子的振动形式决定的。而要想知道一个分子有多少种振动形式，首先要计算出这个分子的振动自由度。

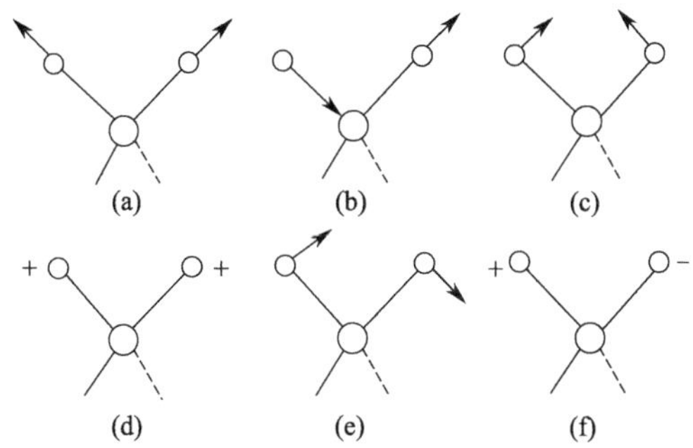

图 1-10　亚甲基基团的各种振动

(a) 对称伸缩振动 ($2853cm^{-1}$)；(b) 不对称伸缩振动 ($2926cm^{-1}$)；
(c) 剪式振动 ($1468cm^{-1}$)；(d) 面外摇摆振动 ($1305cm^{-1}$)；
(e) 面内摇摆振动 ($720cm^{-1}$)；(f) 扭绞振动 ($1305cm^{-1}$)

分子可看作是由许多中间用弹簧连接起来的小球构成的体系，所以分子的振动可看成是一个质点组的振动。分子振动由伸缩振动、弯曲振动以及它们之间的偶合振动组成。这一振动方式是很复杂的，要确定这一系统的各种振动方式，必须确定各原子在空间的相对位置。在由 N 个原子组成的分子中，每个原子在空间的位置必须由 x、y、z 3 个坐标来确定，即每个原子的空间运动有 3 个自由度，则由 N 个原子组成的分子就有了 $3N$ 个坐标，有 $3N$ 个运动自由度。在分子的 $3N$ 个运动状态中，可分成 3 种类型的运动：分子的平动、转动和振动。则有：

$$3N=平动自由度+转动自由度+振动自由度$$

对于非线型分子，分子作为整体有 3 个平动自由度和 3 个转动自由度，除去这 6 个自由度，剩下的 $(3N-6)$ 个是分子振动的自由度（如图 1-11 所示）；而对于线型分子，绕着分子键轴的转动自由度为 0，因此，分子振动的自由度是 $(3N-5)$ 个。这些基本振动称为分子的简正振动。

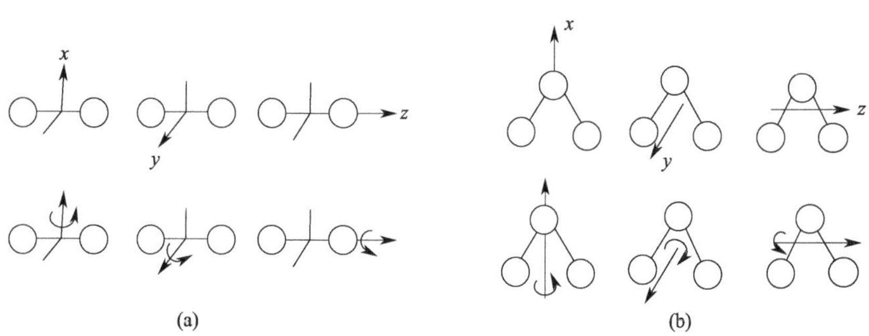

图 1-11　平动和转动自由度

(a) 线型分子；(b) 非线型分子

每个振动自由度对应于一个基本振动，有它自己的特征频率。例如，水分子是由 3 个原子组成的非线型分子，共有 $3N-6=3\times3-6=3$ 个简正振动，每一种振动方式的频率都不相同，其振动方式及对应的频率如图 1-12 所示。

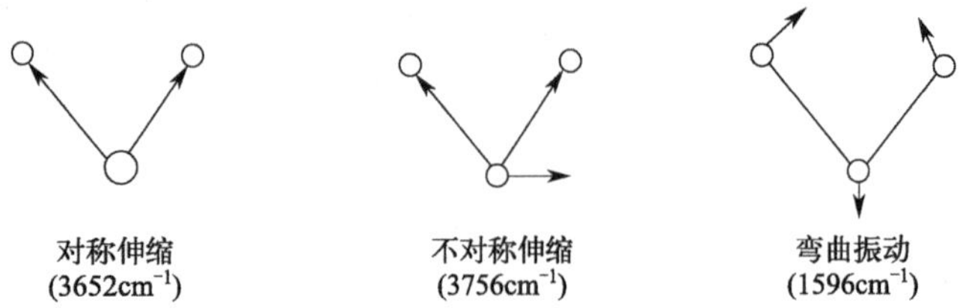

图 1-12 水分子的简正振动

又如 CO_2，是 3 个原子组成的线型分子，它有 $3N-5=3\times3-5=4$ 种振动形式，如图 1-13 所示。x-y 平面和 y-z 平面的两种弯曲振动方式相同，只是方向互相垂直，两者振动频率相同，称为简并振动。

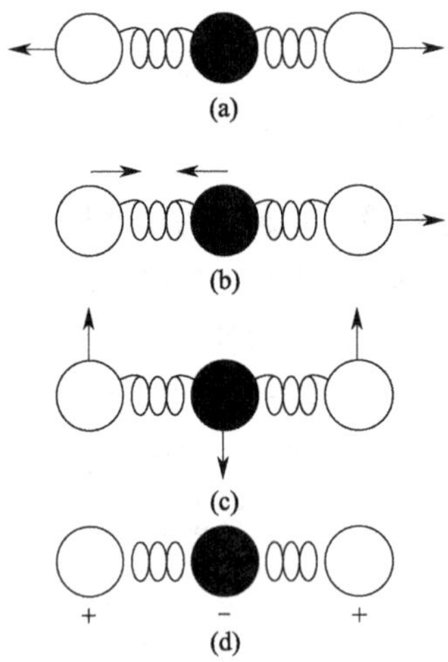

图 1-13 CO_2 分子的简正振动

2. 红外光谱产生条件

如上所述，分子有各种各样的振动形式，每一种振动形式对应于一定的振动频率，在红外光谱中就可能出现该频率的谱带，如图 1-14 所示，水分子的三种振动频率都在红外

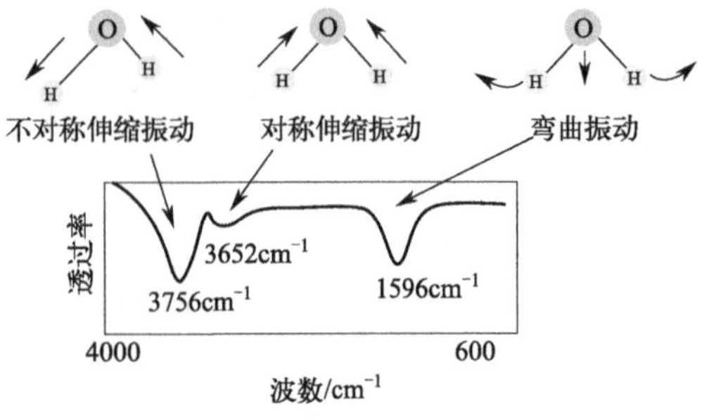

图 1-14 水分子的振动方式及其对应的红外吸收

光谱中有相应的吸收谱带；对于 CO_2 分子来说，虽然有 4 种振动形式，但是在红外光谱图中只有 2 条红外吸收谱带（如图 1-15 所示）。这说明，并不是每一种振动都对应一条红外吸收谱带。即分子吸收红外辐射产生红外光谱，需要有一定条件。

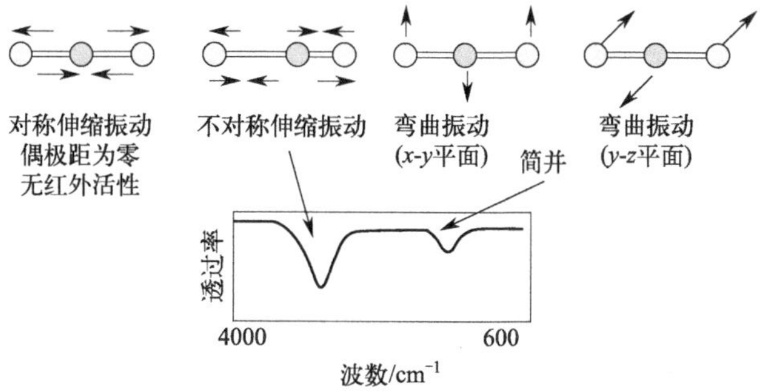

图 1-15　CO_2 分子的振动方式及其对应的红外吸收

① 红外吸收的产生需要满足偶极矩变化条件：只有在振动过程中偶极矩发生变化的那些振动方式才能吸收红外辐射，从而在红外光谱中出现吸收谱带。(对称性选择定则)

如图 1-16 所示，设一个分子正负电荷中心的电荷分别为 $+q$ 和 $-q$，正负电荷中心距离为 d，则分子偶极矩 $\mu=q\cdot d$，可用来描述分子极性的大小。

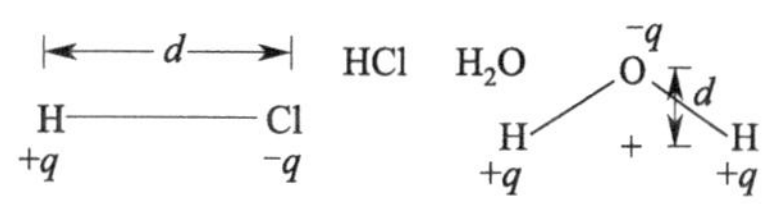

图 1-16　HCl 和 H_2O 分子示例

红外吸收光谱的产生依赖于分子振动过程中偶极矩的变化，这是因为当电磁波（红外光）与分子相互作用时，能量的转移是通过偶极矩的变化来实现的。光作为电磁波的一种，通过其振荡的电场与分子相互作用。当入射光的频率与分子振动的固有频率相匹配时，就会发生共振吸收现象。具体而言，分子在振动过程中，如果导致电荷分布发生周期性变化，即产生交变偶极矩，这种交变的偶极矩会与入射光的振荡电场发生耦合作用，从而使分子能够吸收光子的能量。这种能够引起偶极矩变化的振动模式被称为红外活性振动（infrared active vibration），它们能够在红外光谱中产生可观测的吸收谱带。相反，如果分子振动过程中偶极矩保持不变（如对称性分子的全对称振动），则无法与电磁辐射的振荡电场发生有效耦合，这种振动模式被称为红外非活性振动（infrared inactive vibration），它们不会在红外光谱中产生吸收谱带。例如，CO_2 分子的对称伸缩振动（symmetric stretching vibration），在振动过程中，两个氧原子同时向相反方向运动，导致偶极矩的变化相互抵消，因此偶极矩始终为零，这种振动是红外非活性的，不会产生红外吸收。然而，CO_2 的不对称伸缩振动（asymmetric stretching vibration）则不同，尽管 CO_2 分子的永久偶极矩为零，但在振动过程中会产生瞬时偶极矩，因此这种振动是红外活性的，能够吸收红外辐射。

② 红外吸收的产生还需满足能量匹配条件：只有当入射红外辐射的能量与分子振动能级差相等时，分子才能有效吸收该辐射。(能量相当原则)

在振动量子力学理论框架下，分子内部的振动模式呈现量子化特征，这些振动模式分布于离散的能级之上。当且仅当入射红外辐射的光子能量与分子振动能级间的能量差相等，方能诱发分子在振动能级间的量子跃迁。此过程导致特定波长的红外辐射被分子选择性地吸收，进而在红外光谱中形成特征吸收谱带。

红外吸收谱带的强度决定于偶极矩变化的大小。振动时偶极矩变化越大，吸收强度越大。一般来说，极性比较强的分子则基团吸收强度比较大，极性比较弱的分子则基团吸收强度比较弱。例如 C ═C、S—S、C≡C、N ═N 等化学键振动吸收强度都比较弱，而 C═O、S—O、C—Cl、C—F 等的吸收都很强。又如芳香族化合物在 $1600cm^{-1}$ 附近总有 1～2 条谱带产生，归属于苯环的骨架伸缩振动。苯分子的这种振动是对称的，几乎没有偶极矩的变化，因此吸收很弱，但是如果在苯环上的一个氢原子被其他的基团所取代，则振动的对称性被破坏，在 $1600cm^{-1}$ 附近就有较强的谱带产生。

3. 振动的频率与质量和键能的关系

由上述可知，分子的振动形式多种多样，每一种振动形式都有它的振动频率，这种振动若是红外活性的，在红外光谱上就有它的吸收带出现。那么振动的频率与组成分子的原子的质量及连接原子之间的键的键能有什么关系呢？这一关系可通过最简单的双原子分子振动模型进行理论推导，并通过实验加以验证。

双原子分子作为最简单的分子体系，其振动模式也最为基础。根据振动自由度计算公式 $3N-5$（其中 N 为原子数），对于双原子分子而言，其振动自由度为 $3\times2-5=1$，即仅存在一种基本振动模式。该振动模式可采用谐振子模型进行近似处理：将两个原子视为刚性小球，其间的化学键则可等效为无质量的弹簧，如图 1-17 所示。

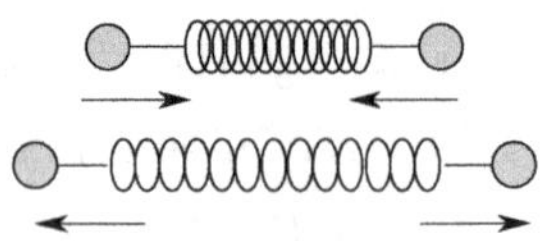

图 1-17　双原子分子振动模型

根据图 1-17 模型，双原子分子的振动方式就是在两个原子的键轴方向上做简谐振动。在经典力学中，简谐振动服从虎克定律，振动频率 ν 可用下式表示：

$$\nu=\frac{1}{2\pi}\sqrt{\frac{k}{m}} \tag{1-7}$$

用波数表示时为：

$$\bar{\nu}=\frac{1}{2\pi c}\sqrt{\frac{k}{m}} \tag{1-8}$$

对双原子分子来说，用折合质量 μ 代替 m，则得到下式：

$$\bar{\nu}=\frac{1}{2\pi c}\sqrt{\frac{k}{\mu}} \tag{1-9}$$

式中　k——键的力常数，N/m；

c——光速，cm/s；

μ——折合质量（或叫约化质量），kg。

折合质量 μ 可通过下式计算：

$$\mu=\frac{m_1m_2}{m_1+m_2}\times10^{-3}=\frac{\frac{M_1}{N}\times\frac{M_2}{N}}{\frac{M_1}{N}+\frac{M_2}{N}}\times10^{-3}=\frac{M_1M_2}{M_1+M_2}\times\frac{10^{-3}}{N}=\frac{10^{-3}M}{N} \tag{1-10}$$

$$\bar{v}=\frac{1}{2\pi c}\sqrt{\frac{k}{\mu}}=\frac{1}{2\pi c}\sqrt{\frac{kN\times10^3}{M}}=\frac{1}{2\times3.14\times3\times10^{10}}\sqrt{\frac{k\times6.022\times10^{23}\times10^3}{M}}=130.3\sqrt{\frac{k}{M}} \tag{1-11}$$

式中　m_1，m_2——两原子单个原子的质量；

M_1，M_2——两原子的相对原子质量；

M——相对原子折合质量；

N——阿伏伽德罗常数，6.022×10^{23} 个/mol。

可见，影响基本振动频率的直接因素是键的力常数 k 和相对原子折合质量 M。键的力常数 k 与两个原子间的键能大小有关，在有机化合物中，单键的 k 值为 $(4.5\sim5.6)\times10^2$N/m，双键的 k 值为 $(9.5\sim9.9)\times10^2$N/m，三键的 k 值为 $(15\sim17)\times10^2$N/m。表 1-4 中列出了某些键的力常数。

表 1-4　某些键的力常数　　　　单位：mdyn/Å

键	分子	k	键	分子	k
H—F	HF	9.7	H—C	CH_2—CH_2	5.1
H—Cl	HCl	4.8	H—C	CH≡CH	5.9
H—Br	HBr	4.1	C—Cl	CH_3Cl	3.4
H—I	HI	3.2	C—C		4.5～5.6
H—O	H_2O	7.8	C═C		9.5～9.9
H—S	H_2S	7.8	C≡C		15～17
H—N	NH_3	7.8	C—O		12～13
H—C	CH_3X	7.8	C═O		16～18

注：1mdyn/Å=100N/m。

例如 C═C，取它的伸缩振动键的力常数 k 为 9.6×10^2N/m，它的折合质量和波数分别为：

$$\mu=\frac{M_1M_2}{M_1+M_2}\times\frac{10^{-3}}{N}=\frac{12\times12}{12+12}\times\frac{10^{-3}}{6.022\times10^{23}}=0.996\times10^{-26}(\text{kg})$$

$$\bar{\nu}=\frac{1}{2\pi c}\sqrt{\frac{k}{\mu}}=\frac{1}{2\times3.14\times3\times10^{10}}\times\sqrt{\frac{9.6\times10^2}{0.996\times10^{-26}}}=1650(\text{cm}^{-1})$$

在实验过程中测得的正己烯中 C═C 键伸缩振动频率实测值为 1652cm^{-1}。又如羰基(C═O) 的伸缩振动根据式(1-11) 计算的波数为 1722cm^{-1}，从实验测得的大多数含有羰基化合物的 C═O 基团的伸缩振动的实际波数在 $1850\sim1650\text{cm}^{-1}$ 之间；分子中的 C—H 基团的伸缩振动根据式(1-11) 计算的波数为 3000cm^{-1}，与实验测得的 C—H 的红外光谱的波数也基本是一致的。表 1-5 中列出了许多基团的伸缩振动频率计算值和实测值，计算的结果与实验结果都是相符合的，这就说明上述理论推导出的式(1-11) 是正确的，符合实验结果。

表 1-5　几种基团伸缩振动频率的理论计算值与实测值

基团伸缩振动频率计算值	实际分子中的吸收带/cm^{-1}
$\sigma_{O-H}=1307\sqrt{7.5/1}=3579\text{cm}^{-1}$	3650～3550
$\sigma_{N-H}=1307\sqrt{6.5/1}=3332\text{cm}^{-1}$	3500～3300
$\sigma_{C-H}=1307\sqrt{5.5/1}=3065\text{cm}^{-1}$	3330～2700
$\sigma_{S-H}=1307\sqrt{4/1}=2600\text{cm}^{-1}$	2600～2550

续表

基团伸缩振动频率计算值	实际分子中的吸收带/cm^{-1}
$\sigma_{P-H}=1307\sqrt{3.5/1}=2445cm^{-1}$	2450～2270
$\sigma_{Si-H}=1307\sqrt{3/1}=2264cm^{-1}$	2250～2100
$\sigma_{C\equiv C}=1307\sqrt{16/6}=2134cm^{-1}$	2260～2100
$\sigma_{C=O}=1307\sqrt{12/6.85}=1729cm^{-1}$	1715 左右
$\sigma_{C=C}=1307\sqrt{10/6}=1687cm^{-1}$	1667～1640
$\sigma_{C-O}=1307\sqrt{5/6.85}=1116cm^{-1}$	1260～1000

从式(1-11) 可看出，振动的频率随基团的相对原子折合质量 M 的增大而减小，随键的力常数增大而增大。也就是说，化学键键强越强（即键的力常数 k 越大)，相对原子折合质量越小，化学键的振动频率越大，吸收峰将出现在高波数区。例如，C—H、O—H 和 N—H 的伸缩振动频率由于 M 值都约为 1 而出现在高波数区（3700～2800cm^{-1})，而与卤素相连的基团的伸缩振动频率由于 M 值大而出现在低波数区，C—Cl 键的伸缩振动频率在 800～600cm^{-1} 之间，C—Br 在 600～500cm^{-1} 之间，C—I 在 530～470cm^{-1} 之间。相同的原子，例如碳与碳组成的 C—C、C═C 和 C≡C，由于键的力常数不同，伸缩振动频率分别出现在 1050cm^{-1}、1650cm^{-1} 和 2100cm^{-1} 附近。弯曲振动与伸缩振动有相似的关系。不过伸缩振动的力常数比弯曲振动的大，所以伸缩振动的吸收出现在较高的波数区，而弯曲振动则出现在较低的波数区（最高不超过 1600cm^{-1})。

上述推导双原子振动的频率与质量和键能关系时是假设双原子做简谐振动的，简谐振动的特点是能级等间距，跃迁选择定则是 $\Delta n=\pm1$。因此，跃迁只发生在相邻的能级之间。在正常情况下，分子大都处于基态（$n=0$）振动，被红外辐射激发后，跃迁到第一激发态（$n=1$)。这种跃迁所产生的红外吸收称为基频吸收。在红外吸收光谱中大部分吸收都属于这一类型。对实际分子振动来说，并不是严格谐性的，非谐性振动的特点是能级不等距，跃迁选择定则放宽，可能出现 $\Delta n=\pm2$、±3 等跃迁。这种从基态到第二、第三……激发态的跃迁所产生的谱带称为倍频。倍频的强度很弱，一般只考虑第一倍频。由于能级不等距（实际上是逐渐减少)，因此第一倍频的波数并不是基频波数的两倍，而是稍小一些。多原子分子的振动不是严格谐性的，各种振动模式可能相互作用，如果光子能量严格等于两种基频跃迁的能量总和，则有可能同时使两个基频振动跃迁到激发态，在光谱中就产生了这两个基频之和的吸收带，称为和频谱带。和频的吸收谱带强度与倍频同属一数量级，但更弱一些。同样的，若光子能量等于两个基频跃迁能量之差，在吸收过程中一个振动模式由基态到激发态，同时另一个振动模式由激发态回到基态，此时产生差频谱带，其强度比和频的更弱。

二、红外光谱的主要区域及基团频率分析

红外光谱位于电磁波谱的可见光和微波区之间。根据波长范围和分子振动模式的不同，红外光谱通常被划分为三个主要区域：近红外区（NIR，波长范围约为 0.78～2.5μm，波数范围约为 12800～4000cm^{-1})、中红外区（MIR，波长范围约为 2.5～25μm，波数范围约为 4000～400cm^{-1}）和远红外区（FIR，波长范围约为 25～1000μm，

波数范围约为 400～10cm^{-1})。在高分子结构研究中，中红外区是应用最为广泛的区域，通常被称为振动光谱区。中红外光谱能够提供分子振动和转动能级跃迁的信息，因此对分子结构的表征具有重要意义。

根据光谱特征与分子结构的关系，中红外光谱可进一步划分为两个主要部分：官能团区和指纹区。官能团区（波数范围约为 4000～1300cm^{-1}），即化学键和基团的特征振动频率部分，它的吸收光谱主要反映分子中特征基团的振动，这一区域基团和频率的对应关系比较明确，这对确定化合物中的官能团很有帮助，基团的鉴定工作主要在这一光谱区域进行。指纹区（波数范围约为 1300～400cm^{-1}）的吸收光谱较复杂，谱图的谱带数目很多，每一种化合物在该区的谱带位置、强度和形状都不一样，很难说明其明确的归属，但是能反映分子结构的细微变化，比如一些同系物或结构相近化合物的谱带，在这个区域内往往有一定的差别，这种情况犹如人的指纹一样，用于认证有机化合物是很可靠的。此外，在指纹区也有一些特征吸收带，如碳-卤基团的伸缩振动，对于鉴定官能团也是很有帮助的。

利用红外光谱鉴定化合物的结构，需要熟悉重要的红外光谱区域基团和频率的关系。为了记忆的方便，把落在中红外区的基团振动频率分成四个区，下面进行介绍。

(1) X—H 伸缩振动区域（X 代表 C、O、N、S 等原子）

波数范围为 4000～2500cm^{-1}，该区主要包括 O—H、N—H、C—H 等的伸缩振动，通常又称为“氢键区”。C—H 伸缩振动的红外吸收峰随键上 s 轨道比例的增加向高频（高波数）方向移动。烷烃（sp^3）的 C—H 伸缩振动在 3000cm^{-1} 以下，约为 2900～2800cm^{-1}；烯烃（sp^2）和炔烃的 C—H 伸缩振动在 3000cm^{-1} 以上，其中烯烃在 3100～3000cm^{-1} 附近；而炔烃（sp）的 C—H 伸缩振动在 3300cm^{-1} 附近。

醇类化合物的 O—H 伸缩振动和 N—H 伸缩振动的红外吸收峰都在 3300cm^{-1} 附近，但是峰形有差别。醇类化合物的 O—H 伸缩振动吸收峰的峰顶为圆形，而 N—H 的峰形要比 O—H 尖锐。伯胺、仲胺类在该区都有吸收谱带，叔胺在该区没有吸收。其中，伯胺的谱带一般是双峰，仲胺的谱带通常为单峰。

在羧酸类化合物中，由于体系中羰基和羟基之间氢键的形成，O—H 的伸缩振动吸收峰出现在 3500～2500cm^{-1}，谱峰变宽，积分强度增加，且往往和 C—H 的伸缩振动谱带叠加在一起，使 C—H 的伸缩振动吸收峰出现在 O—H 变宽了的伸缩振动吸收峰的尾部，这对鉴别羧酸类化合物是很具有特征性的。

(2) 三键和累积双键区域

波数范围为 2500～2000cm^{-1}。该区红外谱带较少，主要包括有 C≡C、C≡N 等三键的伸缩振动和 C═C═C、C═C═O、N═C═O 等累积双键的不对称伸缩振动。例如 1-辛炔中 C≡C 的红外吸收峰的出峰位置在 2119cm^{-1}。氰基（C≡N）和异氰酸酯基（N═C═O）的伸缩振动谱带出现在 2280～2200cm^{-1} 附近。C≡N 的吸收带是中等强度但很尖锐，而 N═C═O 则非常强，比氰基强 100 倍以上，而且常常是双峰或具有不规则的形状。由于在这个区域内很少有其他基团的吸收峰干扰，因此对于鉴别含有这些基团的含氮聚合物是具有特征性的，在定量分析中也很有用。但是，在这个区域应注意区分 CO_2 伸缩振动吸收峰的干扰。

(3) 双键伸缩振动区域

波数范围为 2000～1500cm^{-1}。该区主要包括 C=O、C=C、C=N、N=O 等的伸缩振动以及苯环的骨架振动，芳香族化合物的倍频或组频谱带。

羰基的伸缩振动在 1900～1600cm^{-1} 区域。所有的羰基化合物，例如醛、酮、羧酸、酯、酰卤、酸酐等在该区均有非常强的吸收带，而且往往是谱图中的第一强峰，非常具有特征性，因此 C=O 伸缩振动吸收谱带是判断有无羰基化合物的主要依据。C=O 伸缩振动谱带的位置还和邻接基团有密切关系（如表 1-6 所示），因此对判断羰基化合物的类型有重要价值。虽然这个谱带可提供结构的信息，但仅靠它来确定结构是困难的，需参照其他谱带才能做出正确判断。

表 1-6 各类化合物中羰基伸缩振动的特征频率

脂肪族酮 R—C(=O)—R′ $\nu_{C=O}$=1715cm^{-1}

化合物类型	$\nu_{C=O}$/cm^{-1}	化合物类型	$\nu_{C=O}$/cm^{-1}	化合物类型	n 值	$\nu_{C=O}$/cm^{-1}
Ph—C(=O)—OR′	1720	Ph—C(=O)—H	1705	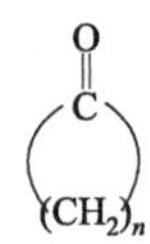	7	1705
R—C(=O)—H	1730	R—C(=O)—Ph	1690		6	1715
R—C(=O)—OR′	1740	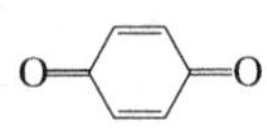	1675		5	1745
R—C(=O)—O—C=C<	1780	Ph—C(=O)—Ph	1665		4	1780
R—C(=O)—Cl	1800	Ph—C(=O)—C=C—R	1660	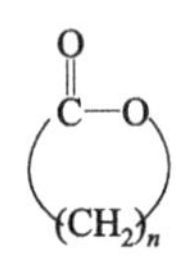	4	1740
Cl—C(=O)—Cl	1830	R—C(=O)—NH$_2$①	1690		3	1770
F—C(=O)—F	1930	R—C(=O)—NH—R①	1670		2	1830
酸酐	1820 1755	R—C(=O)—NR$_2$	1650			

① 游离态。

酮、醛、羧酸、酯、酸酐和酰胺在该区域都有吸收。除酰胺的 C=O 伸缩振动在 1700cm^{-1} 以下之外，其他几种羰基化合物的 C=O 伸缩振动都在 1700cm^{-1} 以上。对脂肪族酮类化合物而言，最佳的识别方法就是其在 1715cm^{-1} 附近强烈的 C=O 的红外吸收。此外，酮类化合物中，与羰基相连接的 CH_3 在 1370～1350cm^{-1} 有强烈的对称弯曲振动频率，也可作为酮类化合物的鉴定依据。

醛类化合物除在 1730cm^{-1} 处有 C=O 的伸缩振动吸收峰外，在 2900～2800cm^{-1} 及 2775～2695cm^{-1} 有两个伸缩振动谱带，归属于醛中与羰基相连接的 C—H 键的振动，这是由 C—H 键伸缩振动的基频谱带和 C—H 键弯曲振动的倍频谱带发生费米共振而引起的，是醛类化合物的特征谱带，也是判断依据。

羧酸的鉴定除了羰基在1710cm^{-1}附近的强烈吸收峰以外，更依靠由于氢键作用变得宽而强的O—H的伸缩振动吸收峰，该吸收峰出现在3500～2500cm^{-1}之间，且往往和C—H的伸缩振动谱带叠加在一起，使C—H的伸缩振动吸收峰出现在O—H吸收峰的尾部，呈现显著的肩峰，很具有特征性，能够用于鉴别羧酸类化合物。

酯基在1740cm^{-1}附近呈现强烈的C═O伸缩振动吸收谱带，在1100～1000cm^{-1}或1250～1200cm^{-1}附近呈现C—O伸缩振动吸收谱带，如果C—O键连的是脂肪族基团，则在1100～1000cm^{-1}附近出峰，如果C—O键连的是芳香族基团，则在1250～1200cm^{-1}附近出峰。

酸酐类化合物在它的羰基伸缩振动频率区域出现两条谱带，一个频率高一些，一个频率低一些，这是两个羰基伸缩振动耦合作用的结果。此外，非环状饱和酸酐在1820～1750cm^{-1}有振动吸收，而共轭酸酐的振动谱带则在1775～1720cm^{-1}。

酰胺中的C═O通常在1695～1630cm^{-1}有强烈的吸收。C═O的伸缩振动之所以在低于1700cm^{-1}的区域是因为N原子上的孤对电子会与C═O双键形成p-π共轭结构，该结构削弱了C═O键而增强了C—N键。另外，对于酰胺类化合物而言，习惯上把具有酰胺基特征的吸收峰分为四个带，称为酰胺Ⅰ带、酰胺Ⅱ带、酰胺Ⅲ带和酰胺Ⅳ带。其中，最具有鉴定作用的是酰胺Ⅰ带（即C═O伸缩振动带）和酰胺Ⅱ带（主要是N—H的面内弯曲振动带）。

C═C伸缩振动出现在1660～1600cm^{-1}，一般情况下强度较弱，但由于邻接基团的不同，C═C吸收带的强度会发生变化。图1-18所示为两种不同结构丁烯的红外光谱，C═C伸缩振动在1640cm^{-1}附近，具有中心对称性的顺式丁烯分子的红外光谱中，C═C振动为红外非活性，在1640cm^{-1}附近无C═C吸收谱带。

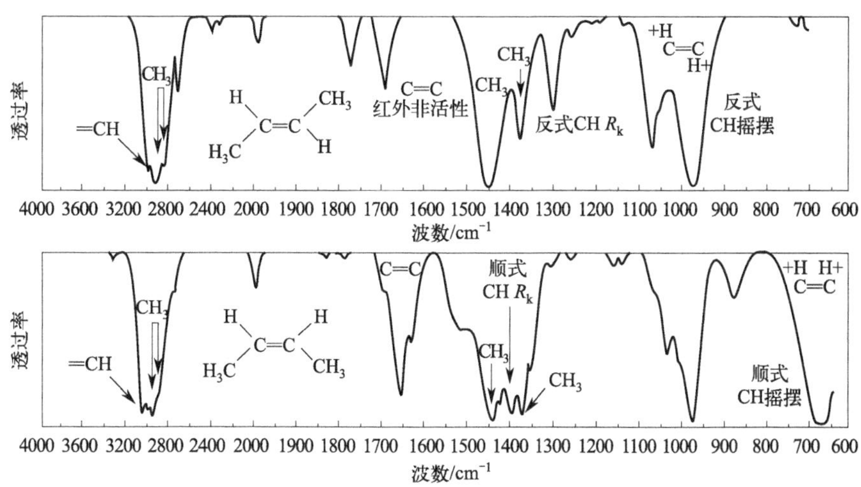

图1-18　两种不同结构丁烯的红外光谱图

单核芳烃的C═C伸缩振动出现在1500～1480cm^{-1}和1610～1590cm^{-1}两个区域。这两个峰是鉴别有无芳核存在的重要标志之一，一般前者较强，后者较弱。

苯的衍生物在2000～1667cm^{-1}区域出现面外弯曲振动的倍频和组频谱带，它们的强度较弱，但该区吸收峰的数目和形状与芳核的取代类型有直接关系，在判别苯环取代类型上非常有用。为此，常常采用加大样品浓度的办法给出该区的吸收峰。利用这些倍频及组频谱带和 900～600cm^{-1} 区域苯环的 C—H 面外弯曲振动吸收带共同研究苯环的取代类型是很可靠的，如图 1-19 和表 1-7 所示。

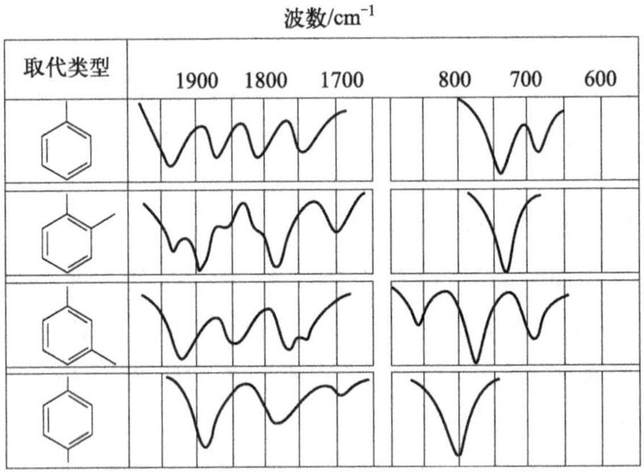

图 1-19　苯环取代类型在 2000～1667cm^{-1} 和 900～600cm^{-1} 的图形

表 1-7　取代苯的 C—H 面外弯曲振动频率

取代类型	谱带位置/cm^{-1}
苯	671
单取代	770～730,710～690
1,2-二取代	770～735
1,3-二取代	810～750,710～690
1,4-二取代	833～810
1,2,3-三取代	780～760,745～705
1,2,4-三取代	825～805,885～870
1,2,5-三取代	865～810,730～675
1,2,3,4-四取代	810～800
1,2,3,5-四取代	810～800
1,2,3,4-四取代	850～840
1,2,4,5-四取代	870～855
五取代	870

(4) 部分单键振动及指纹区域

频率范围为 1500～600cm^{-1}，该区域的光谱比较复杂，出现的振动形式很多，除了极少数较强的特征谱带外，一般较难找到它们的归属。对鉴定有用的特征谱带主要有 C—H、O—H 的弯曲振动以及 C—O、C—N、C—X 等的伸缩振动和芳环的 C—H 弯曲振动。

饱和的 C—H 弯曲振动包括甲基和亚甲基两种，甲基的弯曲振动有对称、不对称弯曲振动和平面摇摆振动。其中以对称弯曲振动较为特征，吸收谱带在 1380～1370cm^{-1}，可以作为判断有无甲基存在的依据。当甲基与羰基相连时，该谱带强度显著增加，例如在酮类化合物的红外光谱中就有这一现象，亚甲基在 1470～1460cm^{-1} 有变形振动的谱带。亚甲基的面内摇摆振动谱带在结构分析中很有用，当四个或四个以上的 CH_2 呈直链相连时，谱带位于 722cm^{-1}，随着 CH_2 个数的减少，吸收带向高波数方向位移，由此可推断分子链的长短。在烯烃的═C—H 弯曲振动中，以面外摇摆振动的吸收谱带最为有用，该谱带位于 1000～800cm^{-1}。可借助这些谱带鉴别各种取代烯烃的类型。芳烃的 C—H 弯曲振动中，主要是 900～650cm^{-1} 的面外弯曲振动，对研究苯环的取代类型很有用，如表 1-7 所示。

C—O 伸缩振动常常是该区域中最强的峰，比较容易识别。一般醇的 C—O 伸缩振动在 1200～1000cm^{-1}，酚的 C—O 伸缩振动在 1300～1200cm^{-1}。在醚键中有 C—O—C 的不对称伸缩振动和对称伸缩振动，前者的吸收谱带较强。

C—Cl、C—F 伸缩振动都在该区域有强吸收。前者出现在 800～600cm^{-1}，后者出现在 1400～1000cm^{-1}。

上述基团振动频率区域的分布规律，可用振动频率公式(1-11) 来解释。即：键的力常数 k 大（如 C≡C)，相对原子折合质量 M 小的（如 X—H）基团的振动吸收频率都在高波数区；键的力常数小（如单键），相对原子折合质量 M 大的（如 C—Cl）基团的振动吸收频率都在低波数区。

三、影响谱带位移的因素

化学键的振动频率主要由两个因素决定：一是组成该化学键的原子质量，二是键的力常数（即键能）。然而，即使是由相同原子组成且键型相同（如单键、双键、三键等）的基团，由于其所处的化学环境不同，基团之间的相互作用也会有所差异，从而导致红外吸收谱带发生位移。因此，同一种化学键或基团的红外特征吸收频率在不同的分子和外界环境中并非固定不变，而是呈现一定的频率范围。例如，C═O 的伸缩振动频率在不同羰基化合物中会有所差异：酰氯中的 C═O 伸缩振动频率约为 1790cm^{-1}，而酰胺中的 C═O 伸缩振动频率则约为 1680cm^{-1}。这种差异正是由于化学环境的变化引起的。当然，了解了各种因素对基团频率的影响规律，我们可以反过来通过分析 C═O 伸缩振动频率及其谱带形状的差异，来推断羰基化合物的具体类型。

影响谱带位移的因素可分为两类，一是内部结构因素，二是外部因素。内部因素主要包括诱导效应、共轭效应、中介效应、环张力效应、氢键效应、振动耦合和费米共振；外部因素主要包括物态效应、晶体结构和溶剂效应等。这些因素都是通过改变键的力常数来影响谱带位移的。

1. 内部结构因素

(1) 诱导效应

在具有一定极性的共价键中，随着取代基的电负性不同而产生不同程度的静电诱导作用，引起分子中电荷分布的变化，从而改变键力相对原子常数，使振动的频率发生变化，这就是诱导效应。这种效应只沿着键的方向发生作用，故与分子的几何形状无关，而是随取代原子的电负性或取代基的总的电负性而变化。下面以丙酮及其衍生物为例来说明诱导效应。丙酮中的羰基在红外谱图中出峰的位置是 $1715\mathrm{cm}^{-1}$，随着取代基电负性增强，其羰基伸缩振动频率向高频方向位移。这种现象是由诱导效应引起的。丙酮分子中的羰基略有极性，其氧原子具有一定的电负性，即成键的电子云离开键的几何中心而偏向氧原子。如果分子中的甲基被电负性强得多的卤素原子所取代，由于它们对电子的吸引力增加而使本来偏向氧原子的电子云向键的几何中心偏移，因而降低了羰基键的极性，使其双键性增加，即键能增加，键的力常数 k 值增大，从而使振动频率（波数）增高。取代基的电负性愈大，诱导效应愈显著，因此振动频率向高频（高波数）位移也愈大。

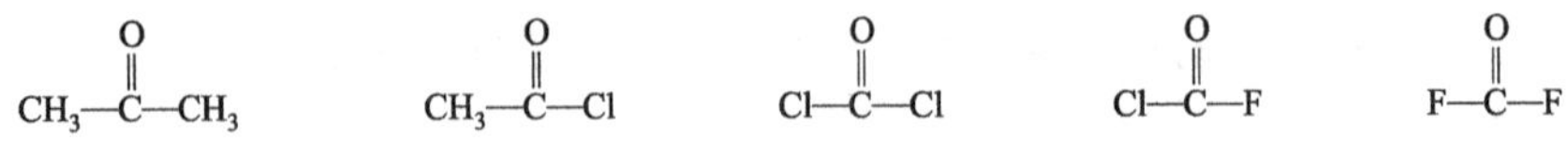

$1715\mathrm{cm}^{-1}$　　$1780\mathrm{cm}^{-1}$　　$1827\mathrm{cm}^{-1}$　　$1876\mathrm{cm}^{-1}$　　$1942\mathrm{cm}^{-1}$

（2）共轭效应

共轭效应的结果是使共轭体系中的电子云密度平均化，双键略有伸长，单键略有缩短，使双键具有单键特性而单键具有双键特性。例如，在 1,3-丁二烯中，所有的碳原子都在一个平面上。由于共轭效应使得 π 电子云能够在体系里流动，分子中 C—C 单键具有一定程度的双键性，同时原来的双键的键能稍有减弱，C═C 伸缩振动频率向低频方向位移。正常的孤立的 C═C 伸缩振动频率在 $1650\mathrm{cm}^{-1}$ 附近，而在 1,3-丁二烯中 C═C 伸缩振动频率位移到 $1597\mathrm{cm}^{-1}$。当 C═C 双键与苯环共轭时，因为苯环本身的双键性较弱，故位移较小，C═C 伸缩振动频率出现在 $1625\mathrm{cm}^{-1}$ 附近。由共轭效应引起的羰基伸缩振动频率的降低，可由下面几个丙酮衍生物的吸收频率来加以证实，羰基与苯环相连时，由于共轭效应使 C═O 伸缩振动频率向低频位移，当一个苯环取代 R 基团时，羰基的伸缩振动频率降低至 $1695\sim1680\mathrm{cm}^{-1}$ 处，随着苯环取代基数量的增加，羰基在更低的波数 $1667\sim1661\mathrm{cm}^{-1}$ 处出现吸收峰。另外，苯环的骨架伸缩振动在 $1600\mathrm{cm}^{-1}$ 和 $1580\mathrm{cm}^{-1}$ 处有两条谱带。正常情况下，前者稍强，后者较弱，有时甚至觉察不出来。但是当苯环与羰基或其他不饱和基团直接相连时，则后一谱带明显增强，在光谱中很明显。

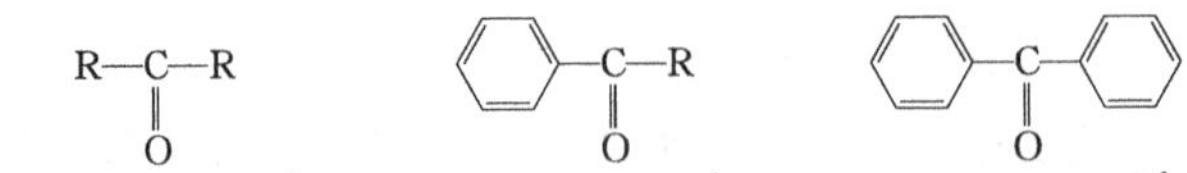

$1710\sim1725\mathrm{cm}^{-1}$　　$1695\sim1680\mathrm{cm}^{-1}$　　$1667\sim1661\mathrm{cm}^{-1}$

（3）中介效应

中介效应是指当分子中存在含有未共用电子对的原子（如 O、N、S 等杂原子）与多重键（双键或三键）直接相连时，未共用电子对可以通过 p 轨道与 π 键发生共轭，形成电子离域体系，从而使多重键减弱，振动频率降低的效应。

实验中测得酰胺（$1670\mathrm{cm}^{-1}$）中羰基的伸缩振动频率比丙酮中的羰基的伸缩振动频率低，如果用诱导效应的作用来解释的话，酰胺分子中氮原子的电负性比碳原子强，

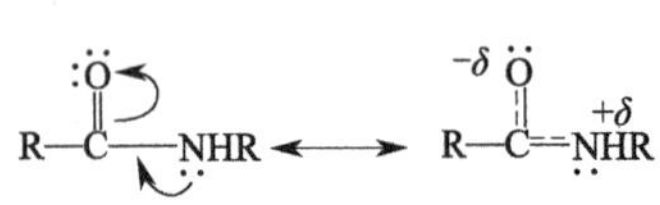

因此酰胺中的羰基伸缩振动频率应该高于丙酮，但是实际上测得酰胺的羰基伸缩振动频率比丙酮低。如上页右图所示，氮原子上未共用电子对与双键出现 p-π 超共轭效应，结果削弱了碳氧双键，增强了碳氮键，从而使得碳氧双键的键的力常数 k 值减小，振动频率（波数）降低。

在一个分子中，诱导效应和中介效应往往同时存在，因此振动频率的位移方向将取决于哪一个效应占优势。如果诱导效应比中介效应强，则谱带向高频位移。反之，谱带向低频位移。如酯（$1740cm^{-1}$）中羰基的伸缩振动频率高于丙酮中的羰基，而酰胺（$1670cm^{-1}$）中羰基的伸缩振动频率低于丙酮中的羰基。

（4）环张力效应

通常情况下，C 原子采取 sp^3 杂化时，C 原子位于正四面体的中心，正常键角为 109°28′。但有时由于结合条件而使键角发生偏移，引起键的力常数的改变，从而使振动频率发生位移。

对于环烷烃来说，随环减小，环张力增加，C—H 键的伸缩振动吸收频率也增高。以环丙烷为例，它的 3 个 C 原子成键时构成三角形，C—C 键角（60°）比正常值（109°28′）小得多，它的 C—H 伸缩振动频率比正常值大些，谱带在 $3030cm^{-1}$ 处。

环状结构也能使 C═O 伸缩振动的频率发生变化，一般来说，随环的原子个数的减小，环张力逐渐增加，羰基的吸收频率逐渐向高频方向移动。如下所示，四元环的环张力＞五元环的环张力＞六元环的环张力，因此 $\nu_{C=O\,四元环} > \nu_{C=O\,五元环} > \nu_{C=O\,六元环}$。这种现象可以在环状酮、内酯以及内酰胺等化合物中看到。

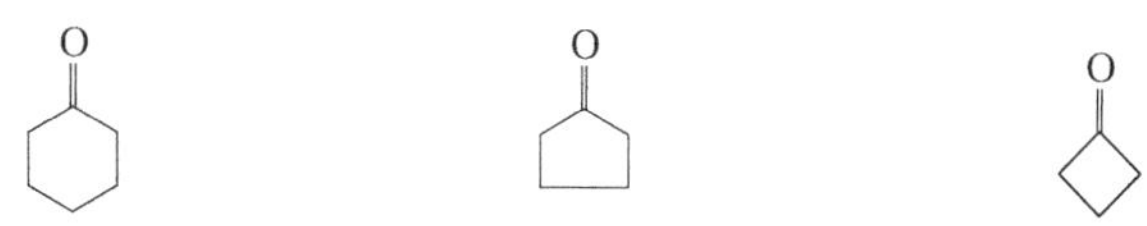

$\nu_{C=O}=1715cm^{-1}$　　$\nu_{C=O}=1745cm^{-1}$　　$\nu_{C=O}=1784cm^{-1}$

（5）氢键效应

氢原子与电负性大的原子 X 以共价键结合，若与电负性大、半径小的原子 Y 接近，在 X 与 Y 之间以氢为媒介，生成 X—H…Y 形式的一种特殊的分子间或分子内相互作用，称为氢键。X 与 Y 可以是同一种类分子，如水分子之间的氢键；也可以是不同种类分子，如一水合氨分子（$NH_3 \cdot H_2O$）之间的氢键。O、N、F、S、P 等原子都能生成氢键，但 S、P 等原子由于本身极性弱，生成的氢键也很弱。氢键除了和原子极性有关外，还和原子本身的大小有关。如 Cl 原子虽然极性很强，但由于本身体积大，因此生成的氢键很弱。

对于伸缩振动，生成氢键后谱带发生三个变化，即谱带加宽、吸收强度加大和向低频方向位移。但是对于弯曲振动来说，氢键则引起谱带变窄，同时向高频方向位移。

氢键分为分子间氢键和分子内氢键。分子内氢键取决于分子内在的性质，不受溶剂的种类、浓度和温度变化的影响；而对于分子间氢键，当溶液极性减弱时，氢键减弱，吸收变弱，而当溶剂浓度增加时，氢键增加，吸收强度增大，谱带变宽，并移向低频。

图 1-20 所示为乙醇分子的羟基伸缩振动谱带随溶液浓度变化的情况。乙醇分子可生成分子间氢键，样品溶液极稀时（0.01mol/L），乙醇分子之间的距离较远，大都呈游离状态，所以不能形成分子间氢键，此时在 $3640cm^{-1}$ 观察到游离 O—H 伸缩振动吸收峰。

随着溶液浓度的增加，乙醇分子间氢键逐渐形成，当浓度为 0.1mol/L 时，体系中同时存在游离的 O—H 伸缩振动吸收峰（3640cm^{-1}），二缔合体的 O—H 伸缩振动吸收峰（3515cm^{-1}），多缔合体的 O—H 伸缩振动吸收峰（3350cm^{-1}）。溶液浓度继续增加（0.25mol/L 和 1.0mol/L），分子间氢键作用继续增加，则只能观察到多缔合体的 O—H 伸缩振动吸收峰（3350cm^{-1}）。

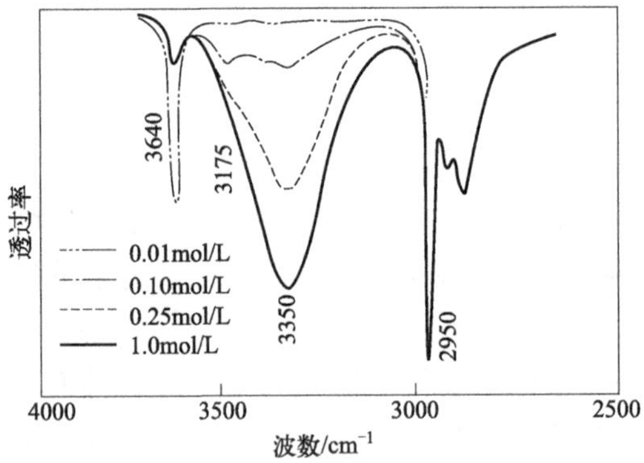

图 1-20　乙醇分子的羟基伸缩振动谱带随溶液浓度变化的情况

氢键对异丙醇羟基伸缩振动的影响如图 1-21 所示。图中 O—H 伸缩振动频率和强度的变化是由于异丙醇分子间形成氢键所引起的。在浓度很低时，游离的醇羟基的伸缩振动以一个尖锐的小峰形式出现在 3640cm^{-1}。随着浓度的增加，分子间相互作用增强，自由的 O—H 不断减少，游离的 O—H 伸缩振动吸收峰也逐渐减弱，直至消失。而由于分子间氢键作用形成的缔合体的伸缩振动吸收峰强度逐渐增加，且谱带变宽，峰位向低波数（3400～3300cm^{-1}）方向移动。

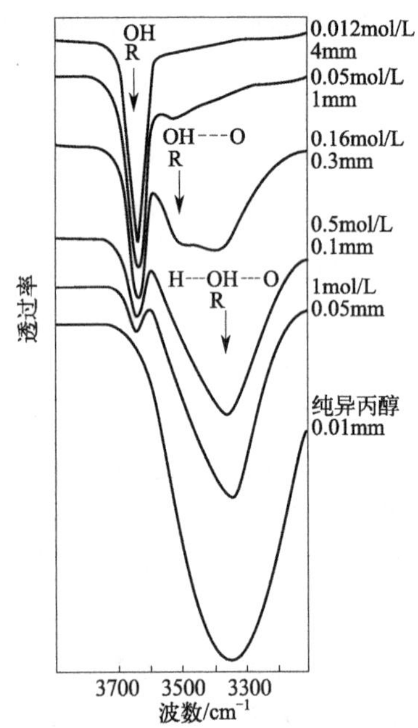

图 1-21　氢键对异丙醇羟基伸缩振动的影响（改变溶剂浓度，溶剂为 CCl_4）

可以利用红外光谱图中谱带的变化方式区分化合物的分子内氢键和分子间氢键。把样品溶液稀释到很稀的程度，如果形成的是分子间氢键，这时样品分子之间距离较远，氢键的吸收峰消失。如果形成的是分子内氢键，则不受浓度影响。

（6）振动耦合和费米共振

如果一个分子中两个基团位置很靠近，它们的振动频率几乎相同，一个振子的振动可以通过分子的传递去干扰另一个振子的振动，这就是所说的振动耦合。其结果是在高频和低频各出现一条谱带。例如在乙烷中，C—C 键的伸缩振动频率是 992cm^{-1}，但在丙烷中，由于两个 C—C 键的振动耦合，导致分子骨架（C—C—C）的不对称伸缩振动频率为 1054cm^{-1}，对称伸缩振动频率为 867cm^{-1}。异丙基的两个甲基同时和一个碳原子相连，存在着相互耦合作用，使甲基的对称弯曲振动分裂为 1385cm^{-1} 和

$1365cm^{-1}$ 两条谱带，这对确认异丙基很有用。酸酐类化合物在它的羰基伸缩振动频率区域出现两条谱带，这就是两个羰基伸缩振动耦合作用的结果，例如邻苯二甲酸酐的这两个吸收带在 $1845cm^{-1}$ 和 $1775cm^{-1}$。此外，当一个伸缩振动和一个弯曲振动频率相近，两个振子又有一个公共的原子时，则弯曲振动和伸缩振动间也发生强耦合。例如仲酰胺中的C—N—H 部分，C—N 的伸缩振动频率和 N—H 的弯曲振动频率相同。这两个振子耦合，结果在光谱上产生两个吸收带，它们的频率分别为 $1550cm^{-1}$ 和 $1270cm^{-1}$，即所谓的酰胺Ⅱ带和酰胺Ⅲ带。

在红外光谱中，另一类重要的振动耦合是费米共振。这是倍频或和频振动频率与某一基频振动频率接近时，在一定条件下所发生的振动耦合。与上述所讨论的几种耦合现象不同，吸收带不在预料位置，往往分开得更远一些，同时吸收带的强度也发生变化，原来强度很弱的倍频或和频谱带变得异常强。例如苯甲醛中的 C—H 伸缩振动在 $2800cm^{-1}$ 处和 C—H 的面内弯曲振动 $1400cm^{-1}$ 的第一倍频相互共振，使谱带分裂成 $2780cm^{-1}$ 和 $2700cm^{-1}$ 两个吸收带。这是醛类化合物的特征谱带，对于鉴定醛类化合物很重要。

2. 外部因素

(1) 物态效应

红外光谱可以在样品的各种物理状态（气态、液态、固态、溶液或悬浮液）下进行测量，由于状态的不同，它们的光谱往往有不同程度的变化。气态分子由于分子间相互作用较弱，往往给出振动-转动光谱。图 1-22 为气态甲烷的振动及转动光谱，在振动吸收带两侧，可以看到精细的转动吸收谱带。

对于大多数有机化合物来说，难以分辨出单个的转动谱带，它们的光谱仅是各转动谱带相叠加的轮廓，如图 1-23(a) 所示。若样品以液态或固态进行测量，分子间的自由转动受到阻碍，结果连相叠加的轮廓也消失了，变成一个宽的吸收谱带，如图 1-23(b) 所示。

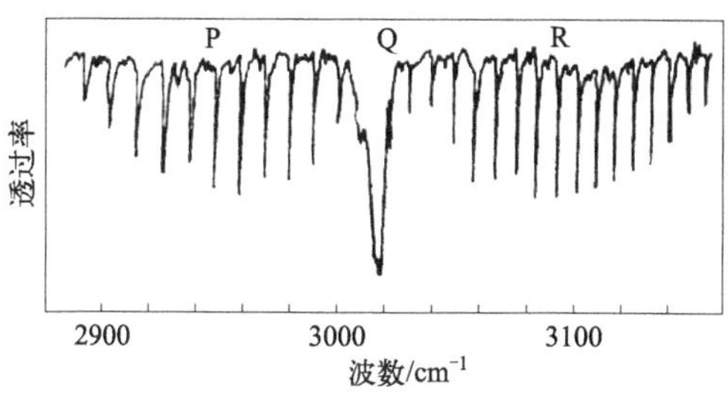

图 1-22　气态甲烷的振动及转动光谱图

中间的一条谱带称为 Q 支；左侧谱带称为 P 支；右侧谱带称为 R 支

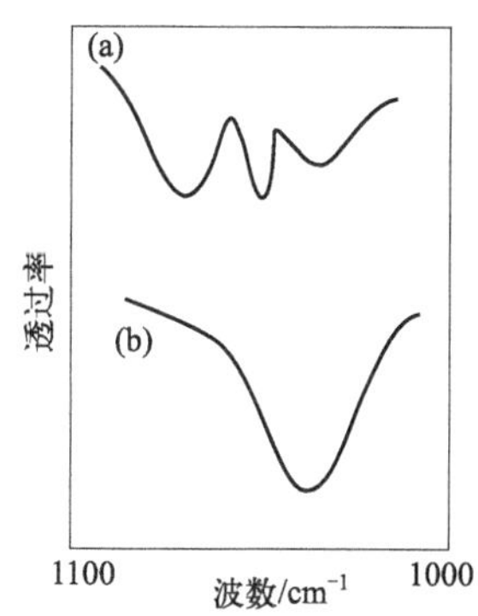

图 1-23　甲醇的红外光谱图

(a) 气态；(b) 液态

(2) 晶体结构

在结晶的固体中，分子在晶格中规则排列，加强了分子间的相互作用使谱带分裂，例如聚乙烯的—CH_2 的面内摇摆振动（$720cm^{-1}$）在非晶态时只有一条谱带，而在结晶态时分裂成 720cm^{-1} 和 731cm^{-1} 两条谱带。当然，并不是所有结晶都分裂成两条谱带，例如有一些旋转异构体化合物，结晶态时只有一种异构体存在，而在液态时则可能有两种以上的异构体存在，因此谱带反而增多。

（3）溶剂效应

溶剂极性大小也对化合物的红外吸收频率有一定的影响。在没有氢键效应发生的情况下，一般化合物在气相时振动频率最高，在非极性溶剂中次之，在极性溶剂、液态或固态中测定的频率最低。例如，丙酸的羰基特征频率在气态时为 1780cm^{-1}，在非极性溶剂中为 1760cm^{-1}，在极性溶剂中为 1735cm^{-1}，而在液态时为 1712cm^{-1}。同一物质在不同的溶剂中由于溶质和溶剂的相互作用不同，测得的光谱也有变化。例如极性基团的伸缩振动频率往往随溶剂的极性增大而降低。因此在红外光谱测定中尽量采用非极性溶剂。

四、几种典型聚合物的红外光谱

图 1-24 是聚乙烯的红外光谱图。聚乙烯属于脂肪族碳氢化合物，它的红外光谱是最简单的高分子红外光谱图。2925cm^{-1} 和 2850cm^{-1} 的峰对应 C—H 的不对称和对称伸缩振动；1475cm^{-1} 和 1460cm^{-1} 的吸收峰对应 C—H 的弯曲振动，出现双重峰是由于晶体场引起的分裂；733cm^{-1}/721cm^{-1} 也是双重峰，归属于 C—H 的摇摆振动，其中 721cm^{-1} 是无定形聚乙烯的吸收峰，733cm^{-1} 是结晶聚乙烯的吸收峰。

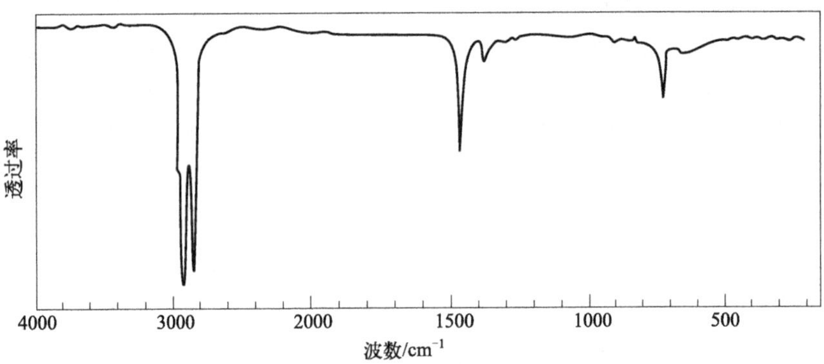

图 1-24　聚乙烯的红外光谱图

聚苯乙烯是芳烃化合物中的典型代表，由于其吸收峰很尖锐，它的红外光谱图（图 1-25）常作为标准谱图，用来校对仪器的波数。聚苯乙烯的结构中既有芳香官能团又有脂肪官能团，3100～3000cm^{-1} 的 3～5 条谱带对应的是苯环上 C—H 的伸缩振动；3000～2800cm^{-1} 的谱带是饱和 C—H 的伸缩振动；1493cm^{-1} 和 1600cm^{-1} 是苯环的骨架振动，又称苯环的呼吸振动。700cm^{-1} 和 760cm^{-1} 是单取代苯环上氢的面外弯曲振动，它们的倍频和组频出现在 1670cm^{-1}、1740cm^{-1}、1800cm^{-1}、1870cm^{-1} 和 1940cm^{-1}，面外弯曲振动的吸收峰及其倍频和组频的吸收峰的峰位和峰形都是判断苯环的取代类型的有力证据。

聚乙烯醇是含羟基的聚合物的典型代表，图 1-26 是它的红外吸收光谱图。其特点是

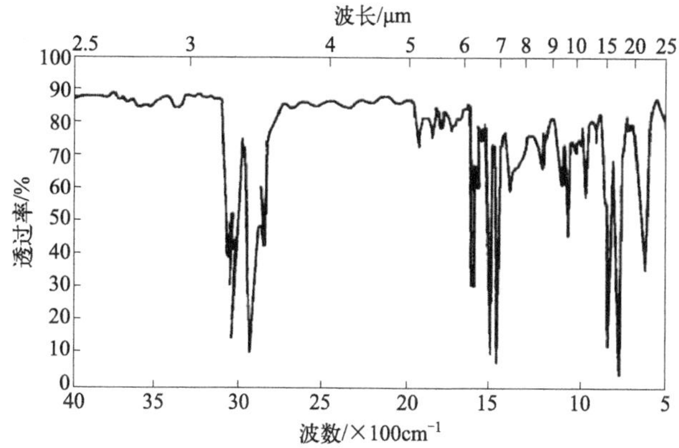

图 1-25 聚苯乙烯薄膜的红外光谱图

在 3500～3000cm^{-1} 内有能形成氢键的 O—H 伸缩振动吸收峰，在 1100cm^{-1} 附近有仲醇羟基的 C—O 伸缩振动吸收峰；对于与脂肪族碳相连的羟基，伯醇羟基在 1050cm^{-1}，叔醇羟基在 1150cm^{-1}，而与芳香族碳相连的羟基（酚羟基），其红外吸收峰在 1220cm^{-1}。本来位于 1460cm^{-1} 的 CH_2 弯曲振动受羟基影响位移至 1430cm^{-1}；1740cm^{-1} 和 1370cm^{-1} 处的弱峰是乙酰基的吸收峰，这是由于聚乙烯醇是由聚醋酸乙烯皂化而来的，皂化不完全而残留的乙酰基会在谱图中出峰。

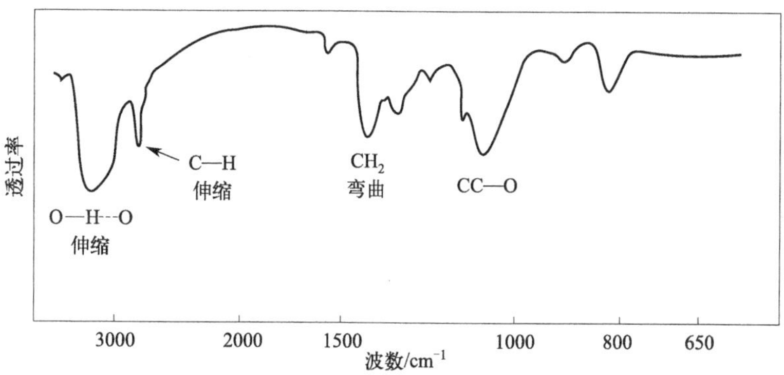

图 1-26 聚乙烯醇的红外光谱图

聚对苯二甲酸乙二醇酯（PET）是聚酯类的典型代表，图 1-27 是它的红外光谱图。特征谱带有三个，1730cm^{-1} 处是 C ═O 的伸缩振动峰；1100cm^{-1} 和 1265cm^{-1} 处是 C—O—C 的伸缩振动峰；它们共同表明酯类的存在。1100cm^{-1} 和 1265cm^{-1} 处强度相似的两个强峰是对苯二甲酸基团的特征峰；730cm^{-1} 是对位双取代苯环上氢的面外弯曲振动吸收；830cm^{-1} 处的谱带属于芳环上两个相邻的 C—H 的面外弯曲振动。3000cm^{-1} 以上为苯环 C—H 的伸缩振动。由于分子的对称性较好，在 1450～1620cm^{-1} 区间内与苯环骨架振动有关的多个吸收峰都比较弱。

聚酰胺作为一种含氮聚合物，其红外光谱图具有很强的特征性。图 1-28 是聚酰胺的红外光谱图，图中最强的谱带位于 1640cm^{-1}，是由 C ═O 的伸缩振动产生的，即所谓的酰胺Ⅰ带；位于 1560cm^{-1} 的酰胺Ⅱ带和 1260cm^{-1} 的酰胺Ⅲ带是由 N—H 弯曲振动和 C—N 伸缩振动的振动耦合作用产生的吸收峰；690cm^{-1} 处的谱带归属于 N—H 的面外摇

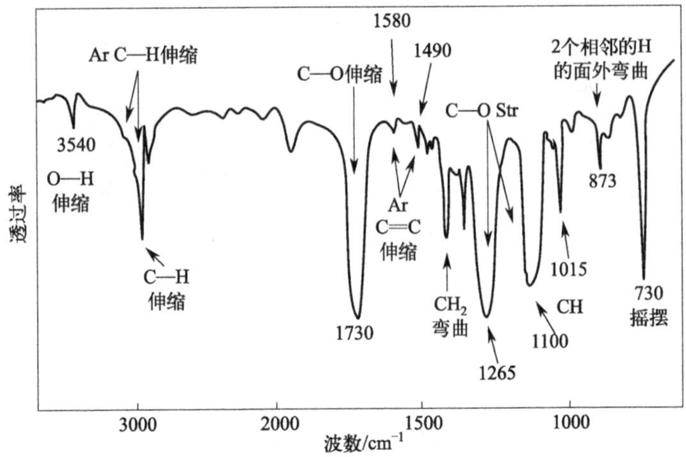

图 1-27　聚对苯二甲酸乙二醇酯（PET）的红外光谱图

摆振动，也叫酰胺Ⅳ带；这些谱带的组合可以很有效地鉴定酰胺类聚合物。

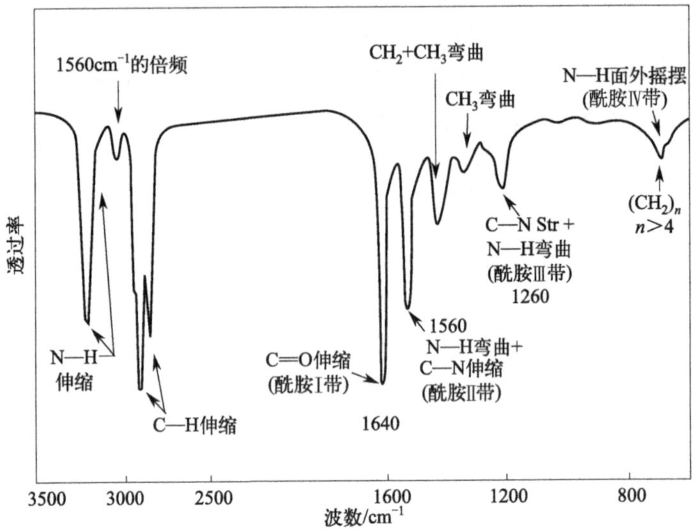

图 1-28　聚酰胺的红外光谱图

含有卤素的化合物的特征是其伸缩振动吸收峰都在指纹区。图 1-29 所示是聚氯乙烯的红外光谱图。700～600cm^{-1} 对应 C—Cl 的伸缩振动；2900～2800cm^{-1} 是 C—H 伸缩振动谱带，由于受到邻近氯原子的影响而移向低频，同时 CH_2 的弯曲振动谱带从聚乙烯的 1460cm^{-1} 向低频位移至 1430cm^{-1}，同时由于对称性下降其强度增加。960cm^{-1} 有 CH_2 面内摇摆振动谱带；1100cm^{-1} 有 C—C 伸缩振动谱带。

聚甲基硅氧烷的红外光谱如图 1-30 所示。图中，Si—O—Si 的伸缩振动在 1000～1100cm^{-1} 的位置出峰；1410cm^{-1} 和 1260cm^{-1} 分别对应 Si—CH_3 中 CH_3 的不对称和对称变形振动；800cm^{-1} 的谱带是由 Si—C 伸缩振动和 CH_3 面内摇摆振动引起的；510cm^{-1} 和 390cm^{-1} 分别对应 Si—O—Si 和 O—Si—CH_3 弯曲振动。

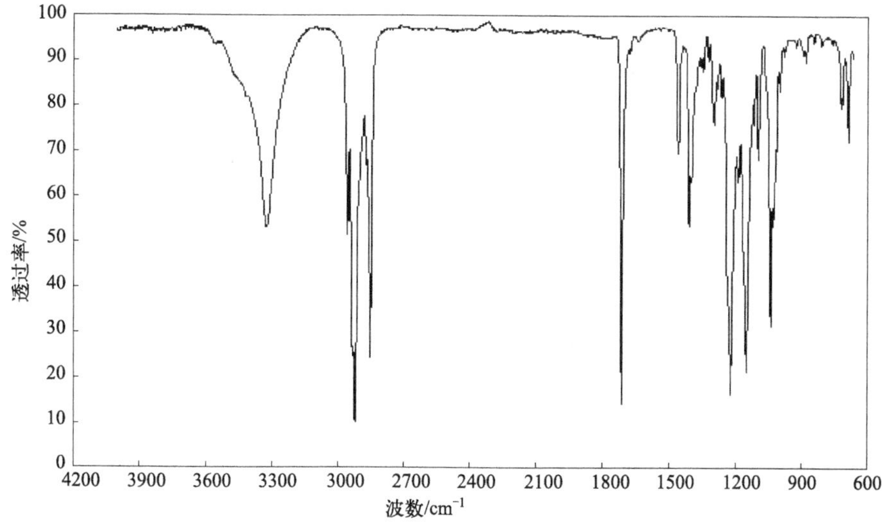

图 1-29 聚氯乙烯的红外光谱图

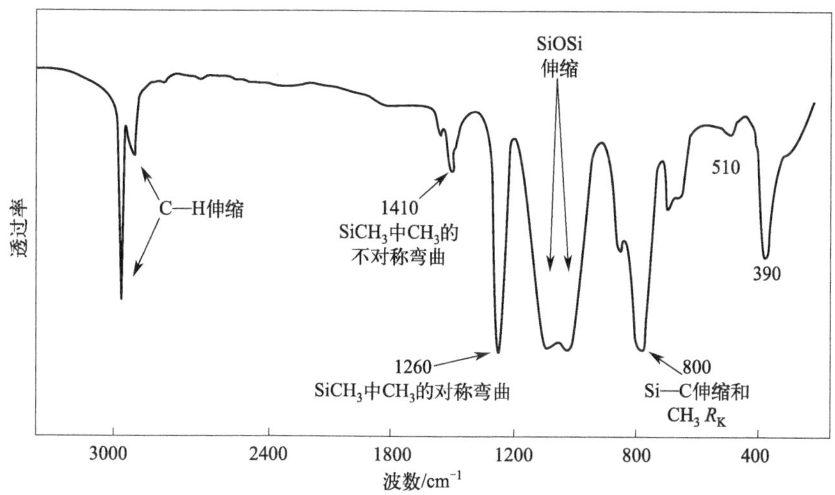

图 1-30 聚甲基硅氧烷的红外光谱图

五、红外样品制备技术

红外光谱法对试样有一些基本要求：

① 试样厚度应选择适当，使大多数吸收峰的透过率处于10%～80%范围内，最强峰达90%左右。厚度太薄，会使一些弱的吸收峰不能显示出来，灵敏度降低；过厚会使强的吸收峰超越满刻度而无法确定真实位置（即截顶），或峰形变宽。对于不同高分子，所控制的样品厚度会有所不同，比如含氧基团的吸收很强，因而含氧高分子的厚度不应超过30μm；饱和聚烯烃则可以稍厚一些，控制在300μm以下，才能有理想的谱图。

② 试样中不应含有游离水，水本身有红外吸收，在约1630cm^{-1}和约3400cm^{-1}会严重干扰样品的吸收谱峰。

红外光谱图的质量与制样有很大关系，特别是对于高分子材料。

一方面要根据研究内容的需要选择合适的制样方法。对于部分结晶的聚合物（如尼龙、涤纶、聚丙烯等），由于分子聚集态结构的不同，光谱中某些吸收带可能发生一些变化。因而对于这些样品的定性鉴定，尽可能要破坏原始样品的物理状态，经过溶解和热压制膜的方法制样。这样得到的光谱与其原来的聚集态结构无关。按照与标准光谱相同的制样方法测定未知物光谱，这样的比较才是可靠的。如果需要了解原始样品的物理状态，则用溴化钾压片法和切片法制样。为了研究一些特殊基团的吸收，如端基、侧链、少量共聚结构单元等，也可用比通常厚得多的样品。

另一方面，高分子样品形态和性质复杂，有的样品不易研磨成粉末，有的样品不溶解或熔融，样品有时含有多种“杂质”（如增塑剂、防老剂、无机填料等），因而针对具体情况要采用适当的方法才有可能制好样。

（1）溴化钾压片法

这是一种常用方法，普遍适用于固体粉末样品。取少许粉末样品与100～200倍重量的KBr在玛瑙研钵中研磨成细粉，然后用压片机压片。脆性树脂可以在加入溴化钾前先磨细。对于某些不溶的树脂或橡胶可先加入适当溶剂进行溶胀，溶胀的凝胶是更易研磨的，研细后挥发去溶剂。还可以将橡胶样品在液态空气或干冰冷却下研磨，研磨在振动磨中进行，振动频率3200次/min。还有一个较简易的方法是用刮刀从固体聚合物样品表面刮取粉末直接用于溴化钾压片。粉末颗粒要细和均匀，否则会产生散射而造成基线不平。如果样品含水，可在140℃烘10min除去水分后再和溴化钾混匀后压片。溴化钾本身也极易吸潮，应当在红外灯下充分干燥后才能压片。一般来说，溴化钾压片法的光谱质量差于薄膜法，因此主要适用于薄膜法不能使用的不溶性脆性树脂和橡胶，或本来就是粉末状的样品。

（2）热压薄膜法

热压薄膜法是制备热塑性树脂和不易溶解的树脂样品的最方便和最快速的方法。对聚乙烯、α-烯烃聚合物如聚丙烯最为合适。含氟聚合物和有机硅聚合物因具有较高的吸收系数，用该方法不易获得较薄的薄膜。橡胶状样品由于去掉压力后立即收缩，热压法也不能产生适用的薄膜。在热压样品以前，最好先在加热台上（如熔点显微镜的加热台）将高分子迅速加热软化或熔化，测定其软化温度或熔融温度。样品在软化点以上20～30℃的温度下，在较高的压力（约15MPa）下压制薄膜，或者加热到熔点以上，在相当低的压力下压制成膜。可以用压机等设备，也可以简单地用一定厚度的隔圈夹在两块金属板之间压制。薄膜的厚度由取样量和改变温度来控制。在热压法制样过程中，某些高分子加热时会发生氧化，或者加压时发生取向，而使光谱发生某些变化，这是值得注意的。

（3）溶液浇注法

由高分子溶液制备薄膜（10～30μm）是一种最常用的制样技术。如果样品溶于水或挥发性溶剂，可将其配成溶液后倾倒在玻璃、光滑塑料（如聚四氟乙烯）等固体表面上，溶剂挥发后，形成薄膜，用刀片将样品从固体表面上取下来。如在水银或磷酸等液面上浇注，可避免剥离薄膜的困难。薄膜的厚度由溶液的浓度控制。

溶剂的选择是至关重要的。

① 1,2-二氯乙烷：能溶解大部分热塑性树脂，其中包括大部分聚烯烃和丙烯酸树脂。

② 甲苯：能溶解聚乙烯、α-烯烃聚合物和共聚物。

③ 甲乙酮：特别适合于丁二烯共聚物，且用冷溶剂比在溶剂沸点下回流更有效。

④ 水：含有大量羟基、羧基、酰胺基的许多树脂是水溶性的。

⑤ 甲酸：对于聚酰胺和线型聚氨酯是最适宜的溶剂，由甲酸溶液制备的薄膜中移去可能存在的杂质（甲酸钠），最好使用水洗的方法。

⑥ 二甲基甲酰胺（DMF）：适合于聚丙烯腈、聚氟乙烯、聚偏氟乙烯和一些在其他溶剂中不溶的某些高分子。薄膜干燥后，用水洗涤以去除残留溶剂。

要注意溶剂可能残留在薄膜中而带来假象。建议先在室温挥发，最后在红外灯下干燥以除去残留溶剂。要检查是否残留溶剂，只需将谱图与纯溶剂的谱图对照。由于高分子对某些溶剂强烈的溶剂化作用，导致最后的溶剂残留难以去除，例如由聚氯乙烯中移去四氢呋喃，或由聚苯乙烯中移出苯是比较困难的。由薄膜中移去高沸点溶剂如聚丙烯腈中移去DMF，聚甲醛中移去二甲基亚砜（DMSO），聚对苯二甲酸乙二醇酯中移去间甲酚就更困难。可以考虑用低沸点的溶剂萃取溶剂残留，例如 DMF 和 DMSO 很容易用水或甲醇萃取出来。通常，乙醚、石油醚和甲醇是合适的萃取溶剂。另外，最好避免使用非常易于挥发的溶剂（如乙醚、丙酮、二氯甲烷）溶解高分子进行制膜，因为低沸点溶剂迅速挥发时，由于空气中的水汽凝聚在样品上产生混浊的薄膜，或者在薄膜中形成气泡，或内部溶剂挥发突出表面形成不均匀的丘疹状或环形表面，使散射光大大增加。如果将高分子溶液倒在氯化钠晶片上或玻璃上，立即用玻璃棒架起烧杯并罩在样品上，由于降低了溶剂的挥发速度和防止水气的凝聚，在大多数的情况下可以提高薄膜的质量。

如果制得薄膜的两面都具有特别平滑的表面，在光谱中出现等波数间隔的干涉条纹（图 1-31），特别是对于高折射率的材料，如聚对苯二甲酸乙二醇酯、聚苯乙烯等更是如此。这种干涉条纹的产生是由于光束在薄膜两个界面上的双反射引起的。假如光的波长为 10μm，薄膜的折射率为 1.5，薄膜厚度为 20μm，则经两次反射的光束将迟延 $2\times20\times1.5=60(\mu m)$ 的光程。由于光程差是波长的整数倍（60/10＝6），所以反射光束将使未反射光束的强度得到增强。但是波长为 10.8μm 的光束却被两次反射光束所衰减，因为光程差 60μm 是波长 10.8μm 的 5.5 倍，这导致半波位移。由于主光束交替得到增强和衰减，所以在光谱图上出现间隔均匀的最大吸收和最小吸收。避免干涉条纹最简单的办法是用于制备薄膜的玻璃板要预先用抛光剂去除光泽，或用氟化氢蒸气处理过，在这样的玻璃板上浇注的薄膜一面具有不规则性，因此不产生任何干涉条纹。从研磨或腐蚀过的玻璃板上脱模是不困难的，在较薄的薄膜情况下，将薄膜和玻璃板浸于热水中，过一会儿薄膜就能从玻璃板上脱下或很容易从玻璃板上移去。

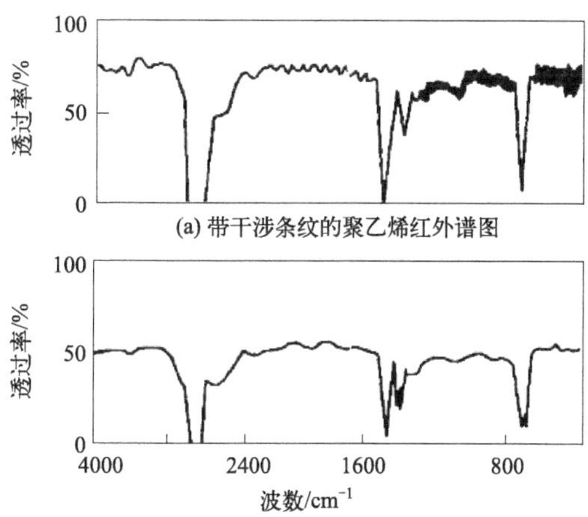

(a) 带干涉条纹的聚乙烯红外谱图

(b) 消去干涉后的谱图

图 1-31　红外光谱图中的干涉条纹

在用于分析之前，需将薄膜置于真空下干燥。由乳液直接浇注的薄膜通常含有乳化剂。可以将薄膜（也可以连同样品架一起）浸泡在甲醇中，然后用水洗涤，再浸入乙醚中，最后在红外灯下干燥。由于薄膜厚度很薄，溶剂的萃取作用是很快的。一般在每种溶剂中萃取几分钟即可。同样的方法对于增塑的高分子（如用邻苯二甲酸酯增塑的聚氯乙烯）往往也是成功的。如果仅仅为了定性鉴定，这种处理方法可以避免长时间回流。

（4）直接采用薄膜法

厚度适当的透明薄膜可直接采用。稍厚但有塑性的塑料薄膜经轻轻拉伸变薄后也可使用。

（5）液膜法

将高分子溶液在卤化物晶片上涂上薄薄的一层液膜，就可以进行测定；如果溶液黏度很小，可夹在两片卤化物晶片之间测定。一般用 KBr 晶片；如果用价格较低的 NaCl 晶片，适用范围为 4000～700cm^{-1}，丢失了低波数区。卤化物晶片用后要用有机溶剂如乙醇彻底擦洗干净，否则可能会影响下次测定。有些磨损的卤化物晶片可用含一点点水的乙醇擦洗磨平。对于含水溶液，即便水量很少也会腐蚀卤化物晶片表面，此时应改用耐水的 CaF_2 或 AgCl 晶片，但它们价格较贵。高分子的溶剂一般都有较强的吸收，只能在很窄的范围内测定，多半用于定量分析。虽然有少数溶剂吸收很少，如 CS_2（适合于 1350～200cm^{-1}）和 CCl_4（适合于 4000～1350cm^{-1}），但只有少数非极性高分子能溶。有时不得已用差谱方法扣除溶剂的峰，但由于溶剂是大量的，不容易正好扣除完全，需要判断扣除的程度，经验很重要。

（6）切片法

这是一个不太常用的方法，只是在其他方法遇到困难时才使用。适用于质地柔软，但刀片通过时又不发生明显变形的样品。不然样品在切割时会碎裂或切成的薄膜粘连。硬度可通过温度变化调整，对于较硬的样品通过加热（比如用吹风机）把温度调到其玻璃化转变温度附近切片，而对于橡胶等弹性体则通常要进行冷冻切片，以防形变。预先用溶剂溶胀样品也是一种使较硬的样品易于切片的方法，但切片后须再除溶剂。对于某些部分结晶的样品（如 PET 或聚偏氯乙烯）在室温下切片得到的光谱与溶剂浇注薄膜或热压薄膜得到的光谱可能不同，后两种方法破坏了原始样品的结晶状态。

（7）热解法

对于不溶不熔的高分子样品，如交联的树脂、橡胶或高填充的聚合物，有时不得不用热裂解的方法。由于许多聚合物的裂解产物的红外光谱图与原聚合物的红外光谱图相似，仍可辨认。但也有许多完全不一样，必须用标准样品的红外光谱图进行比较。

（8）化学处理法

化学处理会改变结构，某基团的消失或其他基团的出现可以用来证明原聚合物中某官能团的存在。一个典型的例子是用来证明羧酸的存在，典型的羧酸的羰基出现在约 1710cm^{-1}，与酯、酮等的羰基易于混淆，但用碱反应成盐后，羧酸盐的羰基出现在 1400cm^{-1} 和 1540cm^{-1} 双峰（耦合的结果），得以鉴别。

六、红外光谱的应用

红外光谱分析是高分子材料测试分析技术领域中不可或缺的重要工具，在材料研究方面有着广泛且关键的应用。首先，它可用于对一些简单常用有机化合物的结构鉴定，这不仅能够有效锻炼学生分析谱图的能力，还为深入探究高分子材料的结构提供了基础的分析方法与技能储备。红外光谱也常用于新合成化合物的结构表征，特别是在高分子材料所涉及的各类新合成添加剂的研究中，发挥着关键作用，助力明确添加剂的结构特性，从而更好地把控添加剂在高分子材料中的性能表现。借助红外光谱分析，还可实现对未知聚合物及其添加剂的分析，够剖析未知物质的组成与结构，为高分子材料的研发与质量控制提供有力支持。此外，通过红外光谱分析还可深入开展聚合物结构和结构变化的分析，以及聚合物之间相互作用的研究，有助于揭示高分子材料在不同条件下的性能变化规律，为优化材料性能、开发新型高分子材料提供理论依据。

1. 简单常用有机化合物的结构鉴定

在获得红外光谱图以后，可借助于手册和书籍中的基团频率表，对照红外光谱图中基团频率区内的主要吸收带，推测可能存在的官能团和化学键，然后再结合指纹区吸收带作出推测。计算有机化合物分子的不饱和度，对结构的推测非常有帮助。分子的不饱和度（U）等于 π 键数与环数之和。双键 U 为 1，三键 U 为 2，苯环为 4（3 个双键加一个环）。计算公式如下：

$$U=1+n_4+\frac{1}{2}(n_3-n_1) \tag{1-12}$$

式中，n_1、n_3、n_4 分别代表一价、三价、四价的原子数目。

例 1-1　某化合物的化学分子式为 C_7H_6O，图 1-32 为它的红外光谱图，试推断其结构式，谱图的主要谱带信息要得到合理的解释。

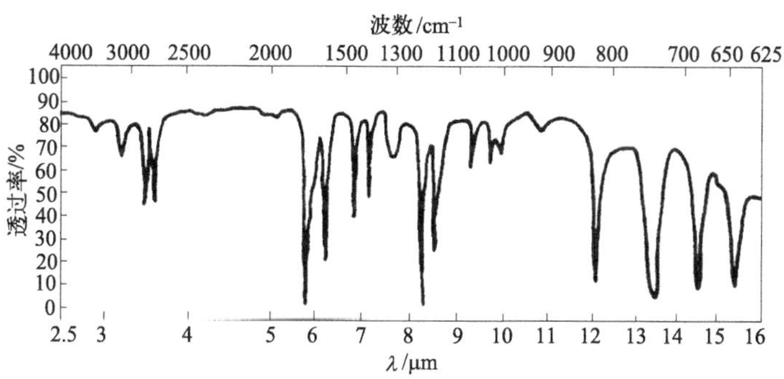

图 1-32　某化合物红外光谱图

首先，计算不饱和度 $U=5$，说明可能存在苯环；观察到 $3100cm^{-1}$、$1600cm^{-1}$ 以及 $900\sim600cm^{-1}$ 的吸收峰说明有苯环存在；$1700cm^{-1}$ 的强吸收峰说明羰基存在；$2850\sim2750cm^{-1}$ 的双吸收峰说明有醛基存在。结合分子式，推断此化合物的结构式为：

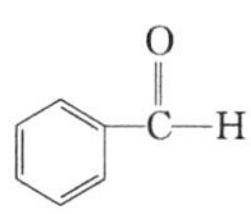

例 1-2　某化合物的化学分子式为 $C_8H_{10}O$，图 1-33 为它的红外光谱图，试推断其结构式。

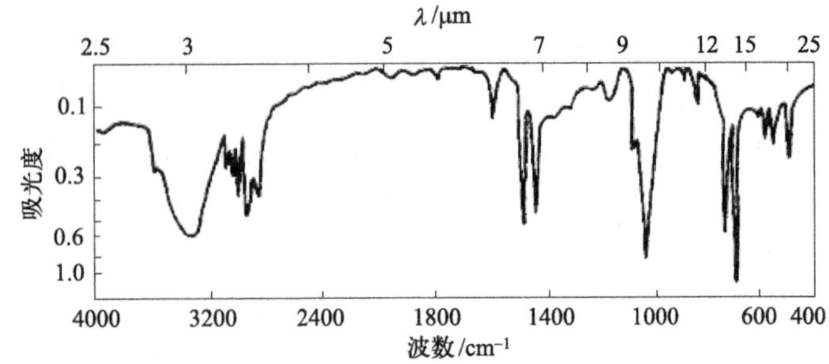

图 1-33　某化合物红外光谱图

首先，计算不饱和度 $U=4$，说明可能存在苯环；$3100cm^{-1}$ 与 $1600cm^{-1}$ 的吸收峰说明有苯环存在；并且结合 $900\sim600cm^{-1}$ 的吸收峰，说明为单取代苯（结合表 1-7 和图 1-19）。$3400cm^{-1}$ 的吸收峰对应 O—H 的伸缩振动，$1100\sim1000cm^{-1}$ 的吸收峰对应 C—O 伸缩振动，并且由于出峰位置靠近 $1000cm^{-1}$ 说明有伯羟基存在；$2900\sim2800cm^{-1}$ 的吸收峰说明有烷烃 C—H 存在；结合分子式，推断此化合物的结构式为：

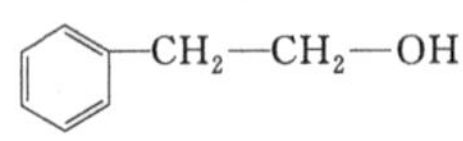

2. 新合成化合物的结构表征

例 1-3　用季戊四醇（PER）和三氯氧磷作为原料合成中间体三氯螺磷（PDD），然后用 PDD 和 4,4′-二氨基二苯甲烷（DDM）反应合成阻燃剂 PDSPB。反应方程式如图 1-34 所示，中间体及最终产物的红外光谱曲线如图 1-35、图 1-36 所示。

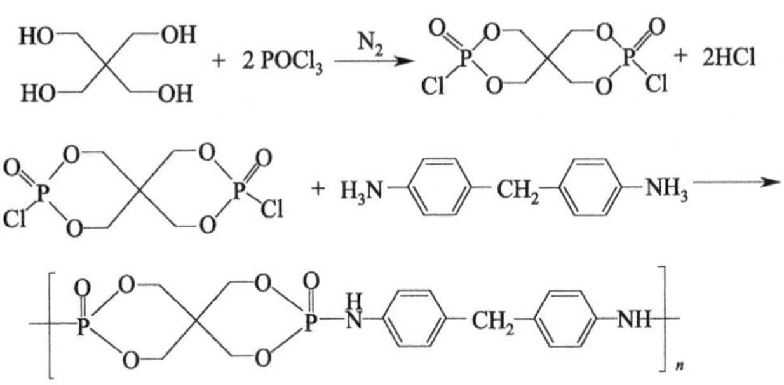

图 1-34　阻燃剂 PDSPB 的合成路线

如图 1-35 所示，相比于季戊四醇（PER）的红外吸收峰，中间体在 $1307cm^{-1}$ 处有明显的 P ═O 伸缩振动吸收峰，在 $1027cm^{-1}$ 处则存在 P—O—C 吸收峰，同时在 $856cm^{-1}$ 存在 P—O 键的吸收峰，说明中间体中存在磷酸酯基。在 $550cm^{-1}$ 存在 P—Cl 伸缩振动吸收峰。而 $3322cm^{-1}$ 处的—OH 吸收峰已经消失。结合红外谱图和三氯氧磷的活性可以确定中间体即三氯螺磷（PDD）。

图 1-36 是最终产物 PDSPB、DDM 和中间体 PDD 的红外光谱图。由图可知，在 $3445cm^{-1}$、$3412cm^{-1}$ 以及 $3332cm^{-1}$ 处出现较强的双峰，这是—NH_2 的伸缩振动峰；同时，$1625cm^{-1}$ 处尖锐的强峰则是—NH_2 的弯曲振动吸收峰。$3029cm^{-1}$、$3210cm^{-1}$

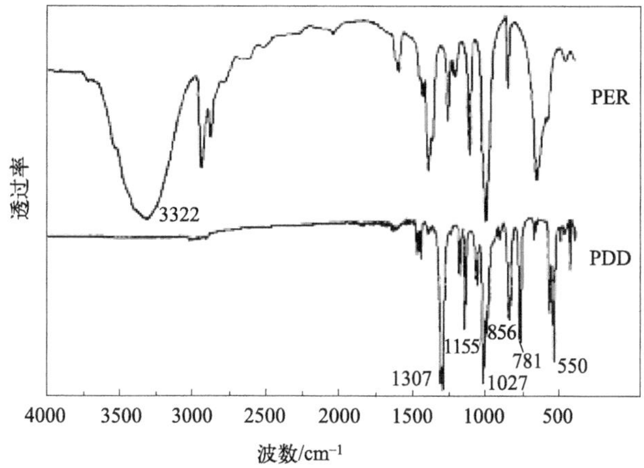

图 1-35　PER 和 PDD 的红外光谱图

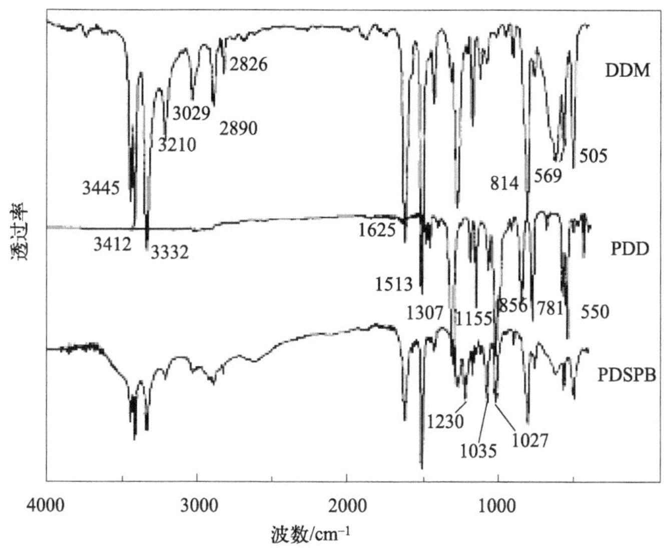

图 1-36　DDM、PDD 和 PDSPB 的红外光谱图

处的吸收峰是 DDM 上苯环 C—H 的伸缩振动峰，1513cm^{-1} 处是苯环上 C ═C 的弯曲振动吸收峰，而在 814cm^{-1} 处是苯环的指纹吸收峰。对于阻燃剂 PDSPB 来说，在 3445cm^{-1}、3332cm^{-1} 处出现了—NH_2 的伸缩振动峰，而在 3029cm^{-1}、1625cm^{-1} 和 1513cm^{-1} 等处都出现了与 DDM 各基团相应的特征吸收峰，说明 PDSPB 中存在—NH_2 和苯环等 DDM 的官能团。同时，在 1230cm^{-1} 和 1027cm^{-1} 附近出现了较强的 P ═O 键和 P—O—C 键等中间体 PDD 官能团的特征吸收峰，说明 PDSPB 的结构中连接有这些特征基团。此外，1085cm^{-1} 处的吸收峰代表 P—N 键的伸缩振动峰，而 P—Cl 键在 550cm^{-1} 处的吸收峰消失，说明 DDM 上的—NH_2 与 PDD 上的 P—Cl 键发生了反应，生成了 PDSPB。

例 1-4　以三聚氯氰和 4,4′-二氨基二苯砜（DDS）为原料合成了一种新型三嗪类成炭剂（CA-DDS）。反应方程式如图 1-37 所示，最终产物 CA-DDS 的红外光谱曲线如图 1-38 所示。

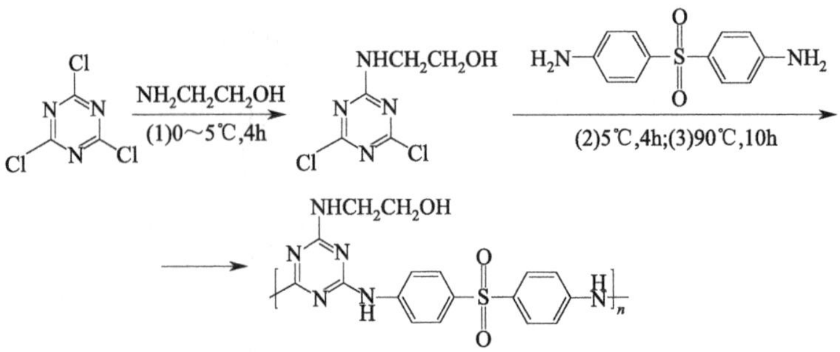

图 1-37　CA-DDS 的合成路线

图 1-38 是三嗪类成炭剂 CA-DDS 的红外光谱图。其中 3449cm^{-1} 对应羟基 O—H 键的吸收峰，3358cm^{-1} 处为氨基 N—H 键的吸收峰，1580cm^{-1} 对应三嗪环中 C═N 键的吸收峰，1270cm^{-1} 对应 C—N 键的吸收峰，1144cm^{-1} 处为砜基的吸收峰。此外，3047cm^{-1} 为苯环中 C—H 键的吸收峰，2942cm^{-1} 是亚甲基中 C—H 键的吸收峰，827cm^{-1} 为二取代苯环的特征吸收峰。以上结果表明反应产物的结构与 CA-DDS 的设计结构基本符合。

例 1-5　用 2-羧乙基苯基次膦酸（CEPPA）和三羟甲基丙烷（TMP）合成一种新型含磷阻燃剂 HMCPP，其合成路线如图 1-39 所示，HMCPP 的红外光谱如图 1-40 所示。

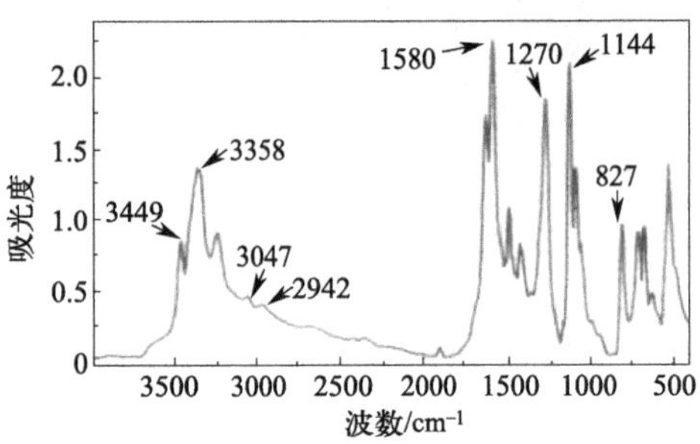

图 1-38　CA-DDS 的红外光谱图

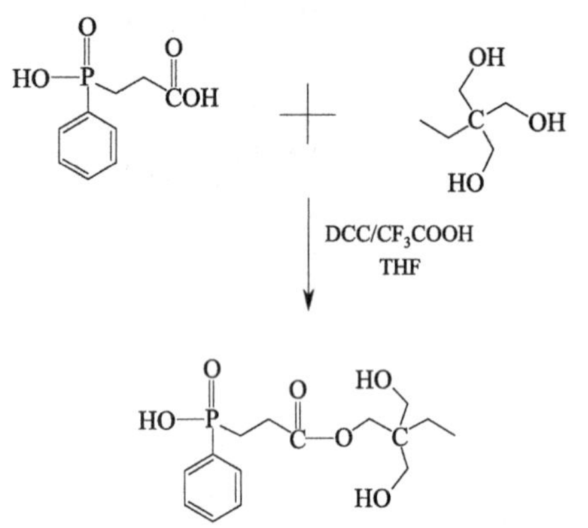

图 1-39　HMCPP 的合成路线

如图 1-40 所示，HMCPP 上的主要特征峰 O—H 的伸缩振动吸收峰在 3364cm^{-1} 处出现，2938cm^{-1} 和 2884cm^{-1} 分别为—CH_2 的对称和非对称伸缩振动吸收峰，上述吸收峰的出现归因于 TMP。1729cm^{-1} 处是 C═O 的伸缩振动吸收峰、1594cm^{-1} 处为苯环上 C═C 键的共振吸收峰、1185cm^{-1} 处 P═O 的吸收峰和 1438cm^{-1}P—Ph 的吸收峰，以及 1216cm^{-1} 处 C—O 伸缩振动吸收峰的存在说明了 HMCPP 的结构与设计结构符合，表明 HMCPP 被成功合成。

3. 对未知聚合物的分析

例 1-6　图 1-41 是某保鲜膜的红外光谱图，需要快速鉴定和区分该保鲜膜是 PE 还是 PVC。首先排除 2360cm^{-1}、2338cm^{-1} 的 CO_2 吸收峰（若适当扣除空白，应能消除）。

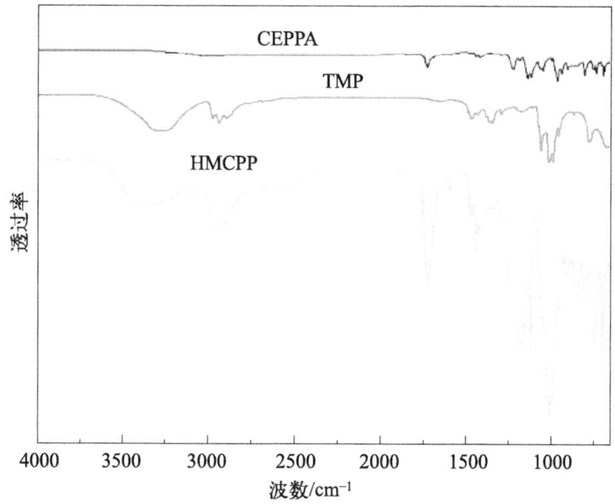

图 1-40　CEPPA、TMP 和 HMCPP 的红外光谱图

特征吸收峰 2970cm^{-1}、2928cm^{-1}、2859cm^{-1}、1430cm^{-1}、1330cm^{-1}、964cm^{-1}、689cm^{-1} 和 637cm^{-1} 均可归属聚氯乙烯（参见图 1-29）。但有几处聚氯乙烯没有的吸收，首先 1732cm^{-1} 羰基的强吸收和 1177cm^{-1} 新的 C—O 的吸收共同说明存在酯基，1472cm^{-1} 表明存在长链 CH_2。可见含有大量增塑剂邻苯二甲酸酯。用红外仪随机所带的标准谱库搜寻，结果为含有邻苯二甲酸盐（或酯）的聚氯乙烯，匹配度为 85.8%。结果表明该保鲜膜是 PVC 保鲜膜。

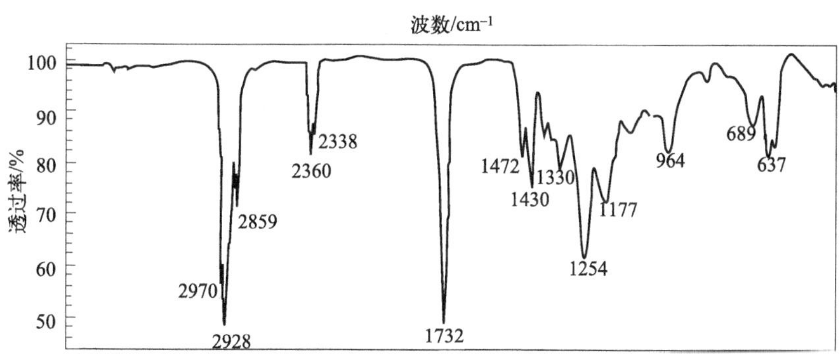

图 1-41　某保鲜膜的红外光谱

例 1-7　一种聚乙烯大型市政水管需要填充钢筋增强，而聚乙烯与钢之间的黏结不好，需要一种特种黏结树脂对钢筋进行处理。图 1-42 是该黏结树脂的红外谱图。请对该特种黏结剂进行定性鉴别。

2919cm^{-1}、2850cm^{-1}、1464cm^{-1} 和 719cm^{-1} 是聚乙烯的特征峰，1704cm^{-1}（C═O）与 1238cm^{-1}、1290cm^{-1}（C—O）共同说明存在羧基，从 2919cm^{-1}/2850cm^{-1} 的峰形也可看出有羧基叠加在羟基吸收峰（约 3100cm^{-1}）之上，可见主要成分是乙烯-丙烯酸共聚物（EEA）。

例 1-8　已知某一进口产品为一种常见的高分子材料，其红外光谱如图 1-43 所示，试对图中主要谱带进行分析，并对该产品进行定性鉴定。

从 1500cm^{-1} 和 1590cm^{-1} 吸收带的出现可看出有苯环骨架振动谱带，820cm^{-1} 是对

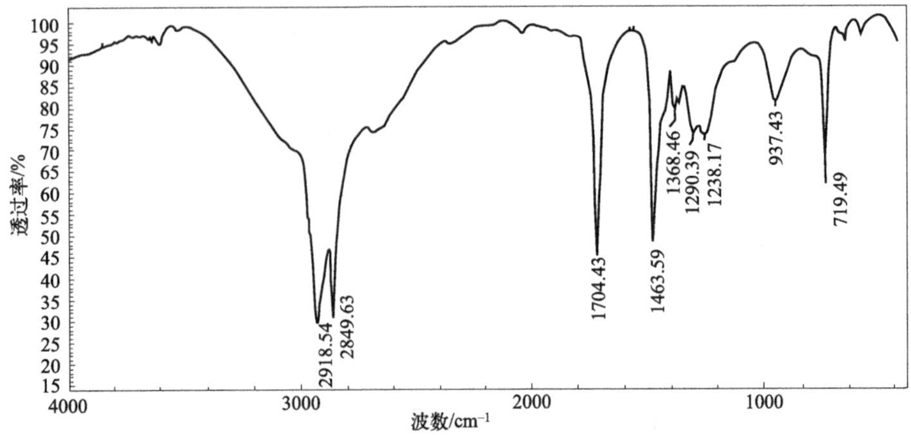

图 1-42 特种黏结树脂的红外谱图

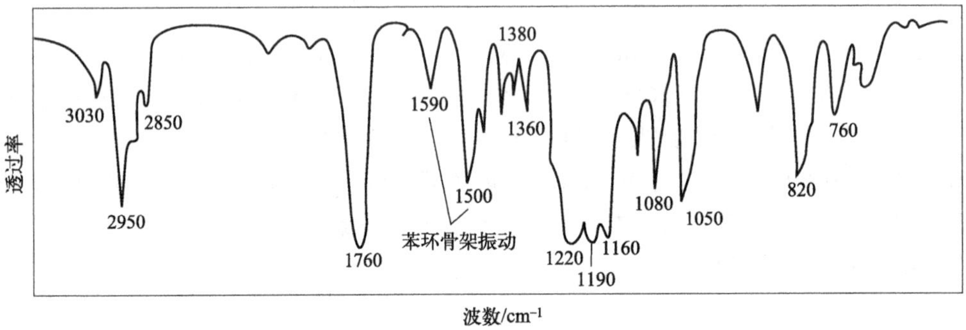

图 1-43 某进口产品的红外光谱图

位取代苯环上相邻两个氢的面外弯曲振动，而 2000～1700cm^{-1} 的一组不强的吸收带又是苯环的 C—H 面外弯曲振动的倍频和合频，证明有苯环的存在。1760cm^{-1} 是 C═O 的伸缩振动谱带，为什么频率比一般的羰基高，有可能由相连接的基团或原子的诱导效应的影响造成的。1220cm^{-1}、1190cm^{-1}、1160cm^{-1} 等谱带是 C—O 的伸缩振动吸收带，1080cm^{-1} 和 1050cm^{-1} 是 C—O—与苯环相连的醚键的伸缩振动，1380cm^{-1} 和 1360cm^{-1} 的双峰吸收特征性很强，是两个甲基同连接在一个碳原子上的偕二甲基的特征峰（例如双酚 A 的两个甲基）。2950cm^{-1} 和 2850cm^{-1} 是 CH_3 上的饱和 C—H 伸缩振动吸收带。根据上述分析，证明该产品是聚碳酸酯。

4. 对聚合物结构和结构变化的分析

例 1-9 三种弹性体分别为 POE、EPDM 和 SEBS，为了增加弹性体与 PET 之间的相容性，采用熔融接枝技术，在弹性体上接枝了甲基丙烯酸环氧丙酯（GMA）单体；GMA 具有环氧官能团，在与 PET 进行共混的过程中，环氧官能团能与 PET 中的端羟基、端羧基发生反应，从而增加两组分间的相容性。由于熔融接枝过程是一个非常复杂的过程，其中有接枝单体与弹性体的简单混合、接枝单体的接枝反应、接枝单体的自聚反应，也有弹性体内部的轻微交联反应。而只有发生预期的接枝反应才能达到预期效果，所以首先通过红外光谱技术，确认接枝反应的发生。从图 1-44 中可以观察到，与三种弹性体对比，接枝弹性体的谱图在 1730cm^{-1} 处有明显的特征峰，该特征峰为 GMA 分子中羰基基团的特征吸收峰。由于红外样品测试之前，已经进行了多次沉降，将其中简单混合的 GMA 单体和低聚物除去，因此接枝弹性体的红外光谱上出现与 GMA 单体对应的特征吸收峰，可以表明 GMA 单体已接枝到了三种弹性体上。

例 1-10　图 1-45 是 150℃下纯聚四氢呋喃（聚氧化丁烯）薄膜降解不同时间记录的红外光谱的羰基伸缩振动区。该聚合物的氧化过程可以通过 $1737cm^{-1}$ 谱带监控。从图中可以看出，在聚四氢呋喃（聚氧化丁烯）薄膜的氧化降解研究中，红外光谱的羰基伸缩振动区（$1737cm^{-1}$ 处）出现特征峰，且峰强度随降解时间延长而显著增强。这一现象的本质是聚合物链的氧化断裂及含氧官能团的生成。具体而言，聚四氢呋喃主链的醚键（—O—）在光照、热或氧气作用下发生自由基链式反应：初始阶段，弱键断裂生成自由基（R·），随后与氧气结合形成过氧自由基（ROO·），进一步夺取氢原子生成氢过氧化物（ROOH）。氢过氧化物分解时，通过 β-断裂产生烷氧自由基（RO·），导致主链断裂并形成酮基（C═O）或酯基（COOR）。其中，$1737cm^{-1}$ 谱带对应氧化生成的酮或酯类羰基。随着降解时间延长，主链断裂点增多，氧化产物持续累积，羰基含量升高，因此该峰强度逐渐增强。

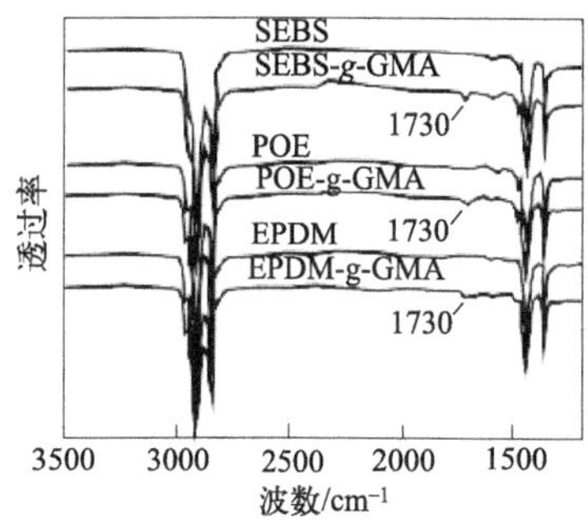

图 1-44　不同弹性体及对应的 GMA 接枝弹性体的红外光谱图

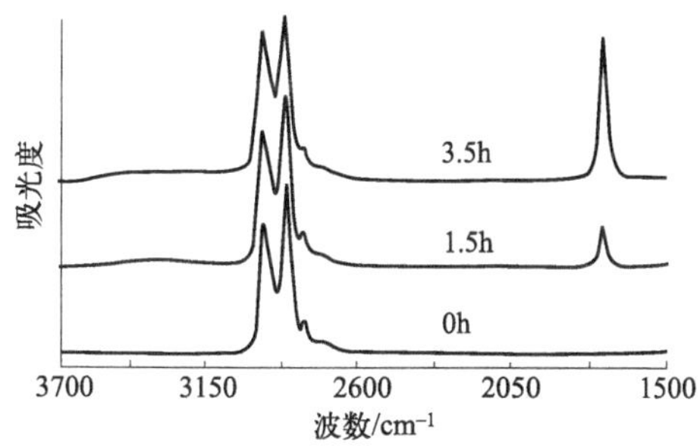

图 1-45　150℃下不同时间记录的聚四氢呋喃红外光谱的羰基伸缩振动区

第四节　拉曼光谱

拉曼光谱是一种散射光谱，它与红外光谱类似，也是由于分子的振动及转动能级跃迁产生的。由于选择规则不同，拉曼光谱得到的信息常常能够补充红外研究的不足，因此拉曼光谱可以与红外光谱相配合，更完整地研究分子的振动和转动能级，更好地解析和鉴定分子的结构。尤其是自 1960 年激光问世并被引入拉曼光谱以后，拉曼光谱分析得到了广泛应用。

一、拉曼光谱的产生及其基本原理

1928 年印度科学家拉曼（Raman）首先通过实验观察到拉曼效应。当一束单色可见光照射样品时，这束入射光将有一部分被样品散射。如果用光谱仪在某一方向，例如与入射光垂直的方向观测这种散射光的光谱时会发现，除了一条与入射光频率完全相同的极强谱带外，在这条强谱带的两侧还有若干条较弱的谱带出现。两侧的这些谱带位置对称，但强度不同。频率与入射频率相同的散射称为瑞利散射，在瑞利散射带的低频一侧出现的散射带称为斯托克斯（Stokes）线，高频一侧的则称为反斯托克斯（anti-Stokes）线，如图 1-46 所示，这两种散射都是非弹性散射，统称为拉曼散射。

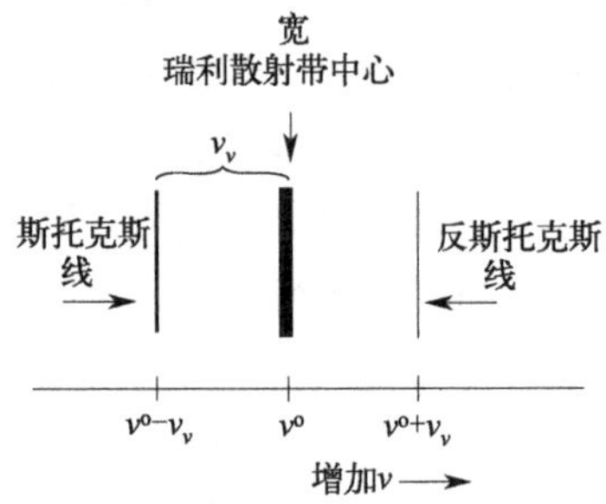

图 1-46　在拉曼光谱中所观察到的谱线

拉曼效应的产生，可以用光量子的碰撞来解释。能量为 $E_0=h\nu_0$ 的光子与物质的分子相遇时，将发生碰撞而散射。如果光子的能量不改变，只是光子的运动方向发生了变化，这就是瑞利散射，是弹性散射。如果碰撞过程中光子把一部分能量转移给了分子，使分子发生能级跃迁，因而光子损失了部分能量，此时观察到的较低频率的散射，称为斯托克斯散射，其频率为 $\nu_0-\Delta\nu$；相反，若在碰撞时，光子从物质分子获得能量，则此时观察到的散射称为反斯托克斯散射，其频率为 $\nu_0+\Delta\nu$。斯托克斯线或反斯托克斯线与入射频率的差值（$\Delta\nu$）叫作拉曼位移。拉曼位移的大小与入射频率无关，只与分子的能级结构有关，如果分子是红外活性的活，则 $\Delta\nu$ 的测量值与激发该振动的红外频率一致。

二、拉曼光谱与极化度的关系

在红外光谱中，某种振动类型是否具有红外活性，取决于分子振动时偶极矩是否发生变化；而在拉曼光谱中，拉曼活性则取决于分子振动时极化度是否发生变化。所谓极化度，就是分子在入射光的电场作用下，分子中电子云变形的难易程度。在电场中，分子中的电子向电场的正极方向移动，而原子核却相反，向电场的负极方向移动，因此分子内部产生一个诱导偶极矩（μ_i）。诱导偶极矩与外电场的强度（E）成正比，比例常数 α 称为分子极化率。即：

$$\mu_i=\alpha E \tag{1-13}$$

由于拉曼散射的活性与能产生诱导偶极矩变化的振动有关，因而当电场固定时，诱导偶极矩的改变，依赖于分子振动时极化率的变化。因此，拉曼光谱的强度与分子极化率成正比例关系。

分子特定简正振动所引起的极化率变化的大小，可以定性地用振动所通过的平衡位置两边电子云形状差异的程度来估计。差异程度越大，表明电子云相对于骨架移动越大，极化率 α 就越大，此时应表现出强的拉曼散射。例如二硫化碳分子有 $3\times3-5=4$ 个简正振动，如图 1-47 所示，ν_1 是对称伸缩振动频率，该振动没有偶极矩的变化，因此为红外非活性。但是通过振动平衡位置前后电子云形状差异甚大，所以极化率变化较大，因此对称伸缩振动显示拉曼活性。ν_2 是不对称伸缩振动，ν_3 是弯曲振动，它们都有偶极矩的变化，所以 ν_2、ν_3 都显示红外活性。但是它们的平衡位置两边电子云的形状却相同，所以为拉曼非活性。ν_4 为面外弯曲振动，与 ν_3 是简并的（图中未示出）。

三、去偏振度

大多数的光谱只有两个基本参数，即频率和强度。但是拉曼光谱还有一个参数，即去偏振度（depolarization ratio）。这是因为激光是偏振光。一般有机化合物都是各向异性的。当激光与样品分子碰撞时，可散射出各种不同方向的偏振光，如图 1-48 所示。

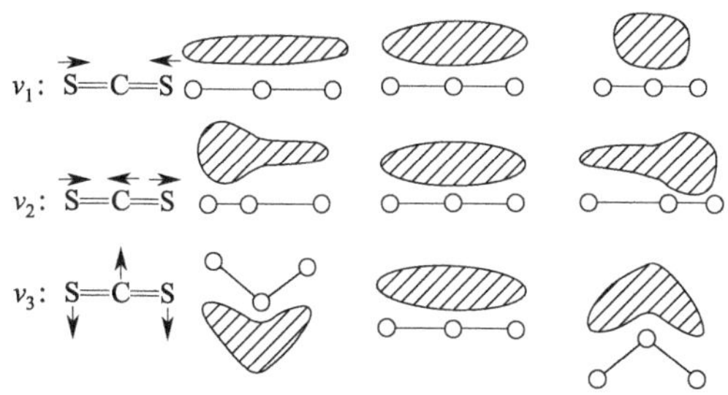

图 1-47 二硫化碳的振动及其极化率的变化

ν_1—对称伸缩振动；ν_2—反对称伸缩振动；ν_3—弯曲振动

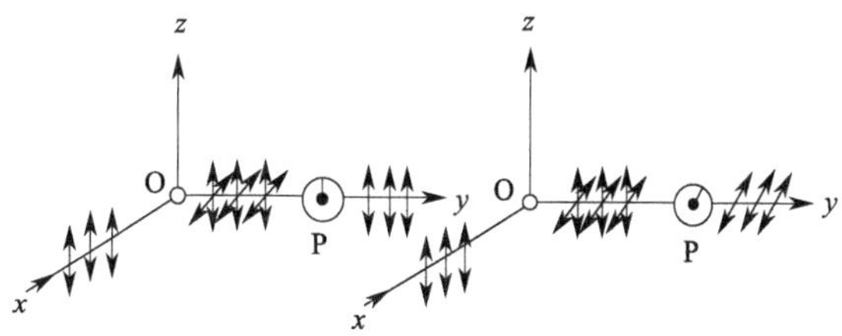

图 1-48 分子对激光的散射与去偏振度的测量

P—偏振器；O—不对称分子

当入射激光沿 x 轴方向与分子 O 相遇时，使分子激发，散射出不同方向的偏振光。若在 y 轴方向上放置一个偏振器 P，当偏振器与激光方向平行时，则 zy 平面上的散射光可以透过；若偏振器与激光方向垂直时，则 xy 平面上的散射光可以透过。

设 $I_{\perp}$ 为偏振器在垂直方向时的散射光强度，$I_{/\!/}$ 为偏振器在平行方向时的散射光强度，两者之比定义为去偏振度 ρ。

$$\rho=\frac{I_{\perp}}{I_{/\!/}} \tag{1-14}$$

去偏振度与分子的极化率有关。若分子是各向同性的，则分子在 x、y、z 三个空间取向的极化率都相等。若令 $\bar{\alpha}$ 为极化率中的各向同性部分，$\bar{\beta}$ 为极化率中的各向异性部分，则

$$\rho=\frac{3\bar{\beta}^2}{45\bar{\alpha}^2+4\bar{\beta}^2} \tag{1-15}$$

对球形对称振动来说，$\bar{\beta}=0$，因此去偏振度 $\rho=0$，即 ρ 值越小，分子的对称性越高。若分子是各向异性的，则 $\bar{\alpha}=0$，$\rho=0.75$，即分子是不对称的。由此可见，测定拉曼线的去偏振度，可以确定分子的对称性。图 1-49 为 CCl_4 的拉曼偏振光谱。在 459cm^{-1} 处的拉曼谱带，去偏振度 ρ 为 0.007，该谱带对应的是 CCl_4 的完全对称的伸缩振动；而在 314cm^{-1}、218cm^{-1} 的谱带，去偏振度 ρ 为 0.75，对应于非对称性的伸缩振动。

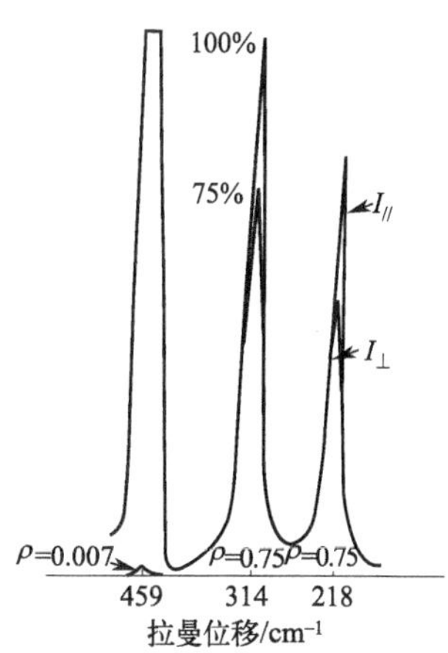

图 1-49 CCl_4 的拉曼偏振光谱

例如，在表征碳材料微观结构时常用拉曼光谱，其中 G 峰（约 1580cm^{-1}）与 D 峰（约 1350cm^{-1}）的特征参数可直观反映材料的结晶性与无序性。G 峰源于 sp^2 杂化碳原子平面内的全对称伸缩振动，其去偏振度（$\rho\approx0.1$）极低，表明该振动模式具有高度对称性，

对应石墨烯或石墨晶体中长程有序的六元环结构。相比之下，D峰的去偏振度显著升高（$\rho\approx0.4\sim0.6$），这与其来源密切相关：D峰由碳晶格缺陷或无序区域（如边缘、空位、杂原子掺杂）引发的非对称呼吸振动产生，其极化率各向异性较强，导致散射光退偏程度增大。通过对比G峰与D峰的相对强度（I_D/I_G）及去偏振度，可定量评估碳材料的缺陷密度、晶畴尺寸及三维有序性，为石墨烯、碳纳米管及无定形碳的结构优化提供关键依据。

四、拉曼光谱与红外光谱的比较

拉曼光谱与红外光谱同属分子振动光谱。红外光谱定性解析的三要素（即频率、强度和峰形）也适用于拉曼光谱解析。拉曼位移 $\Delta\nu$ 相当于红外谱带的吸收频率，每条谱带都对应于分子某官能团的振动。对大多数官能团如 O—H、N—H、C≡C、C—H、C—C 等拉曼伸缩带和红外吸收带是一致的，有时在数字上还非常接近，如酮羰基的伸缩振动在红外光谱中位于 $1710cm^{-1}$，在拉曼光谱中无论入射光频率如何，$\Delta\nu$ 的位置总在（1710±3）cm^{-1}。

但要注意，拉曼光谱和红外光谱产生的机制有着本质的区别。拉曼光谱是散射现象，红外光谱是吸收现象。红外光谱是由于分子振动时引起偶极矩的变化而产生的，而拉曼光谱则是由于诱导偶极矩的变化而产生的。因此红外光谱对分子的极性基团十分敏感，而拉曼光谱则对分子中的非极性基团敏感。一般来说，分子的对称性越高，红外与拉曼光谱的区别就越大，非极性官能团的拉曼散射谱带较为强烈，极性官能团的红外谱带较为强烈。例如，许多情况下 C—C 伸缩振动的拉曼谱带比相应的红外谱带更为强烈，而 C═O 伸缩振动的红外谱带比相应的拉曼谱带更为显著。对于链状聚合物来说，碳链上的取代基用红外光谱较易检测出来，而碳链的振动用拉曼光谱表征更为方便。表 1-8 列出了一些基团在两种光谱上活性的差别。由此可见，红外光谱更适合于测定高分子的侧基和端基，而拉曼光谱法更多用于研究高分子的骨架结构。

表 1-8 红外光谱和拉曼光谱强度的差异

强红外吸收		强拉曼散射		二者均强	
振动	波数范围/cm^{-1}	振动	波数范围/cm^{-1}	振动	波数范围/cm^{-1}
C═O 伸缩	1800～1600	芳香 C—H 伸缩	3100～3000	脂肪 C—H 伸缩	3000～2800
C—O 伸缩	1300～900	C═C 伸缩	1700～1600	C≡N 伸缩	2300～2200
O—H 伸缩(氢键)	3400～3000	C≡C 伸缩	2250～2100	Si—H 伸缩	2300～2100
芳香 C—H 面外变形	850～650	S═S 伸缩(Se—Se 等)	1400～500	C—卤素伸缩	1400～500
N—H 伸缩(氢键)	3300～3100	C—S 伸缩(C—Se 等)	700～600		
Si—O—Si 不对称伸缩		芳香环	1050～950		
		芳香 C═C 面内振动	1700～1500		
		N═N 伸缩	1630～1575		
		Si—O—Si 对称伸缩	550～450		

与红外光谱相比，拉曼光谱还有以下优点：

① 在很多情况下样品不需处理，可直接用高分子材料的粉、块、片或薄膜测量。也可以装在透明的容器（如无荧光的玻璃管）中测定，这对于测定液态样品以及在空气中变

质的物质特别方便。由于无机填料的拉曼散射很弱，因而含有这些填料的高分子材料不必分离就可以测定。

② 水是极性很强的分子，其红外吸收十分强烈，而它的拉曼散射极弱，只在 $1640cm^{-1}$ 附近有一个弱谱带。因此拉曼光谱特别适用于水溶液的研究。这对生物大分子的研究非常有利。用拉曼光谱研究水溶性聚合物、表面活性剂，以及强酸、强碱、腐蚀性酸、有机酸等作溶剂的高分子溶液也取得不少有意义的结果。

③ 具有比红外光谱更广的波数范围（$4000\sim10cm^{-1}$）。

④ 由于激光束的直径较小，且可进一步聚焦，因而极微量的样品都可测量。

但拉曼光谱也存在以下局限性：

① 拉曼散射强度较低，包括瑞利散射在内的分子散射总强度只是入射光强的十万分之一，而其中又仅有约 1%对拉曼光谱有贡献。因而以往拉曼光谱法必须采用较大体积的试样。自从激光光源出现以来，已经克服了该缺点，激光的高强度和单色性很好地适应了拉曼光谱的要求。而且由于激光直径很小（可小至 10μm），因而可以使用体积很小的样品。

② 高分子材料的拉曼光谱主要受荧光的困扰。高分子材料之所以比低分子材料更易受高背景杂散光特别是荧光的干扰，多半是与样品中的杂质有关。荧光能覆盖整个频率范围，严重时会把信号完全淹没。消除的方法是测定前先用强激光曝光样品几分钟至数小时，使荧光大为衰减；或改变入射光的波长以降低荧光的发光率。

五、拉曼样品制备技术

激光拉曼光谱是拉曼光谱技术的一种具体实现方式，是目前最为广泛的拉曼光谱形式。下面以激光拉曼光谱仪为例，介绍拉曼光谱样品制备技术。激光拉曼光谱仪的基本组成有激光光源、样品室、单色器、检测记录系统和计算机五大部分。单色器和检测记录系统在此不作详细介绍。

1. 激光光源

激光是原子或分子受激辐射产生的。激光和普通光源相比，具有以下几个突出的优点：

① 具有极好的单色性：激光是一种单色光，例如氦氖激光器发出的 6328Å 的红色光，频率宽度只有 9×10^{-2}Hz。

② 具有极好的方向性：激光几乎是一束平行光，例如红宝石激光器发射的光束，其发散角只有 3′多。

③ 激光是非常强的光源：由于激光的方向性好，所以能量能集中在一个很窄的范围内，即激光在单位面积上的强度远远高于普通光源。

由于激光的这些特点，它是拉曼散射的理想光源。被激发的拉曼谱线比较简单，易于解析。且激光是偏振光，测量偏振度较为容易。

拉曼光谱中最常用的是 He-Ne 气体激光器。受激辐射发生于 Ne 原子的两个能态之间，He 原子的作用使 Ne 原子处于最低激发态的粒子与基态粒子发生反转，这是粒子发生受激辐射、发出激光的基本条件。He-Ne 激光器是激光拉曼光谱仪中较好的光源，比较稳定，其输出激光波长为 6328Å，功率在 100mW 以下。

Ar^+ 激光器是拉曼光谱仪中另一个常用的光源。这种激光器可在 4880Å、1965Å 和

5145Å 输出三条很强的激光，功率可达 3W。Ar-Kr 激光器给出 5682Å 及 6471Å 两条激光。染料激光器发出的激光波长则可在一定范围内进行调节。

2. 样品的放置方法

为了提高散射强度，样品放置方式非常重要。气体样品可采用内腔方式，即把样品放在激光器的共振腔内；液体和固体样品则是放在激光器的外面，如图 1-50 所示。

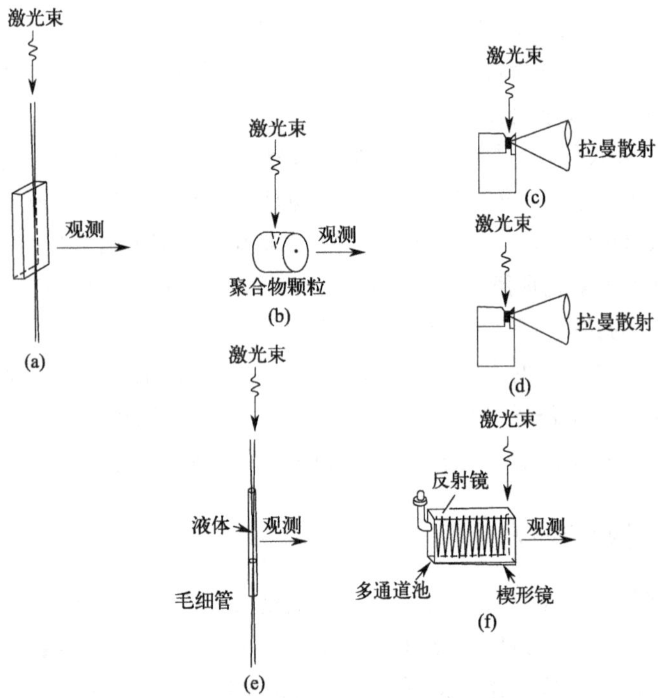

图 1-50　各种形态样品在拉曼光谱仪中的放置位置

(a) 透明固体；(b) 半透明固体；(c) 粉末；(d) 极细粉末；(e) 液体；(f) 溶液

在一般情况下，气体样品采用多路反射气槽；液体样品可用毛细管、多重反射槽；粉末样品可装在玻璃管内，也可压片测量。

六、拉曼光谱在高分子材料研究中的应用

1. 高分子材料的定性分析

由于可供对照的标准谱图很少，利用基团的归属鉴别仍是基本的方法，如图 1-51 所示为重要官能团在拉曼光谱中的谱带位置。

由于拉曼光谱与红外光谱具有互补性，用拉曼光谱定性分析时最好有红外光谱对比。它们往往既相似又不相同，结合起来使用能得到更丰富的信息。这里以聚乙烯的拉曼光谱（图 1-52）为例来说明。

对照聚乙烯的红外光谱（图 1-53）可以看到，两种谱图中以 C—H 伸缩振动为最强谱带，且位置相似；在 $1460cm^{-1}$ 附近都有 CH_2 的弯曲振动谱带。但拉曼光谱缺少红外光谱中 $720cm^{-1}$、$730cm^{-1}$ 的 CH_2 摇摆双重峰，却在 $1070cm^{-1}$、$1130cm^{-1}$ 和 $1300cm^{-1}$ 呈现 C—C 骨架的振动谱带。

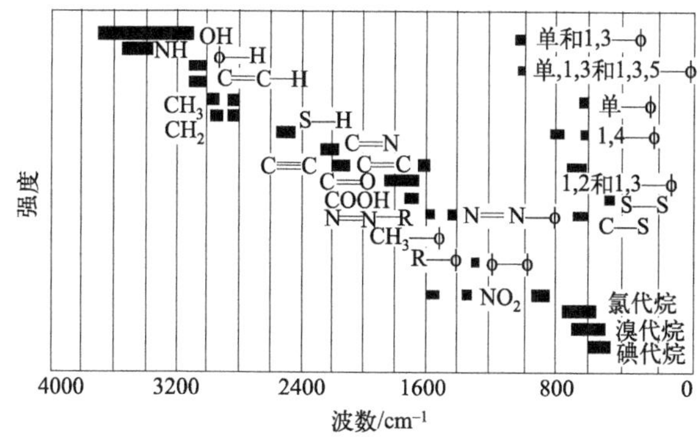

图 1-51　重要官能团在拉曼光谱中谱带位置的快速指南

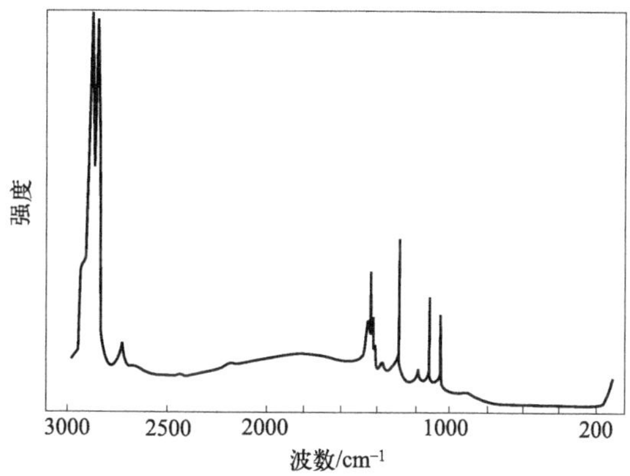

图 1-52　聚乙烯的拉曼光谱

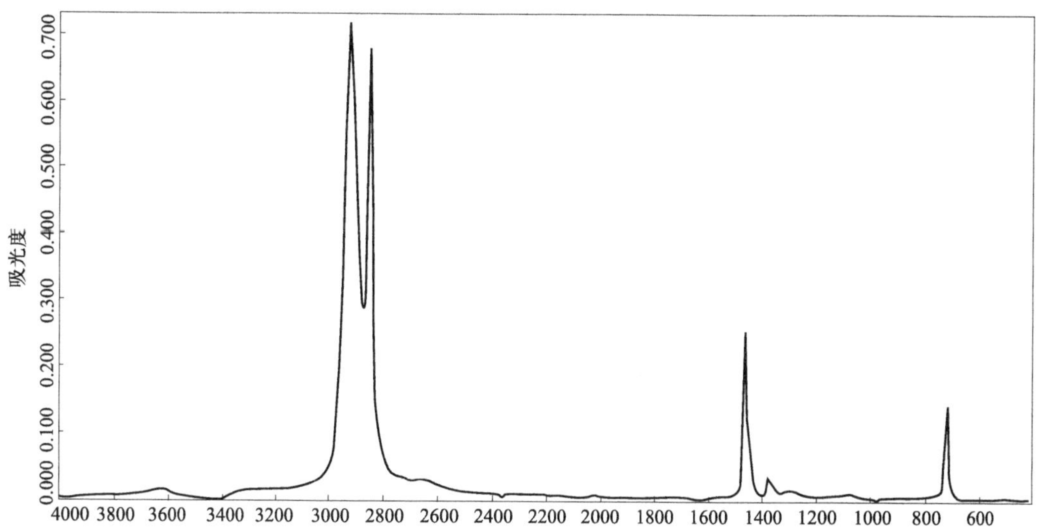

图 1-53　聚乙烯的红外光谱

根据选择定则，具有对称中心的基团的非对称振动，红外是活性的而拉曼是非活性的；对这些基团的对称振动，红外非活性而拉曼活性；对没有对称中心的基团，红外和拉曼都是活性的。因而一般来说，分子和各基团的对称性越高，红外与拉曼光谱的区别就越大。

图 1-54 为聚甲基丙烯酸甲酯（PMMA）的红外光谱及拉曼光谱。在 PMMA 拉曼光谱的低频率区，出现了较为丰富的谱带信号，而其红外光谱的同一区域中的谱带信息却很弱。此外，PMMA 红外光谱中，C—O 及 C═O 的振动模式有对应强烈的吸收，而 C—C 振动模式在拉曼光谱中较为显著。

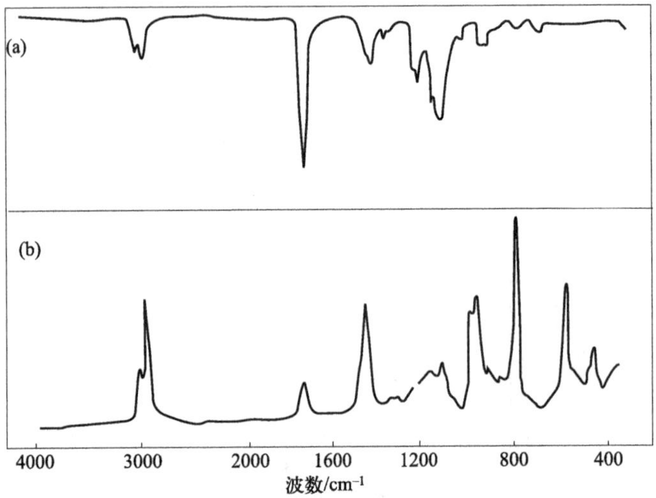

图 1-54　PMMA 的红外光谱（a）及拉曼光谱（b）

由于激光束很细，可以直接鉴别薄膜中极小杂质的成分。图 1-55(a) 是 EVA 薄膜中杂质的拉曼光谱，(b)、(c)、(d) 图分别是用于比较的纯低密度聚乙烯、纯高密度聚乙烯和 EVA 薄膜的拉曼光谱。这些谱图是 1500～1800cm^{-1} 局部光谱放大 4 倍的结果。可见杂质在 1600cm^{-1} 有峰，归属于反式—CH═CH—基团，而纯低密度聚乙烯和 EVA 薄膜在这一位置无峰，高密度聚乙烯虽然有峰，但位置在 1640cm^{-1}，归属于—CH═CH_2，所以说明该杂质不是聚乙烯，而是 EVA 热降解的产物，由于脱乙酸而产生—CH═CH—基团。

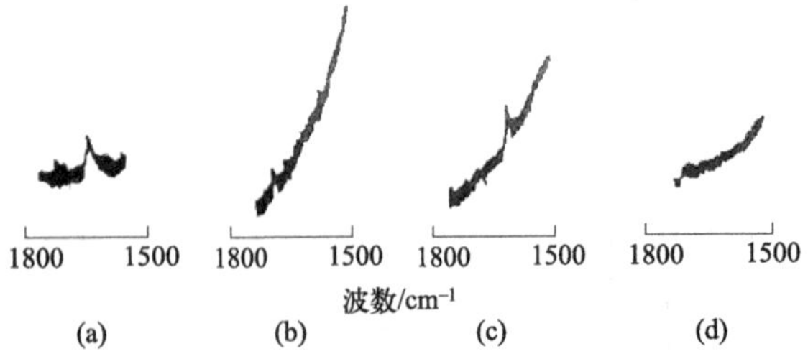

图 1-55　EVA 薄膜中杂质及相关物质的拉曼光谱

2. 高分子材料的定量分析

由于拉曼光谱的谱带强度（直接是散射光强度，而不像红外那样是透射比）与组分的浓度成正比，因此定量分析涉及谱带的绝对强度。因为受到实验条件的影响，包括光源输出时小的涨落，显然绝对强度是不易测准的。为此，必须采用体系内的谱带作内标，用强度比的方法代替不易测定的绝对强度。液体样品常用溶剂的特征谱带为内标，固态样品可选用样品自身的某一谱带为内标。下面以氯乙烯-偏氯乙烯共聚物的组成分析为例（图 1-56），予以介绍。

$2906cm^{-1}$ 是聚氯乙烯的特征峰。由于聚偏氯乙烯和聚氯乙烯都有 CH_2 不对称伸缩振动的 $2926cm^{-1}$ 峰，故可以该峰作为内标。

氯乙烯含量按下式计算：

$$共聚物中氯乙烯百分含量=K\frac{A_{2906}}{A_{2926}}$$

K 值可从工作曲线（图 1-57）获得，其组成测量的准确性可达 2%。

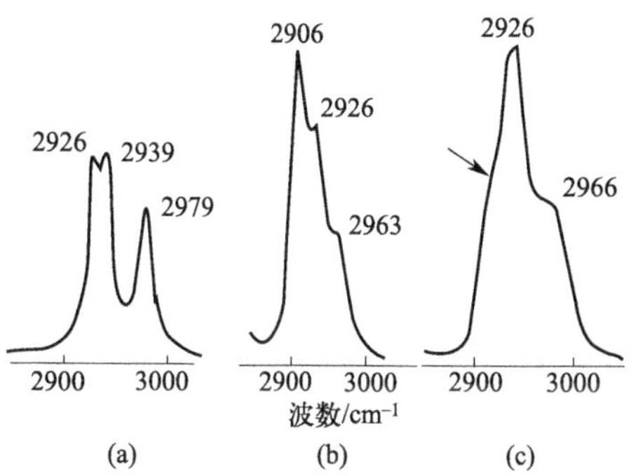

图 1-56　拉曼光谱（C—H 伸缩振动区）
（a）聚偏氯乙烯；（b）聚氯乙烯；
（c）含 49%氯乙烯的共聚物

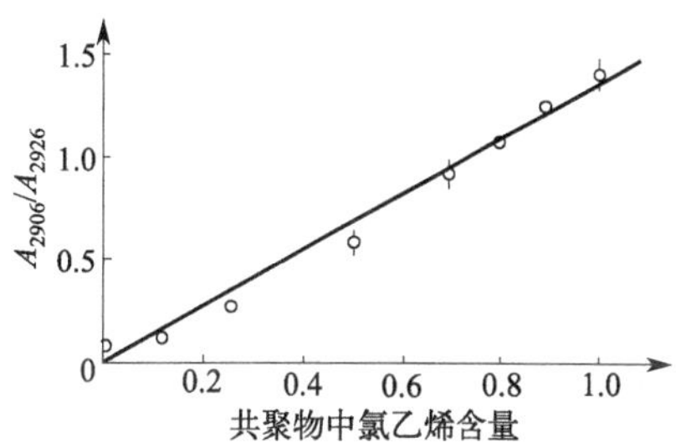

图 1-57　氯乙烯-偏氯乙烯共聚物中氯乙烯含量的定量分析工作曲线

习题

1. 能量与频率成（　　），与波长成（　　）。

A. 正比，正比　　B. 反比，反比　　C. 正比，反比　　D. 反比，正比

2. 电子能级跃迁、振动能级跃迁以及转动能级跃迁所需的能量从大到小依次为（　　）。

A. 电子能，转动能，振动能　　B. 电子能，振动能，转动能

C. 振动能，转动能，电子能　　D. 振动能，电子能，转动能

3. 红外光谱是（　　）光谱，拉曼光谱是（　　）光谱。

A. 吸收，散射　　B. 发射，散射　　C. 吸收，吸收　　D. 吸收，发射

4. 具有精细结构的紫外吸收光谱谱带是（　　）。

A. R 吸收带　　B. K 吸收带　　C. B 吸收带　　D. E 吸收带

5. $\pi \rightarrow \pi^*$ 跃迁中，溶剂极性变大时，谱带（　　）。

A. 红移　　B. 蓝移　　C. 不变

6. 下列说法正确的是（　　）。

A. 红外光谱图中的吸收峰对应某种基团

B. 红外光谱图中的吸收峰对应基团的某种振动

7. （判断题）下列说法是否正确？（　　）

有机分子的某个基团有 N 种振动形式，它会在红外光谱图中对应 N 个吸收峰。

8. 基团的伸缩振动频率由（　　）决定。

A. 键的力常数　　　　　　　　　　B. 相对原子折合质量

C. 键的力常数和相对原子折合质量

9. 红外光谱适合研究分子的（　　）基团。

A. 极性　　　　B. 非极性　　　　C. 极性和非极性

10. 烷烃、烯烃、炔烃的 C—H 伸缩振动频率由大到小的顺序是（　　）。

A. 炔烃、烯烃、烷烃　　　　　　B. 烯烃、炔烃、烷烃

C. 烷烃、烯烃、炔烃

11. 溶剂的极性对紫外吸收光谱有什么影响？

12. 红外光谱的产生条件是什么？

13. 红外光谱图是如何分区的？

14. 红外光谱中影响基团特征频率的因素有哪些？

15. 用于红外光谱测试的样品制备技术主要有哪几种？

16. 什么是拉曼位移？

17. 拉曼光谱和红外光谱有哪些异同？

18. 分子在红外光谱中吸收峰的波数与哪些因素有关？试对其公式进行推导。如果把羰基作为双原子分子，计算其伸缩振动的红外基频吸收波数。

19. CO_2 和 H_2O 各有几种振动方式？在红外光谱图中有几条谱带？为什么？

20. 高密度聚乙烯和低密度聚乙烯的红外光谱图有何区别？

参考文献

[1] 汪昆华，罗传秋，周啸．聚合物近代仪器分析［M］．2 版．北京：清华大学出版社，2000.

[2] 曾幸荣，吴振耀，侯有军，等．高分子近代测试分析技术［M］．广州：华南理工大学出版社，2007.

[3] 董炎明，熊晓鹏，杨柳林，等．高分子研究方法［M］．北京：中国石化出版社，2011.

[4] 薛奇．有机及高分子化合物结构研究中的光谱方法［M］．北京：科学出版社，2011.

[5] Ma H，Tong L，Xu Z，et al. A novel intumescent flame retardant：synthesis and application in ABS copolymer［J］. Polymer Degradation & Stability，2007，92（4）：720-726. 3.

[6] 张涛，杜中杰，邹威，等．聚磷酸铵/三嗪成炭剂/碳纳米管复配体系对聚丙烯阻燃性的影响［J］．塑料，2013，42（3）：1-4.

[7] Chiu S H，Wu C L，Lee H S，et al. Synthesis and characterisation of novel flame retardant polyurethanes containing designed phosphorus units［J］. J. Polym. Res. 2016，23，205.

[8] 谭志勇，刘世纯，崔秀丽，等．环氧官能化弹性体增韧 PET 的研究［J］．塑料工业，2013，(07)：22-26.

第二章　核磁共振波谱分析

核磁共振（nuclear magnetic resonance，NMR）波谱与红外光谱一样，本质上都是一种吸收光谱。红外光谱是分子的振动和转动能级的跃迁产生的吸收光谱，而核磁共振波谱是分子中原子核自旋能级的跃迁产生的吸收光谱，前者的吸收频率在红外光频率区域，而后者的吸收频率较低，在射频区（10^7～10^8 Hz）。

核磁共振波谱可根据测定对象的不同进行分类，测定氢核的称为氢谱（^{1}H NMR），测定碳-13核的称为碳谱（^{13}C NMR），原则上，凡是自旋量子数不等于零的原子核，都可以测得 NMR 信号。在高分子结构研究中，有实用价值的有^{1}H、^{13}C、^{19}F、^{15}N、^{29}Si、^{31}P、Se 等。核磁共振也可按样品的状态分类，测定溶解于溶剂中的溶质的分子结构称为溶液 NMR，测定固体样品的称为固体 NMR。

核磁共振波谱不仅能够识别分子中特定基团（如甲基、羟基等）的存在，还可通过化学位移、积分强度及耦合裂分等参数精确解析基团的化学环境及其在分子链中的相对位置，从而为有机化合物、生物大分子及材料科学提供关键的分子结构与动态信息。考虑到应用的广度，本书只介绍氢谱。

第一节　核磁共振波谱的基本知识

一、原子核的自旋角动量和磁矩

核磁共振现象的本质源于原子核的固有属性——自旋角动量及其伴随的磁矩。理解这两个基本概念及其相互关系，是掌握核磁共振原理的基础。

原子核如同微观粒子一样，存在着内禀的角动量，称为自旋角动量，简称自旋。原子核是由质子和中子组成的，质子和中子本身都有自旋，同时它们还在核内做相对运动，这些运动的总效果就表现为原子核的自旋角动量。与宏观物体的角动量不同，原子核的自旋角动量是量子化的，其状态由核的自旋量子数 I 所决定。I 的取值可为 0、1/2、1、3/2

等。自旋角动量 $\boldsymbol{P}$ 的长度可由下式表示：

$$|\boldsymbol{P}|=\sqrt{I(I+1)}\frac{h}{2\pi} \tag{2-1}$$

式中，h 为普朗克常数。

由于原子核带有电荷，且存在自旋，其自旋运动就会产生电流，根据电磁学原理，电流会产生磁场，因此原子核就具有磁矩，称为核磁矩。核磁矩的大小用 μ 表示，它们的关系可用下式表示：

$$\mu=\gamma P \tag{2-2}$$

式中，γ 为磁旋比，是核的特征常数，不同原子核的磁旋比 γ 不同。

二、外磁场中核自旋的量子化行为及其能级分裂

在无外磁场时，原子核的自旋角动量及其磁矩在空间中的取向是随机的，不表现出能级分裂。然而，当施加一个恒定外磁场 H_0 后，核磁矩与外磁场的相互作用会导致量子化的能级分裂（塞曼效应），这是核磁共振现象的核心物理基础。

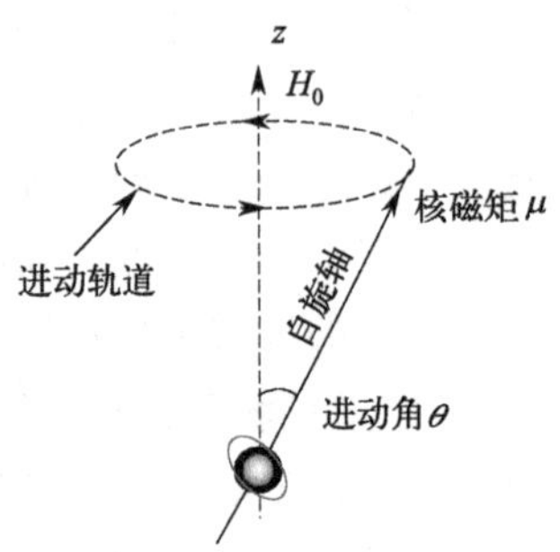

图 2-1　自旋的原子核在外磁场中的进动

根据电磁学原理，一个自旋的原子核放在静止的外磁场（H_0）中，核磁矩受到 H_0 的作用力，围绕 H_0 产生类似于陀螺一样的进动（如图 2-1 所示）。设 H_0 的方向与 z 轴方向重合，核磁矩 μ 与 H_0 的夹角为 θ，核磁矩 μ 在外磁场 H_0 中的能量 E 由下式给出：

$$E=-\mu_z H_0 \tag{2-3}$$

由于核自旋角动量 P 是量子化的，其在外磁场方向（通常定义为 z 轴）的投影 P 只能取离散值：

$$P_z=m\frac{h}{2\pi} \tag{2-4}$$

根据 $\mu=\gamma P$，磁矩的 z 分量 μ_z 为：

$$\mu_z=\gamma P_z=\gamma m\frac{h}{2\pi} \tag{2-5}$$

因此，能量 E 可进一步表示为：

$$E=-\mu_z H_0=-\gamma\frac{h}{2\pi}mH_0 \tag{2-6}$$

式中，m 为磁量子数，取值范围为 I，$(I-1)$，$(I-2)$，…，$-I$，共有 $(2I+1)$ 个可能的取值，因此原子核在磁场中会分裂为 $(2I+1)$ 个不同的能级，如图 2-2 所示。分裂能级的能级差 ΔE 可用下式表示：

$$\Delta E=E_{m-1}-E_m=\gamma\frac{h}{2\pi}H_0 \tag{2-7}$$

对于自旋量子数 $I=1/2$ 的 ^1H 核和 ^{13}C 核而言，其磁量子数 m 的取值为 $+1/2$ 或 $-1/2$，这表明，此类原子核的自旋角动量在外磁场方向上仅存在两种可能的取向。当 $m=1/2$

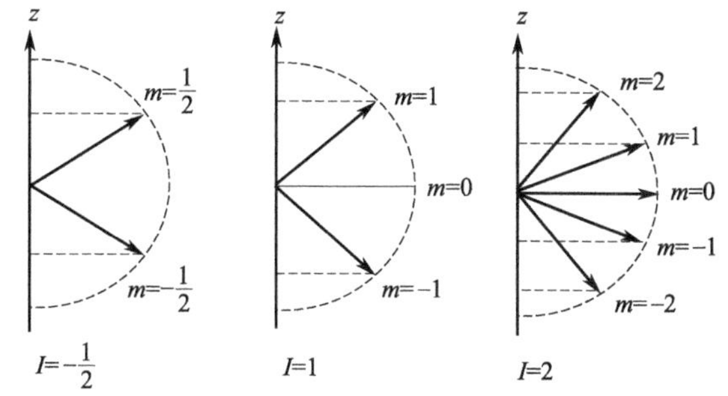

图 2-2　不同自旋量子数的原子核的能级分裂

时，原子核的自旋角动量取向与外磁场方向相同；当 $m=-1/2$ 时，原子核的自旋角动量取向与外磁场方向相反。由于原子核的自旋角动量在外磁场中存在上述两种不同的取向，相应地，其能级会分裂为两个。其中，自旋角动量取向与外磁场方向相同（即 $m=1/2$）时，对应的能级能量为 $E=-\gamma H_0 h/4\pi$；而自旋角动量取向与外磁场方向相反（即 $m=-1/2$）时，对应的能级能量为 $E=\gamma H_0 h/4\pi$。

三、产生核磁共振吸收的条件

① 自旋量子数 $I\neq 0$。

有些原子核有自旋现象，有些没有，是否有自旋现象决定于核的自旋量子数 I。当 $I=0$ 时，此原子核没有自旋现象，不能产生核磁共振作用。自旋量子数 I 取决于原子核的质量数和原子序数。表 2-1 中给出了核自旋量子数、质量数和原子序数之间的关系。

表 2-1　核自旋量子数、质量数和原子序数之间的关系

质量数	原子序数	自旋量子数	例
奇数	奇或偶数	半整数	^{1}H，^{12}C，^{31}P，^{19}F
偶数	奇数	整数	^{14}N，^{2}H(D)
偶数	偶数	0	^{16}O，^{12}C

当原子核的质量数为偶数，原子序数亦为偶数时，核的自旋量子数 $I=0$，此种核没有自旋现象，不产生核磁共振，例如 ^{4}He、^{12}C、^{16}O 等核。当原子核的质量数为奇数，原子序数为奇数或偶数时，核的自旋量子数为半整数，即为 1/2、3/2、5/2 等，例如 ^{1}H、^{13}C、^{19}F、^{15}N、^{29}Si、^{31}P、Se 等核的 $I=1/2$，^{35}Cl、^{37}Cl、^{79}Br、^{81}Br 等核的 $I=3/2$；当原子核的质量数为偶数，原子序数为奇数时，原子核的自旋量子数 $I=1$，2，3…正整数。例如 ^{2}H、^{14}N 等核的 $I=1$，B 核的 $I=3$。

$I=1/2$ 的原子核，其核电荷呈球形对称分布，具有各向同性的性质，它们的核磁共振现象较为简单，是核磁共振研究的主要对象。$I>1/2$ 的原子核，核电荷分布不均匀，呈椭球形，这类原子核具有各向异性，吸收峰很宽。实际上常检测不到 NMR 信号。

② 原子核必须置于一外加磁场 H_0 中，使核磁能级发生分裂。

当自旋的原子核置于一外加磁场 H_0 时，由于磁矩与磁场的相互作用，原子核的自旋运动就会像一个陀螺一样进行旋进运动（如图 2-1 所示）。根据量子力学原理，核磁矩

（或自旋轴）相对于磁场 H_0 有（$2I+1$）个取向，例如对于质子（氢核），它的 $I=1/2$，所以它在外加磁场里有两种取向，即与外磁场相同的方向和相反的方向，前者叫低能态，后者叫高能态（如图 2-3 所示）。可以看出，外加磁场 H_0 是起到了使自旋原子核的核磁能级发生分裂的作用。

③ 必须有一外加的频率为 ν 的电磁辐射，其能量正好是作旋进运动的原子核的两能级差，才能被原子核吸收，使其从低能态跃迁到高能态，从而发生核磁共振吸收。

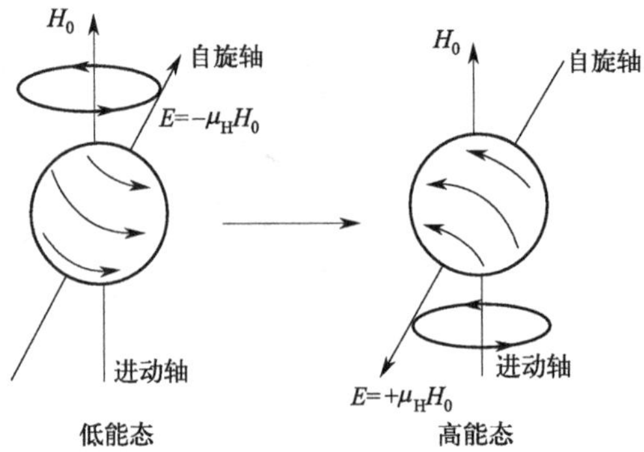

图 2-3　质子的两种取向

由式(2-7) 可得，对于 ^{1}H 核来说，在外磁场 H_0 作用下发生能级分裂的低能级和高能级之间的能级差为

$$\Delta E=\gamma \frac{h}{2\pi}H_0 \tag{2-8}$$

式中，ΔE 为 ^{1}H 核两能级差；γ 为核的特征常数，叫作磁旋比，对于同种核来说，γ 是常数；h 为普朗克常数；H_0 为外加的磁场强度。

由于 $E=h\nu$，所以

$$\nu=\frac{\gamma H_0}{2\pi} \tag{2-9}$$

要使原子核发生核磁共振，必须吸收频率为 ν 的电磁辐射，它的能量等于两能级差。此关系式表示了产生核磁共振的射频频率 ν 与外加磁场 H_0 的关系。在 H_0 一定时，改变不同的频率 ν，总可以找到一个 ν 使之发生共振；相反，在固定 ν 时，不断改变 H_0，总可以找到一个 H_0 使之发生共振。在核磁共振技术中，把前者叫作扫频，后者叫作扫场。

例如，对于 ^{1}H 来说，它的磁旋比 $\gamma=2.67\times10^8\text{T}^{-1}\cdot\text{s}^{-1}$，在磁场强度 $H_0=1.4092$T（特斯拉）时，发生核磁共振所需要的频率为：

$$\nu=\frac{2.67\times10^8\times1.4092}{2\times3.14}\approx60\times10^6=60(\text{MHz})$$

对于 ^{13}C 来说，它的磁旋比 $\gamma=0.6721\times10^8\text{T}^{-1}\cdot\text{s}^{-1}$，所以在 H_0 为 1.4092T 时，计算得产生核磁共振的射频频率 ν 应为 15MHz。如果磁场强度 $H_0=2.305$T，对于 ^{1}H 来说，计算得到发生核磁共振所需要的频率为 100MHz。60MHz 和 100MHz 都是在做 ^{1}H 核磁共振时常用的频率。

四、饱和与弛豫

1. 饱和现象

核具有特定的磁性，在外部磁场的作用下，核会处于不同的能级状态。当核吸收电磁波能量时，会从低能态跃迁到高能态。然而，存在这样一种情况，当核吸收电磁波能量跃迁到高能态后，如果由于某些原因不能恢复到低能态，随着时间的推移，处于低能态的核数量会逐渐减少。当两种能级的核数量相等时，就达到了一种特殊的状态，我们称之为饱和。

饱和状态的出现，意味着原本基于低能态和高能态核数量差异所产生的核磁共振信号将受到显著影响。因为核磁共振信号的产生本质上依赖于低能态和高能态核数量的不平衡，当达到饱和时，这种不平衡消失，信号的强度和特性也会相应改变。在实际的核磁共振实验中，我们需要避免过早地达到饱和状态，以保证能够获得清晰、准确的核磁共振波谱。

2. 弛豫现象

在物理学中，把某种平衡状态被破坏后再恢复平衡的过程叫作弛豫。在核磁共振波谱的范畴内，弛豫现象具有独特的含义。核从高能态恢复到低能态的过程就被称为弛豫。弛豫现象的存在，使得核体系能够在受到电磁波激发后，重新恢复到平衡状态，从而保证了核磁共振信号的可持续性和稳定性。核磁共振中存在两种主要的弛豫机制，分别对应不同的物理过程和特征时间。

3. 弛豫的类型

（1）自旋-晶格弛豫

自旋-晶格弛豫，也常被称为纵向弛豫。在这个过程中，处于高能态的磁核会把自身的能量传递给周围的粒子，这些粒子在固体样品中通常是晶格，而在液体样品中则是周围的分子或溶剂分子。通过这种能量传递，磁核自身的能量降低，从而恢复到低能态，使得高能态的核数量减少，整个体系的能量也随之降低。

自旋-晶格弛豫的过程可以用半衰期 T_1 来表征。T_1 是对处于高能态核寿命的一个量度，T_1 越小，表示弛豫过程的效率越高，T_1 越大，则表示效率越低，容易达到饱和。T_1 的数值与核的种类、样品状况和温度有关。固体中分子运动的阻力大，各核间的相对运动幅度比较小，不能有效地产生纵向弛豫，所以 T_1 值很大，有时可达几小时或更长，而气体和液体 T_1 则很小，一般在 0.01～100s 之间。

（2）自旋-自旋弛豫

自旋-自旋弛豫，又称为横向弛豫。在这种弛豫过程中，相邻的同类核之间会发生能量交换。通过这种能量交换，使得处于高能态的核能够恢复到低能态。与自旋-晶格弛豫不同的是，在自旋-自旋弛豫过程中，整个体系各种取向的磁核总数并不会发生改变，体系的能量也保持不变。

自旋-自旋弛豫同样也有一个特征时间，即半衰期 T_2。T_2 的值也与样品的性质密切相关，例如固体和黏稠液体因为核的相互位置比较固定，有利于核磁间能量转移，所以 T_2 一般很小，气体及液体样品 T_2 为 1s 左右。

弛豫时间虽有 T_1 和 T_2 之分，但对每一核来说，它在某一较高能级所停留的平均时间只取决于 T_1 和 T_2 中最小者。例如固体样品的 T_1 虽然长，但 T_2 特别短，T_2 使每一核在单位时间内高速往返于高低能级之间。

4. 弛豫对谱线的影响

弛豫过程直接影响核磁共振谱线的宽度，这一关系可以通过量子力学的测不准原理理解：

$$\Delta E \cdot \Delta t \approx h/(2\pi) \tag{2-10}$$

式中，ΔE 为状态能量；Δt 为状态寿命（与弛豫时间相关）。由于 $\Delta E = h\Delta\nu$，可以得到：

$$\Delta\nu \approx 1/(2\pi\Delta t) \tag{2-11}$$

这表明弛豫时间越短（弛豫速率越快），谱线的自然宽度 $\Delta\nu$ 就越宽。如上所述，固体样品的 T_2 很小，所以谱线非常宽，严重影响分辨率，因此要得到高分辨的共振谱，通常优先选择液体样品。对于固体核磁共振的研究，需要采用特殊的实验技术如魔角旋转（MAS）来克服这一问题。

第二节 ^{1}H 核磁共振波谱

^{1}H 核磁共振（^{1}H NMR）也称为质子核磁共振，是研究化合物中^{1}H 原子核（也即质子）的核磁共振。可提供化合物分子中氢原子所处的不同的化学环境和它们之间相互关联的信息，依据这些信息可确定分子的组成。

一、屏蔽效应

理想化的、裸露的氢核，满足共振条件：$\nu = \gamma H_0/(2\pi)$，产生单一的吸收峰。如果对于一切化合物的质子（^{1}H）在 H_0 一定时都得到一个共振频率，那么核磁共振分析就没有什么意义了。但是在分子体系中，各种氢核所处的环境不一样，它们有不同的共振频率，这一不同的共振频率使人们能够区别不同环境中的氢核，也就是能进行化合物的结构分析。产生这一差别的原因是什么呢？

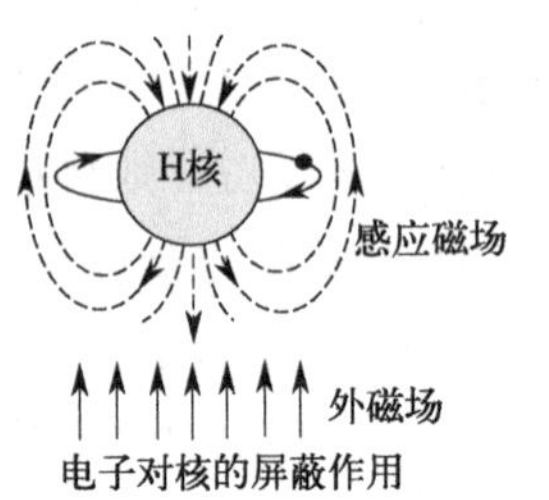

图 2-4 电子对核的屏蔽效应

实际上，氢核受周围不断运动着的电子的影响。在外磁场作用下，运动着的电子产生与外加磁场方向相反的感应磁场（图 2-4），因此使氢核实际"感受"到的磁场强度比外加磁场的强度稍弱。感应磁场强度 H_e 与外加磁场强度 H_0 成正比，即

$$H_e = H_0 \cdot \sigma \tag{2-12}$$

式中，σ 为原子核的屏蔽常数（其数值为 10^{-5} 数量级）。

氢核实际受到的磁场强度 $H_{实}$ 为：

$$H_{实} = H_0 - H_0\sigma = H_0(1-\sigma) \tag{2-13}$$

氢核的共振频率应为：

$$\nu = \frac{\gamma H_0(1-\sigma)}{2\pi} \tag{2-14}$$

由式(2-14) 可知，为了发生核磁共振，若固定射频频率，必须提高外加磁场强度，

去抵消电子运动产生的对抗磁场的作用，结果吸收峰就出现在磁场强度较高的位置。若固定外磁场强度，则必须降低射频频率才能达到共振条件。核周围的电子对抗外加磁场强度所起的作用，叫作屏蔽效应。质子周围的电子云密度越高，屏蔽效应越大，共振频率越小，即在较高的磁场强度处发生核磁共振；反之，质子周围的电子云密度越低，屏蔽效应越小，共振频率越大，在较低的磁场强度处发生核磁共振。以低分子的乙醇为例，它的分子式中有 3 种不同化学环境的氢核：甲基（$—CH_3$）、亚甲基（$—CH_2$）和羟基（—OH）。甲基氢核的 σ 最大，它在高场出峰，其次是亚甲基，—OH 的氢核屏蔽效应最小，它在低场出峰。图 2-5 就是乙醇的核磁共振谱，可看出三个基团分别在三个不同的位置上出峰。

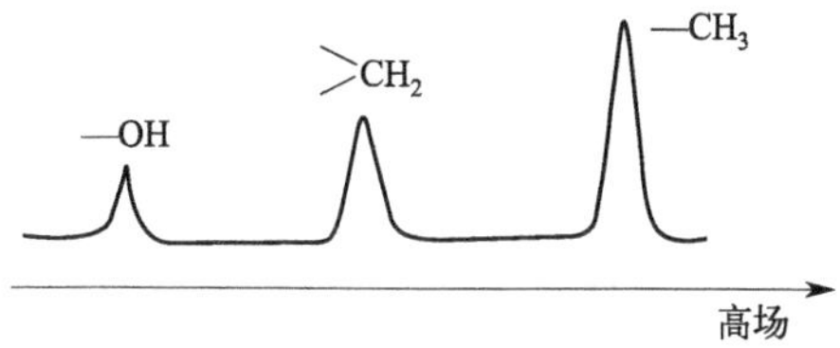

图 2-5　乙醇的^{1}H NMR 谱

二、化学位移

核所处化学环境不同，电子云密度不同，屏蔽作用不同，实际受到的外磁场强度也就不同。因而处于不同的化学环境的同种核的共振频率就不同。这种由于核周围分子环境不同而使其共振频率发生位移的现象叫作化学位移。

化学位移是很小的数值，一般在 10×10^{-6} 范围内，例如用 60MHz 的射频使孤立的氢核共振所需要的磁场强度为 1.4092T。对于分子体系中的氢核来说，σH_0 不超过 1.0×10^{-5}T，有的质子其 σH_0 可小到 2.5×10^{-6}T，即磁场的改变大约只有 $2.5\times10^{-6}/1.4092\approx2\times10^{-6}$。但它是研究化学结构的一个非常重要的特性。

此外，化学位移与磁场强度有关，不同的 H_0 有不同的 σH_0，因此为了提高化学位移数值的准确度和统一标定化学位移的数值，化学位移采用相对值，以便使用不同的 H_0 测定时对于一个相同化学环境的核有相同的化学位移值。

从理论上讲，某核的化学位移应以它的裸核为基准进行比较，但是在实际应用中采用一参考物质作标准。样品与标准物质的共振频率的相对差就定义为该核的相对化学位移，用符号 δ 表示，即

$$\delta=\frac{\nu_{样品}-\nu_{标准}}{\nu_{标准}} \tag{2-15}$$

由于 $\nu_{样品}$ 和 $\nu_{标准}$ 值很大，而其相对差很小，δ 值一般是 10^{-6} 数量级。为了方便，将分母的 $\nu_{标准}$ 用扫场时固定的射频频率 ν_0 代替，把 δ 乘以 10^6 来表示，即

$$\delta=\frac{\nu_{样品}-\nu_{标准}}{\nu_0}\times10^6 \tag{2-16}$$

一般采用的标准物质为四甲基硅烷（TMS），其结构式为 $Si(CH_3)_4$。用 TMS 作为标准物质主要基于以下几方面的原因：首先，TMS 化学环境均一。TMS 分子中 4 个甲基（$—CH_3$）完全等同，1 个硅原子（Si）与 4 个甲基相连，所有氢原子所处的化学环境高度一致。在核磁共振谱图上只产生一个尖锐的单峰，便于作为参考信号，不会与其他样品峰相互干扰。其次，屏蔽效应强。硅（Si）的电负性小于碳，使得 TMS 分子中氢核周围的

电子云密度较高。高电子云密度产生较强的屏蔽效应，与大多数有机化合物相比，TMS中氢核的共振频率较低，其信号出现在高场（低化学位移）区域。一般有机化合物的质子化学位移在 0～10 之间，而 TMS 的化学位移被人为定义为 0，这样能使样品中大多数峰的化学位移为正值，方便数据记录和分析。此外，TMS 具有良好的化学稳定性，不易与样品或溶剂发生化学反应。在不同的温度、pH 值等条件下都能保持稳定，确保了其作为标准物质的可靠性和可重复性。TMS 具有一定的挥发性，在测试完成后容易从样品中除去，不会残留在样品中对后续分析造成影响。同时，其挥发性又不至于太强而难以准确量取和使用。TMS 还能与大多数有机溶剂（如常见的氘代氯仿、氘代 DMSO 等）互溶，可方便地添加到样品溶液中进行测试，不会出现分层或沉淀等现象，保证了测试的顺利进行。

各种化合物分子中，同一类基团内的质子，有大致相同的化学位移。可以利用化学位移鉴定化合物中有哪几种含氢原子的基团。图 2-6 为一些常见基团质子的化学位移。

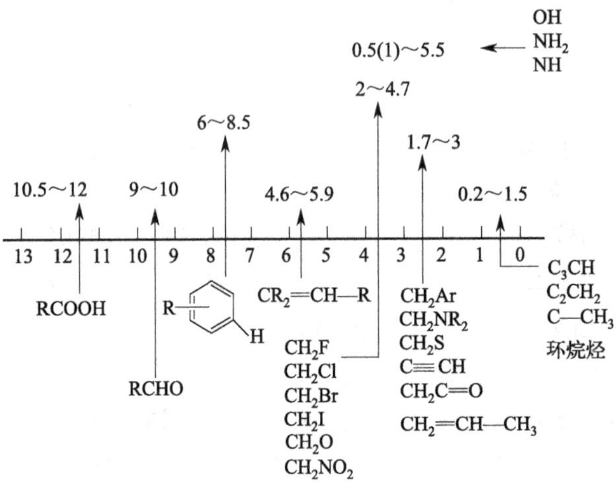

图 2-6　常见基团质子的化学位移

由于一般氢核的化学位移变化范围都在 0～10 以内，因而有些文献还常采用另一种表达方式，即 τ 标度，规定 TMS 的氢核在 τ 标度下的化学位移 $\tau=10$，τ 和 δ 的关系则为：

$$\tau=10-\delta \tag{2-17}$$

τ 值大，表示氢核受到的屏蔽作用强。

三、影响化学位移的因素

1. 取代基的诱导效应（电负性）

取代基的电负性，直接影响与它相连的碳原子上质子的化学位移，并且通过诱导方式传递给邻近碳上的质子。电负性较高的基团或原子，使与之相连的基团上的质子周围的电子云密度降低（去屏蔽），导致该质子的共振信号向低场移动（δ 值增大）。取代基的电负性越大，质子的 δ 值越大。如图 2-7 所示，当与—CH_3 相连的原子从 Si 到 F 以及从 I 到 F 时，电负性逐渐增大，使其共振信号移向低场，化学位移值增大。

吸电子取代基团 NO_2、CN、C═O、OH、OR、OCOR、NH_2、Cl 等均能使相邻基团的氢核信号移向低场。Si 的电负性很小，因而有机硅的氢核信号在高场，甚至出现负的化学位移。

图 2-8 所示为甲醇的 ^{1}H NMR 谱，羟基（—OH）上的质子的化学位移值大于甲基（—CH_3）上的质子是因为 O 原子的电负性大于 C 原子，羟基（—OH）上的质子周围的电子云密度降低，导致该质子的共振信号向低场移动（δ 值增大）。

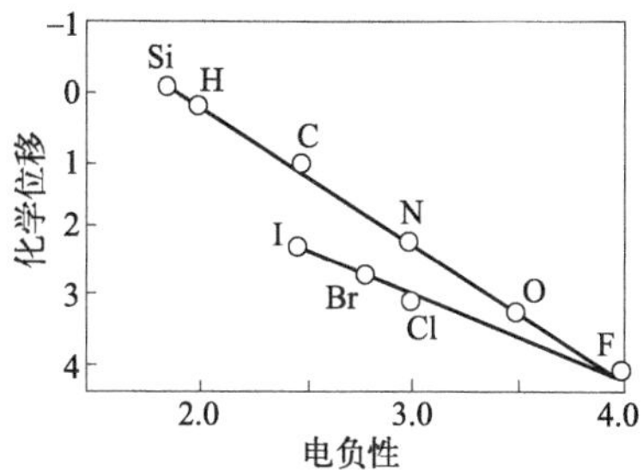

图 2-7　取代基电负性对基团化学位移的影响

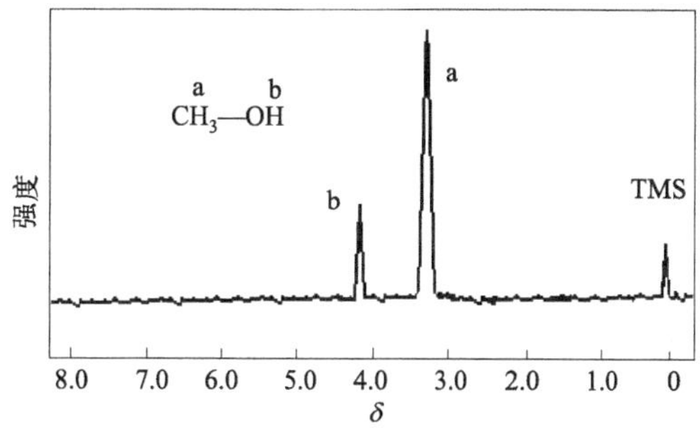

图 2-8　甲醇的 ^{1}H NMR 谱

图 2-9 为一碘乙烷的 ^{1}H NMR 谱，亚甲基上质子的化学位移值大于甲基上的质子是因为亚甲基与电负性强的 I 相连，使得亚甲基上的质子周围的电子云密度降低，导致该质子的共振信号向低场移动（δ 值增大）。

此外，碳原子的杂化状态也会影响与其连接的氢原子的电子云密度分布。在 C—H 键中，碳原子杂化轨道中 s 轨道所占比例越高，轨道的电子云就越靠近碳原子核，从而远离氢原子，使氢原子周围的电子云密度降低，导致质子去屏蔽效应增强，δ 值升高。具体来说，烷烃中的碳原子为 sp^3 杂化，s 成分为 25%，此时 C—H 键的电子云较为分散，氢原子受到一定程度的屏蔽，其化学位移 δ 值通常位于 0.9～1.5 之间；而在烯烃中，碳为 sp^2 杂化，s 成分为 33.3%，电子云更靠近碳核，相应地远离氢核，导致氢的去屏蔽效应增强，δ 值通常升高到 4.5～6.5 之间。从理论上推断，炔烃中的碳为 sp 杂化，s 成分高达 50%，应当使 C—H 键的电子云更加靠近碳原子、远离氢原子，造成更强的去屏蔽效应，δ 值应更大。然而，实验结果却显示，炔氢的 δ 值仅在 2～3 之间，甚至低于烯烃氢的 δ 值。这一异常现象表明，除了杂化状态和电负性等电子效应外，还存在其他重要因素影响质子的化学位移。

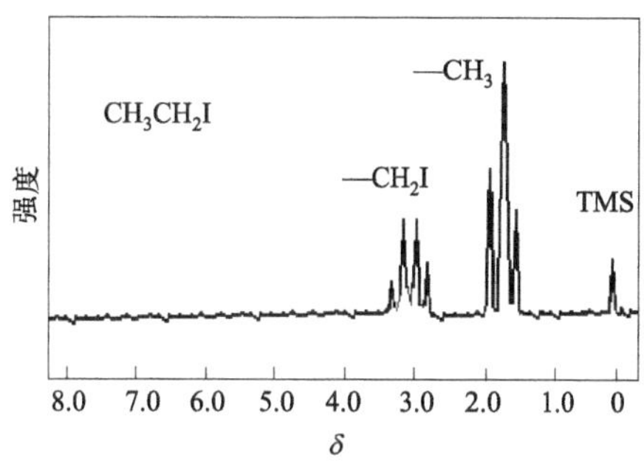

图 2-9　一碘乙烷的 ^{1}H NMR 谱

2. 各向异性效应（电子环流）

在含有 π 电子的体系中，如芳香环、烯烃或炔烃，π 电子在外加磁场作用下会产生环流，从而在分子局部区域诱导出一个附加磁场，称为各向异性效应。由于这一感应磁场在空间分布上不均匀，不同位置的质子所受影响也不同：位于感应磁场方向与外磁场相反区域的质子受到屏蔽作用，其化学位移向高场移动（δ 值减小）；而位于感应磁场方向与外磁场相同区域的质子则受到去屏蔽作用，化学位移向低场移动（δ 值增大）。

苯环的磁各向异性效应如图 2-10 所示，当苯环平面垂直于外磁场时，π 电子在环中形成环电子流，产生的感应磁场使苯环上下方处于屏蔽区，而苯环上的氢处于去屏蔽区，因而在低场（$\delta\approx7.0\sim8.0$）出现信号。例如异丙基苯，其核磁共振氢谱如图 2-11 所示，苯环上的氢的 $\delta=7.2$。又如 1,8-对环芳烷的中心亚甲基被固定在苯环平面的正上方，因而受到较大的屏蔽效应（图 2-12），这个亚甲基的 $\delta=0.30$，比其他的亚甲基都小；而两个苯环中间的亚甲基则受到较大的去屏蔽效应，这个亚甲基的 $\delta=3.81$，比其他的亚甲基都大。

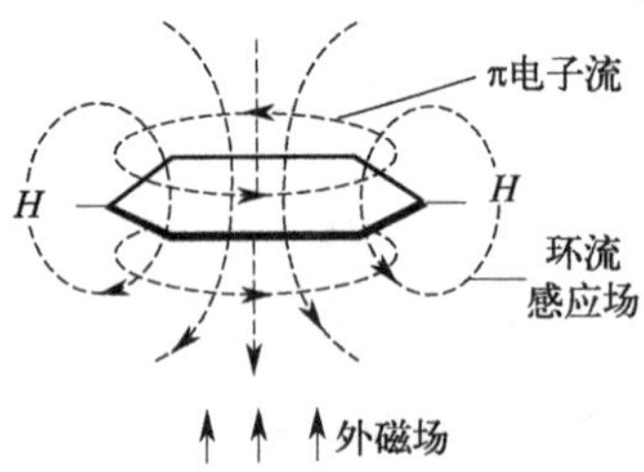

图 2-10 苯环的磁各向异性效应

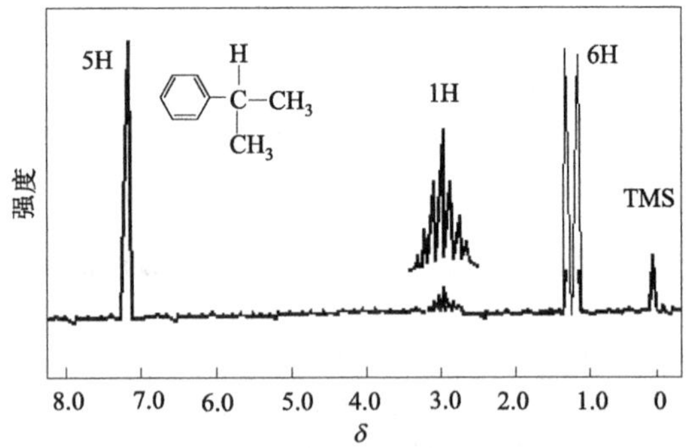

图 2-11 异丙基苯的^{1}H NMR 图

醛基（—C═O）及烯类（—C═C—）的屏蔽作用与苯环类似，如图 2-13 所示。在其平面的上、下方各有一个锥形屏蔽区，其他区域为去屏蔽区。双键键面上的质子处于去屏蔽区，共振峰出现在低场（δ 值增大）。如图 2-14 所示是 2-丁烯的^{1}H NMR 图，与双键相连的氢的 $\delta=5.0$。醛基上的质子除受到磁各向异性影响外，还受到羰基上氧原子的电负性引起的去屏蔽效应，使得 $\delta=7.8\sim10.5$（图 2-13）。

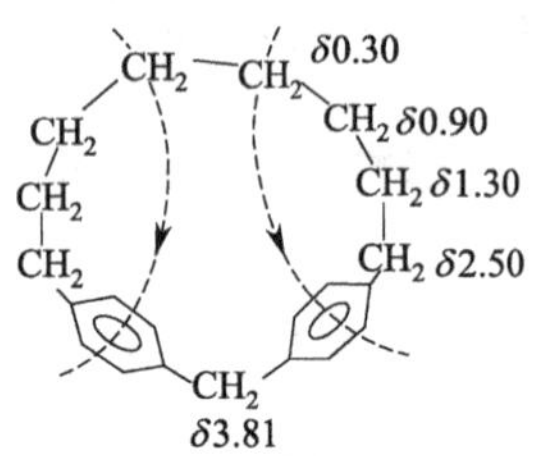

图 2-12 1,8-对环芳烷磁各向异性

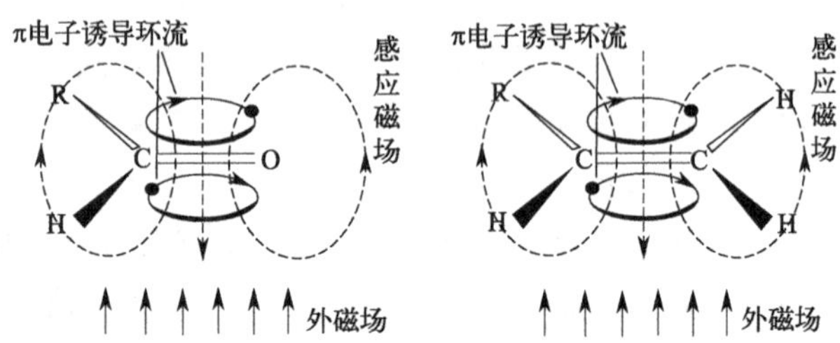

图 2-13 醛基及烯类的磁各向异性效应

炔烃分子中存在两个相互垂直的 π 键轨道，这些 π 电子以碳碳三键的键轴为中心，呈圆柱对称分布。当炔烃分子处于外加磁场中时，π 电子将绕着 σ 键方向产生环形电流，进而形成感应磁场。这个感应磁场的方向与外部磁场相反，尤其在三键轴线方向的两端，即质子所在区域，会出现显著的屏蔽效应，而在分子上、下方的空间区域则为去屏蔽区（图 2-15）。因此，炔烃质子处于屏蔽区，其化学位移相对较小，一般出现在高场区域（$\delta=2\sim3$）。这也解释了为何炔氢的 δ 值低于烯烃氢，尽管其碳为 sp 杂化、理论上具有更强的去屏蔽趋势。如图 2-16 所示是丙炔的^{1}H NMR 图，与三键相连的氢的 $\delta=2.1$，比图 2-16 中甲基（a）的化学位移值大，但是比图 2-14 中烯烃上 H 的化学位移小。

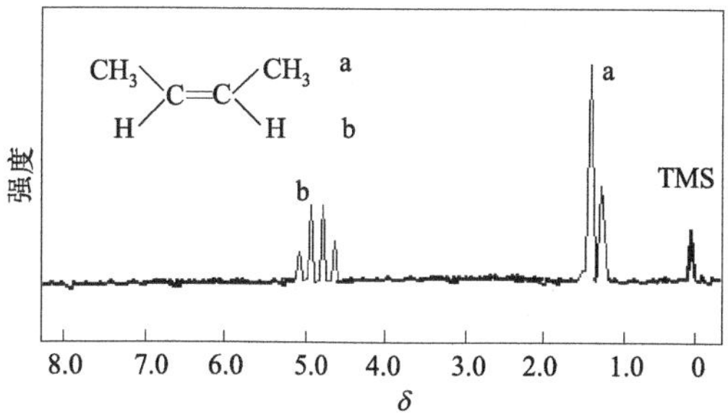

图 2-14　2-丁烯的^{1}H NMR 图

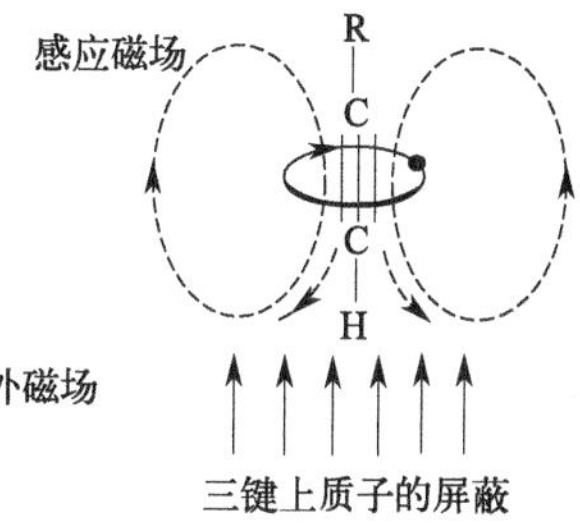

图 2-15　炔烃的磁各向异性效应

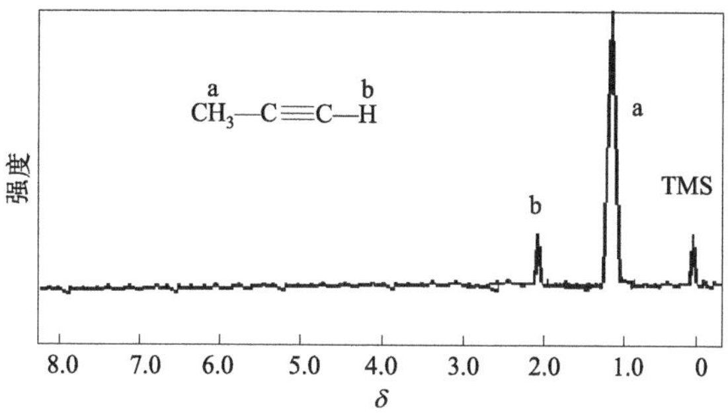

图 2-16　丙炔的^{1}H NMR 图

3. 其他影响因素

氢原子与电负性大的原子 X 以共价键结合，若与电负性大、半径小的原子 Y（O、F、N 等）接近，在 X 与 Y 之间以氢为媒介，生成 X—H…Y 形式的一种特殊的分子间或分子内相互作用，称为氢键。氢键对化学位移也有明显的影响，形成氢键的质子比没有形成氢键的质子的化学位移大，因为氢键的形成会降低质子核外电子云密度，去屏蔽作用，使 δ 值增加，向低场移动。例如，酚类、羧酸的 δ 值在 10 以上。

溶剂也会影响化学位移。采用不同溶剂时，化学位移也会发生变化，强极性溶剂的作用更加明显。溶剂也有磁各向异性效应或范德华力作用。此外，温度、pH 值、同位素效应等也会影响化学位移。

四、自旋-自旋耦合

1. 自旋-自旋耦合的机理

通过对化学位移的讨论可知，样品中有几种化学环境的磁核，^{1}H NMR 谱上就应该出现几种吸收峰[图 2-17(a)]。但有些核的吸收峰在高分辨的^{1}H NMR 中有更精细的结构[图 2-17(b)]。即每类氢核不总表现为单峰，有时为多重峰。这是由分子中相邻核自旋的相互作用产生的，这种作用称为自旋-自旋耦合，作用的结果是产生谱线分裂的现象，这种现象称为自旋-自旋分裂。图 2-18 给出了自旋-自旋分裂的示意图。

下面以氯乙烷 CH_3CH_2Cl 为例说明产生自旋-自旋分裂现象的原因。CH_3CH_2Cl 有两种化学环境不同的质子，所以在^{1}H NMR 谱中应有两个峰，分别代表—CH_3 和—CH_2。由于质子有自旋作用，它是带电的，相当于一个小磁体，自旋的结果产生了局部磁场（叫作自旋磁场）；另外，质子在外磁场 H_0 中有两种取向，所以自旋磁场有不同的方向，自旋磁场与外磁场同向的起加强作用，与外磁场反向的起减弱作用，两种取向的比例接近 1∶1。自旋磁场的这种作用对邻近的质子会产生影响，使邻近质子实际受到的外磁场强度发生微小的变化。例如，对于一个亚甲基 $>CH_2$ 来说，它的每个质子有两种取向，所以两个质子有四种取向的组合状态，表 2-2 列出了它们的组合情况。表中 α 和 β 分别代表一种取向，其中 $\alpha\beta$ 和 $\beta\alpha$ 产生的自旋磁场效果是一样的，所以实际上有三种不同的组合状态，这三种取向状态所产生的自旋磁场对邻近的质子（例如甲基）产生影响，使原来单一的甲基峰分裂成三重峰。同样的道理，甲基共有四种组合状态，这四种状态所产生的自旋磁场对邻近的亚甲基产生影响，使原来单一的亚甲基峰分裂成四重峰，正如图 2-17(b) 所示。

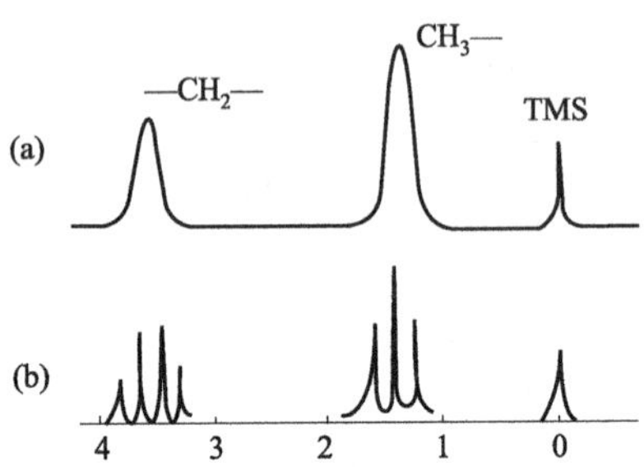

图 2-17　CH_3CH_2Cl 的 ^1H NMR 谱

（a）低分辨；（b）高分辨

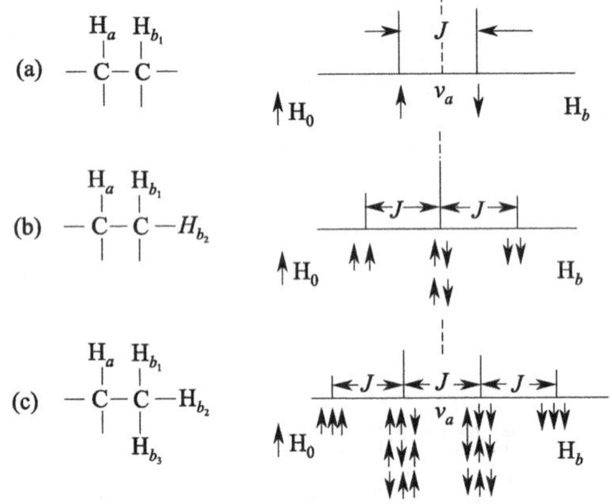

图 2-18　自旋-自旋分裂示意图

（虚线表示无耦合时 H_a 的振动位置）

表 2-2　CH_2 和 CH_3 质子的自旋取向

基团	可能的取向	总自旋 $\sum ml$	状态数
CH_2	αα(↑↑)	1	1
	αβ(↑↓),βα(↓↑)	0	2
	ββ(↓↓)	−1	1
CH_3	ααα(↑↑↑)	+3/2	1
	ααβ(↑↑↓),αβα(↑↓↑),βαα(↓↑↑)	+1/2	3
	ααβ(↑↓↓),βαβ(↓↑↓),ββα(↓↓↑)	−1/2	3
	βββ(↓↓↓)	−3/2	1

峰分裂的数目是由耦合的质子数决定的，从上述及表 2-2 的分析情况可看出，对于 n 个耦合的质子来说，会使与其耦合的质子产生（$n+1$）个分裂峰，即所谓的（$2nI+1$）规律，氢核的 $I=1/2$，即 $n+1$ 规律。

偶合作用的大小与两耦合核的距离有关，距离越近，耦合越强，例如图 2-19 中三种情况：

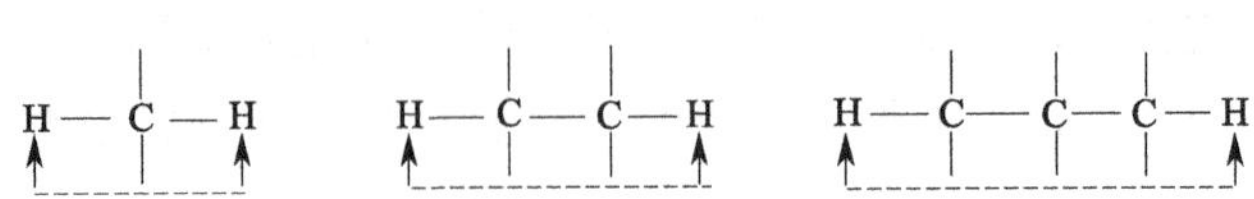

偕耦：10～16Hz　　邻耦：5～9Hz　　远程耦合：0～3Hz

图 2-19　不同距离下的耦合作用大小

所以，从耦合的大小可估计两个氢原子的距离或位置。

2. 耦合常数

由自旋耦合产生的谱线间距叫作耦合常数，用 J 表示，单位为赫兹（Hz）。耦合常数是核自旋裂分强度的量度，它是化合物分子结构的属性，即随氢核的环境不同而有不同的数值。一般耦合常数不超过 20Hz。

耦合常数与分子结构关系的理论尚未完善，但是它与化学位移一样，关于它们之间的经验关系以及经验数据对化合物的结构鉴定是很有用的。

耦合是通过成键电子对间接传递的，而不是通过空间磁性传递的，因此耦合的传递程度有限。在饱和烃化合物中，自旋-自旋耦合效应一般只传递到第三个单键，越过三个单键，耦合作用趋近于零，但是在共轭体系中，偶合作用可沿共轭键传递，往往在四个键以上还能观察到耦合现象。

偶合常数一般分成三类：同碳耦合（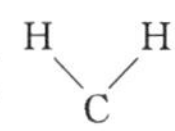），用 ^2J 或 J_{gem} 表示；邻碳耦合，即相邻碳上质子的耦合常数（H—C—C—H），用 ^3J 或 J_{vic} 表示；以及远程耦合常数。表 2-3 列出了一些结构的耦合常数。

表 2-3　耦合常数表

结构类型	J/Hz
H—H	280
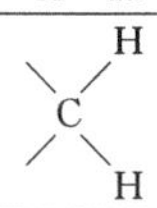	>20
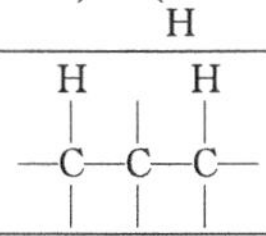	0～7
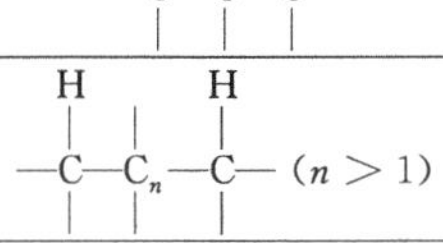	0
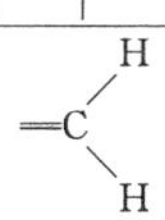	1～3.5
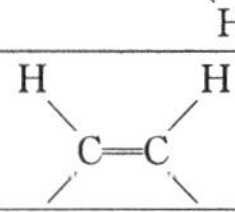（顺式）	6～14
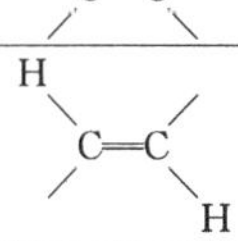（反式）	11～18
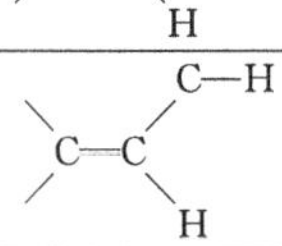	4～10
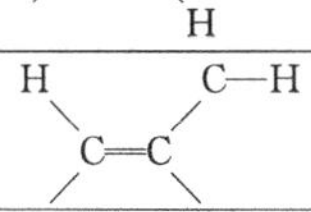	0.5～3.0
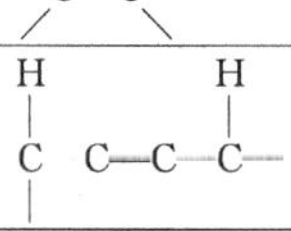	0～1.6
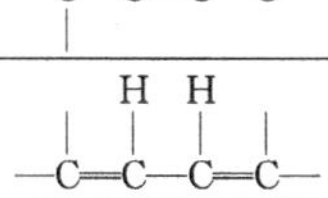	10～13

结构类型		J/Hz
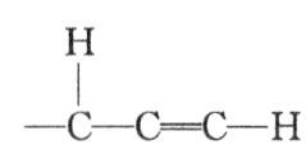		5～6
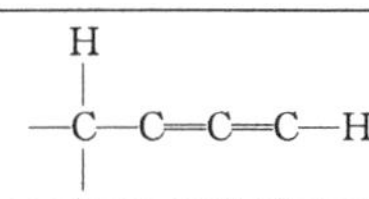		2～3
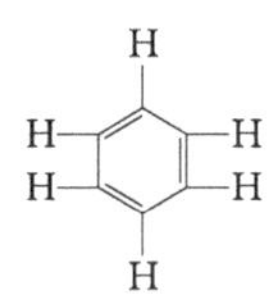	间位	2～3
	对位	0.5～1
	邻位	7～10
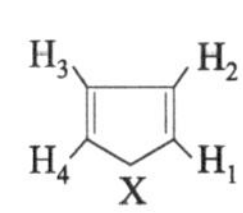	X=O H_1～H_2	1～2
	X=N H_1～H_2	2～3
	X=S H_1～H_2	5.5
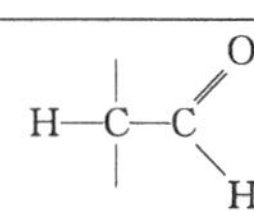		1～3
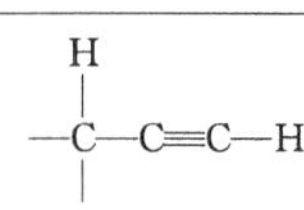		2～4
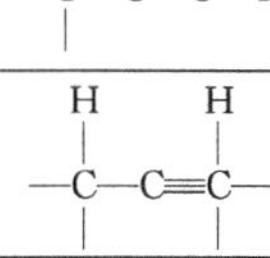		2～3

3. 一级光谱

所谓一级光谱必须满足以下两个条件：

① 相互耦合的质子的化学位移频率差 $\Delta\nu$ 至少是耦合常数 J 的 6 倍，即 $\Delta\nu/J\geqslant 6$。例如乙醇的—CH_3 质子和—CH_2—质子的化学位移频率差 $\Delta\nu$ 为 146Hz（60MHz 仪器），其耦合常数 J 为 7Hz，即属此类光谱。

② 一组的各个质子与另一组的所有质子的耦合常数必须相等。例如 CH_3—O—CH_2—CH_3 就能满足这一条件，但是

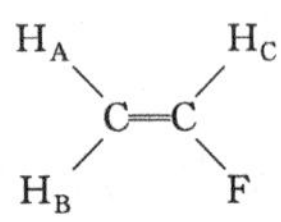

就不能满足这一条件，因为质子 A 与 C 的耦合作用与 B 与 C 的偶合作用不相同，所以它不属于一级光谱。

一级光谱有以下几个特征：

① 等价质子之间尽管有耦合，但没有裂分现象，其信号为单峰。例如 Cl—CH_2—CH_2—Cl 的亚甲基质子的信号为单峰。

② 相邻质子相互耦合产生的多重峰，其峰数目等于相邻耦合质子的数目 $n+1$，即 $(n+1)$ 规则。

③ 各峰的相对强度比，可用二项式 $(a+b)^n$ 的展开式系数表示。n 为相邻耦合质子数目。如相邻的质子数为 1 时，裂分为双峰，相对强度比为 $(a+b)^1=a+b$ 中，其展开式的系数比为 1∶1。质子数为 2 时，为三重峰，各峰相对强度比为 $(a+b)^2=a^2+2ab+b^2$，其展开式的系数比为 1∶2∶1，以此类推。图 2-20 给出了峰分裂的数目和相对面积比的规律以及其与耦合质子数 n 的关系。

n	峰面积比(二项式展开系数)	峰形(n+1)
0	1	单峰
1	1　1	二重峰
2	1　2　1	三重峰
3	1　3　3　1	四重峰
4	1　4　6　4　1	五重峰
5	1　5　10　10　5　1	六重峰

图 2-20　峰分裂的数目和相对面积比与 n 的关系

④ 谱线以化学位移为中心，大体左右对称，各峰间距相等。可直接由谱图上中心位置和谱线间距得出化学位移和耦合常数的数值。

4. 复杂光谱

（1）核的等价性

在同一分子中，同时有几个相互耦合的氢核存在时，它们就构成自旋系统。在自旋系统中，各个核的性质有下列几种情况：

① 化学不等价核　化学位移不同的核，叫作化学不等价核。

② 化学等价核（化学全同核）　在一个自旋系统中，若有一组核，它们的化学位移相

同，则称这组核为化学等价核，或化学全同核。

③ 磁等价核（磁全同核）　一组化学全同的核，若它们与组外任一核的耦合常数都相同，这组核称为磁等价核或叫作磁全同核。

例如：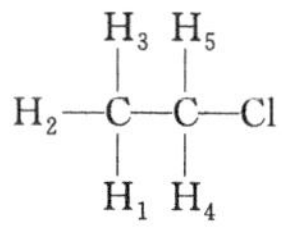 中 H_1、H_2 和 H_3 是化学等价核，它们中的任一个核与 H_4 和 H_5 中的任一个核的耦合常数都相同，即 $J_{1,4}=J_{2,4}=J_{3,4}$，所以这组核是磁等价核。又如 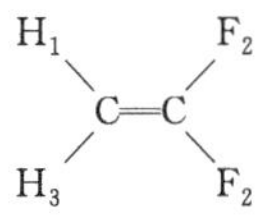 中两个 H 和 F 分别都是化学等价核，但是 $J_{H_1F_1}\neq J_{H_2F_1}$，$J_{H_1F_2}\neq J_{H_2F_2}$，所以两个 H 及两个 F 都是磁不等价核。必须指出的是，磁等价核必须首先是化学等价的核。磁等价核可用 A_2，A_3，…表示，其中字母的下角数字表示等价的核数目，磁不等价的核用 AA′、XX′等表示，它表示 A 和 A′、X 和 X′是磁不等价的核。例如 CH_3—O—CH_2CH_3 中—CH_3 为 A_3 系统，—CH_2CH_3 为 A_2A_3 系统，CH_3—CH_2—CH_2—NO_2 为 $A_3M_2X_2$ 系统，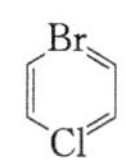 中的四个氢核为磁不等价的，表示为 AA′BB′系统。前面讲的一级光谱讨论的都是磁等价核。自旋系统中化学位移相近的核用 ABC 等相邻字母表示，分子中如有两组核，其中一组各核的化学位移相近，两组间的化学位移相差较大时，则其中一组用 ABC…表示，另一组用…XYZ 表示。若有三组核，各组的化学位移相差较大时，用 ABC…、MNO…和…XYZ 等表示三组核。

（2）复杂光谱的简化

有机化合物的核磁共振谱多数不是简单的一级光谱，而是复杂光谱。复杂光谱有如下几个特点：

① 谱线裂分超过（$n+1$）规则的谱线数。

② 裂分后的谱线强度不符合二项式展开式的各项系数。

③ 耦合常数一般不等于裂分的间距。

对于复杂光谱可用一些辅助实验手段进行简化，常用的方法有下面几种：

① 双照射去耦技术　所谓双照射去耦技术，就是在 NMR“扫频法”实验中除了使用一个连续变化的射频场扫描样品之外，还同时使用第二个较强的固定射频场照射样品。若要观察分子内特定质子与哪些磁核耦合，就要调整固定射频场的频率，使之等于特定质子的共振频率。由于固定射频场比较强，特定质子受其照射后迅速跃迁达到饱和，将不再与其他磁核偶合，得到的是消除该种质子与其他磁核耦合的去偶谱。对照去偶前后的谱图，就能找出与该质子有耦合关系的全部质子。如图 2 21 所示，两个基团的质子 H_A 和 H_X 相互耦合引起谱线的裂分，如果对其中一个核（如 H_A 核）用固定频率进行强辐射，然后测量 H_X，这时耦合引起的裂分消失，H_X 谱线变成单峰，

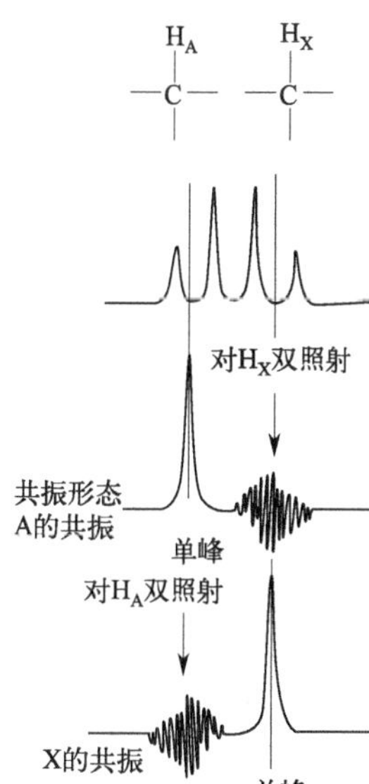

图 2-21　AX 系统的双照射（自旋去耦）

反过来用一定频率对 H_X 进行辐射，测量 H_A 核时也得到 H_A 的单峰谱线。

去耦法可把复杂的谱图简化，例如腐植酸，它的结构式和^{1}H NMR 谱如图 2-22 所示，把质子 a、b、c、d 的谱峰放大（如图的左边所示），可看出它们的谱线很复杂，因为有四个质子之间的相互耦合，所以造成了谱线的复杂裂分。如果用一强的去耦频率照射 c 和 d，使它们消失对 a 和 b 质子的耦合作用，得到 a 和 b 二者相互耦合的二重峰谱线，这就使谱线简单化。

② 位移试剂　位移试剂主要用于分开重叠的谱线。常用的位移试剂为铕的配合物，近年来也采用镨的配合物作位移试剂。位移试剂具有磁各向异性，它对样品分子内的各个基团具有不同的磁场作用，使各基团化学位移发生变化，因此有可能使本来重叠的谱线分开。例如正戊醇加入位移试剂后，5 个—CH_2—基谱线可完全分开，如图 2-23 所示。图中 (a) 为未加入位移试剂的谱图，图 2-23(b) 为加入位移试剂后的谱图。从图中看出，未加入位移试剂时，b、c、d 三峰分不开，加入位移试剂后，这三个峰清楚地分开了。

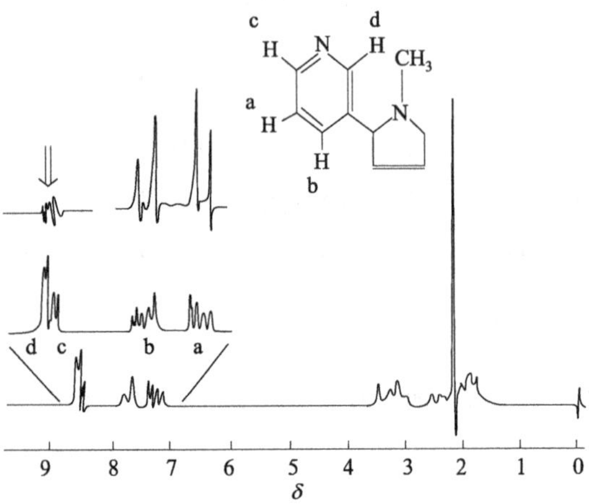

图 2-22　腐植酸 NMR 去耦图

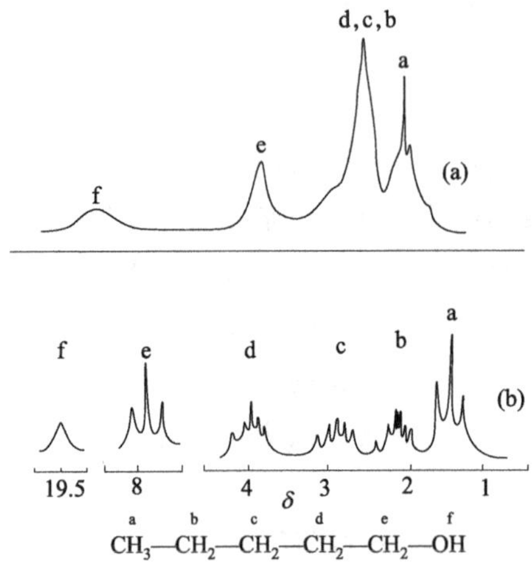

图 2-23　正戊醇 NMR 谱图

③ 采用不同强度的磁场测定　当偶合裂分和化学位移相差不大而使谱线难于分析时，采用不同磁场强度的仪器测定，有助于谱图的解释，特别是高磁场的仪器测定更能使谱图简化。图 2-24 是 1,2-二溴丁烷用不同磁场强度仪器测定的结果，用 200MHz 的仪器测定比用 80MHz 的仪器测定结果清楚得多，有些谱峰也能清楚地分开来。

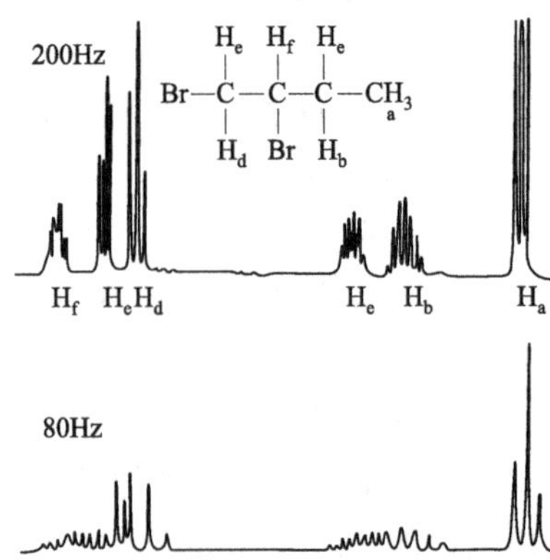

图 2-24　不同磁场强度下的 1,2-二溴丁烷 NMR 谱图

④ 重氢交换　分子中与杂原子连接的活泼氢，当样品溶液中加入几滴重水 (D_2O) 振摇数次之后，就能与重氢发生交换。交换后的氢谱不再出现活泼氢的信号，不过在化学位移为 4.5～5.0 时，却可看到 HOD（半氘代水）中质子所产生的单峰。倘若活泼氢与相邻的质子耦合，交换后的图谱中上述耦合裂分现象将消失，使图谱得以简化。

五、^{1}H 核磁共振谱图的解析

1. ^{1}H 核磁共振谱图解析要素

核磁共振谱图有四个基本特征对化合物结构分析很有用，这四个特征是：谱峰的位置、谱峰的强度、谱峰的分裂以及谱峰的宽度。

① 谱峰的位置　它就是共振核的化学位移值。从化学位移值可以确定化合物的基团。前面已讲过，核所处的化学环境不一样就产生不同的化学位移。例如聚甲基丙烯酸甲酯（PMMA）的链节如下：

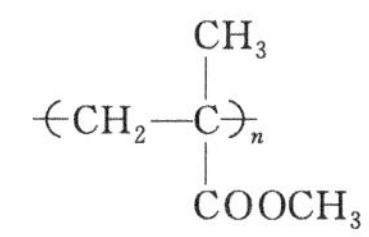

如果不考虑偶合作用，只从化学环境不同来考虑，则一个 PMMA 链节的^{1}H NMR 谱图应有 3 个共振峰出现，它们分别代表—CH_2—、α-CH_3 和酯甲基—$COOCH_3$ 中三种不同化学环境的质子。如果考虑偶合作用，虽然谱峰可分裂成多重峰，也较复杂，但是多重峰也是以这 3 个峰为基点形成的。

② 谱峰的强度　谱峰强度的意义是信号的总强度，在核磁共振谱图中以一个峰所包围的面积（图谱上可以直接标出）来测量。由于峰面积的大小正比于该基团所含质子的数目，所以根据积分曲线的面积比（图谱上可以直接标出）可计算各组峰的相应氢核数之比。如图 2-25 所示，测试结果显示乙醇中—OH、—CH_2 以及—CH_3 的积分面积为 6、12.4 和 17.8，比值约为 1∶2∶3，正好等于三种基团中 H 的个数之比。

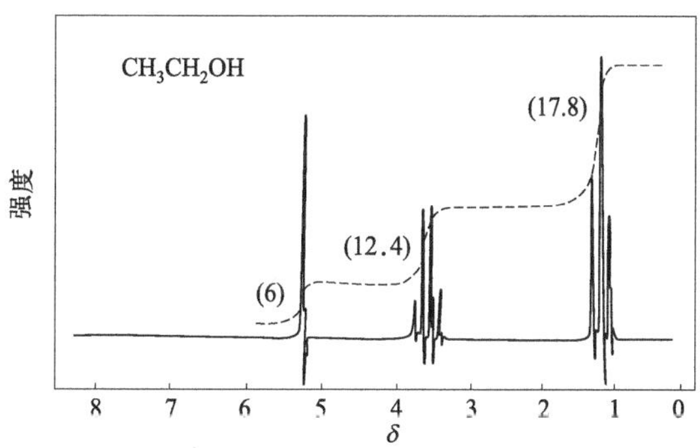

图 2-25　乙醇（CH_3CH_2OH）的^{1}H NMR 谱图

③ 谱峰的分裂　谱峰的分裂是由于偶合作用造成的，这在前面已讲过。偶合作用造成的峰分裂、分裂峰的数目及它们的偶合常数对分析化合物结构是非常有用的。对于一级光谱（符合 $n+1$ 规则的光谱），分裂峰的数目遵循 $n+1$ 规则，其中 n 为相邻偶合质子的数目。分裂后各峰的相对强度比可用二项式$(a+b)^n$ 的展开式系数表示，这些规律在有机化合物结构分析中非常有用，可用于确定分子中质子的连接方式和化学环境。此外，在高分子化合物的结构分析中还可用它来分析研究聚合物链的立体结构和链的序列等。

④ 谱峰的宽度　前面已经讲过，峰的宽度与弛豫的时间成反比，而弛豫时间与化合物的物理相态有密切关系。在聚合物中弛豫时间与聚合物的形态及链的运动有关，可用峰的宽度来研究聚合物的形态及聚合物链的运动状态等。

2. ^{1}H NMR化学位移的经验计算公式

^{1}H NMR 的化学位移还可以按经验计算公式推算，以下分别介绍三类计算公式。

(1) $>CH_2$ 、 $-\!\!\!>CH$ 的化学位移计算公式

次甲基、亚甲基的化学位移可按下列经验计算公式计算：

$$\delta(-CH_2-)=1.50+\sum_{1}^{2}\sigma_i \tag{2-18}$$

$$\delta(-\!\!\!>CH)=1.50+\sum_{1}^{3}\sigma_i \tag{2-19}$$

式中，σ 为有效屏蔽常数。

表 2-4 给出了各种取代基的有效屏蔽常数 σ 值。计算 $>CH_2$ 、 $-\!\!\!>CH$ 的化学位移时，将表中所列的相应的 σ 值代入式(2-18) 和式(2-19)，即可求出 δ 值。

表 2-4　各种取代基的有效屏蔽常数 σ 值

取代基	σ	取代基	σ	取代基	σ
R	0.0	—OH	1.7	$-NO_2$	3.0
—C═C—	0.8	—OR	1.5	—SR	1.0
—C≡C—	0.9	—Φ	2.3	—CHO	1.2
—Φ	1.3	—OCOR	2.7	—COR	1.2
—Cl	2.0	—OCOΦ	2.9	—COOH	0.8
—Br	1.9	$-NH_2$	1.0	—COR	0.7
—I	1.4	$-NR_2$	1.0	—CN	1.2

注：Φ—苯环；R—烃基。

计算方法举例如下：

① ΦCH_2Br：$\sigma(\Phi)=1.3$，$\sigma(Br)=1.9$

$$\delta(-CH_2-)=1.25+1.3+1.9=4.45(4.43)$$

② $CH_3-CH(Cl)-COOH$

$$\delta(-\!\!\!>CH)=1.50+2.0+0.0+0.8=4.3(4.47)$$

括号内的值为实测值。

(2) 烯氢的化学位移计算公式

烯类化合物中烯氢的化学位移按下列经验公式简单计算：

$$\delta(C=C-H)=5.25+Z_{同}+Z_{顺}+Z_{反} \tag{2-20}$$

式中，Z 是同碳、顺式以及反式取代基对烯氢化学位移的影响。

表 2-5 中数据是由 4000 多种化合物统计所得。将表 2-5 中所列的相应的 σ 值代入式(2-20)，即可求出 δ 值。

表 2-5　取代基对烯氢 δ 值的影响

取代基	$Z_{同}$	$Z_{顺}$	$Z_{反}$
—H	0	0	0
—R	0.45	−0.22	−0.28
—R(环)	0.69	−0.25	−0.28
—CH_2O、—CH_3I	0.64	−0.01	−0.02
—CH_2S—	0.71	0.13	−0.22
—CH_2X	0.70	0.11	−0.04
—CH_2—N<	0.58	−0.11	−0.08
—C=C—	1.00	−0.09	−0.23
—C=C—(共轭)	1.24	0.02	−0.05
—CN	0.27	0.75	0.55
—C≡C—	0.47	0.38	0.12
—C(=O)—	1.10	1.12	0.87
—C(=O)— (共轭)	1.06	0.91	0.74
—COOH	0.91	1.41	0.71
—COOH(共轭)	0.80	0.98	0.32
—COOR	0.80	1.18	0.55
—COOR(共轭)	0.78	1.01	0.46
—CHO	1.02	0.95	1.17
—CO—N<	1.37	0.98	0.46
—COCl	1.11	1.46	1.01
—OR(R 饱和)	1.22	−1.07	−1.21
—OR(R 共轭)	1.21	−0.60	−1.00
—OCOR	2.11	−0.25	−0.64
—Cl	1.08	0.18	0.13
—Br	1.07	0.45	0.55
—NR_2 (R 饱和)	0.80	−1.26	−1.21
—NR_2 (R 共轭)	1.17	−0.53	−0.99
—Φ	1.38	0.36	−0.07
—SO_2	1.55	1.16	0.93
—F	1.54	−0.40	−1.02

注：X—卤素；Φ—苯环。

烯氢的 δ 值计算方法举例说明如下：

①
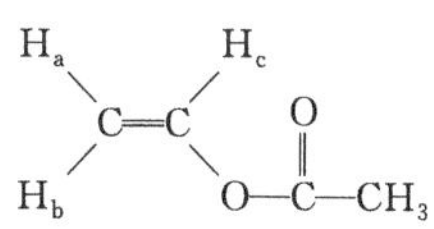

$\delta(H_a)=5.25+(-0.64)=4.61(4.53)$

$\delta(H_b)=5.25+(-0.25)=5.00(4.85)$

$\delta(H_c)=5.25+(2.11)=7.36(7.25)$

②
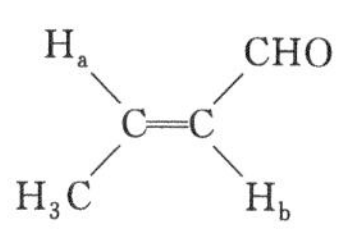

$\delta(H_a)=5.25+(0.95)+(0.45)=6.65\ (6.87)$

$\delta(H_b)=5.25+(1.02)+(-0.22)=6.05\ (6.13)$

括号内的数值是实测值。

一般计算结果与实测值相差不大，误差大多在 0.3 范围之内。

(3) 苯环芳氢化学位移的计算公式

取代基对苯环芳氢的化学位移的影响，同样可以通过简单计算方法代入下式得到芳氢的化学位移 δ 值。

$$\delta=7.26+\sum Z_i \qquad (2\text{-}21)$$

式中，$\sum Z_i$ 为取代基对苯环芳烃的影响 Z_i 之和。

由表 2-6 数据来看，取代基大都对苯环的邻位芳氢影响较大。将表中所列的相应的 σ 值代入式(2-21)，即可求出 δ 值。计算结果对单取代苯较准确，但对多取代苯有时不够理想。

举例说明如下：

①
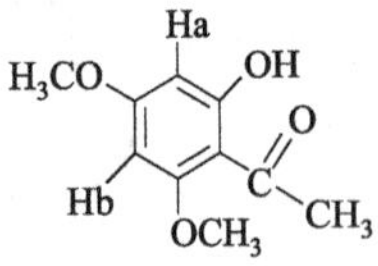

$\delta(H_a)=7.26+(-0.48-0.44-0.56+0.14)=5.92(5.88)$

$\delta(H_b)=7.26+(-0.48-0.48-0.45+0.14)=5.99(6.00)$

②
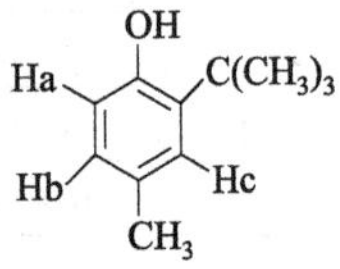

$\delta(H_a)=7.26+(-0.56-0.12-0.08)=6.50(6.52)$

$\delta(H_b)=7.26+(-0.20-0.21-0.12)=6.73(6.84)$

$\delta(H_c)=7.26+(-0.20+0.20-0.12)=7.14(7.05)$

括号内的数值为实测值。

表 2-6　取代基对苯环芳氢的影响

取代基		$Z_{邻}$	$Z_{间}$	$Z_{对}$	取代基		$Z_{邻}$	$Z_{向}$	$Z_{对}$
碳取代基	—H	0.0	0.00	0.00	卤素	—F	−0.26	0.00	−0.20
	—CH_3	−0.20	−0.12	−0.22		—Cl	0.03	−0.02	−0.09
	—CH_2CH_3	−0.14	−0.06	−0.17		—Br	0.18	−0.08	−0.04
	—$CH(CH_3)_2$	−0.15	−0.08	−0.18		—I	0.39	−0.21	0.00
	—$C(CH_3)_3$	0.02	−0.08	−0.21	含氮取代基	—NH_2	−0.75	−0.25	−0.65
	—CH_2Cl	0.00	0.00	0.00		—$NHCH_3$	−0.80	−0.22	−0.68
	—CF_3	0.32	0.14	0.20		—$N(CH_3)_2$	−0.66	−0.18	−0.67
	—CCl_3	0.64	0.13	0.10		—$N^+(CH_3)_3I$	−0.69	0.36	0.31
	—CH_2OH	−0.07	−0.07	−0.07		—$NHCOCH_3$	0.12	−0.07	−0.28
	—$CH=CH_2$	0.06	−0.08	−0.10		—$N(CH_3)COCH_3$	−0.16	0.05	−0.02
	—CH=CH—Φ	0.15	−0.01	−0.16		—$NHNH_2$	−0.60	−0.08	−0.55
	—CH≡CH	0.15	−0.02	−0.01		—N=N—Φ	0.67	0.20	0.20
	—C≡C—Φ	0.19	0.02	0.00		—NO	0.58	0.31	0.37
	—Φ	0.37	0.20	0.10		—NO_2	0.95	0.26	0.38
含硫取代基	—SH	−0.08	−0.16	−0.22	含羟基取代基	—$COCH_2CH_3$	0.63	0.13	0.20
	—SCH_3	−0.08	−0.10	−0.24		—$COC(CH_3)_3$	0.44	0.05	0.05
	—S—Φ	0.06	−0.03	−0.15		—COΦ	0.47	0.13	0.22
	—SO_3CH_3	0.60	0.25	0.33		—COOH	0.83	0.18	0.27
	—SO_2Cl	0.76	0.35	0.45		—$COOCH_3$	0.71	0.11	0.21
含氧取代基	—OH	−0.56	−0.12	−0.45		—$COOC(CH_3)_3$	0.70	0.09	0.19
	—OCH_3	−0.48	−0.09	−0.44		—COOΦ	0.90	0.17	0.27
	—OCH_2OH	−0.46	−0.10	−0.43		—$CONH_2$	0.61	0.10	0.27
	—OΦ	−0.29	−0.05	−0.23		—COCl	0.84	0.22	0.36
	—$OCOCH_3$	−0.25	0.03	−0.13		—COBr	0.80	0.21	0.37
	—OCOΦ	−0.09	0.09	−0.08	其他	—CH=N—Φ	0.60	0.20	0.20
	—OSO_2CH_3	−0.05	0.07	−0.01		—CN	0.36	0.18	0.28
卤素	—CHO	0.56	0.22	0.29		—$Si(CH_3)_3$	0.22	−0.02	−0.02
	—$COCH_3$	0.60	0.14	0.21		—$PO(OCH_3)_2$	0.48	0.16	0.24

注：Φ—苯环。

第三节　核磁共振波谱仪和样品制备

NMR 波谱仪按照工作原理不同，可分为连续波（CW）和傅里叶变换（FT）两类。20 世纪 60 年代发展起来的连续波 NMR 波谱仪工作效率低，现在已被傅里叶变换波谱仪取代。傅里叶变换技术是采用强的窄脉冲同时激发处于不同化学环境的所有同一种核，然后用接收器同时检测所有核的激发信息，得到时域信号 FID（自由感应衰减信号）。FID 经过傅里叶变换得到和连续波 NMR 波谱仪相同的谱图。FT NMR 的优点是：①速度快，几秒至几十秒即可完成 ^{1}H NMR 波谱的测定；②灵敏度高，在快速采样得到 FID 的基础上，通过多次累加可提高信噪比，可以对丰度小、旋磁比亦比较小的核进行测定；③可测多种核的 NMR 波谱；④采用大型计算机后，通过设置适当的脉冲序列可测各种新技术谱图，如溶剂峰压制、NOE 谱和质子交换谱、DEPT 谱和各种二维谱，使复杂化合物的结构分析更为容易。

NMR 波谱仪主要由磁铁、射频振荡器、射频接收器等组成，如图 2-26 所示。磁铁可以是永久磁铁，也可以是电磁铁，场强为 1.41T、1.87T、2.10T 和 2.35T，分别对应于 ^{1}H NMR 波谱共振频率 60MHz、80MHz、90MHz 和 100MHz。为了得到更高的分辨率，应使用超导磁体，其质子共振频率可以为 200～900MHz。但超导 NMR 波谱仪的价格及日常维持费用都很高。

从一个很稳定的晶体控制的射频振荡器产生某一频率，例如 100MHz 的电磁波，以进行氢核的核磁共振测定。如要测定其他的核，如 ^{10}F、^{13}C、^{29}Si 等，则需要采用其他频率的振荡器。把磁场固定，改变频率以进行扫描的方式，称为扫频。但一般扫场较方便，扫频应用较少。也就是说，通常是固定频率，改变磁场以进行扫描。当扫描过共振点时，射频线圈中就会感应到能量吸收，并将它送到射频接收器，经放大后显示或记录下来，成为 NMR 波谱。样品制备时，先把配好的待分析试样溶液装入核磁管内，然后将核磁管套在磁转子上，并调节好样品的中心位置，以使核磁管内的样品落在磁场的中心位置，同时使磁转子和核磁管以一定转速旋转，以消除由于磁场不均匀所引起的谱峰增宽现象。核磁管在磁体内的位置通过标准的量规来比对，如图 2-27 所示。

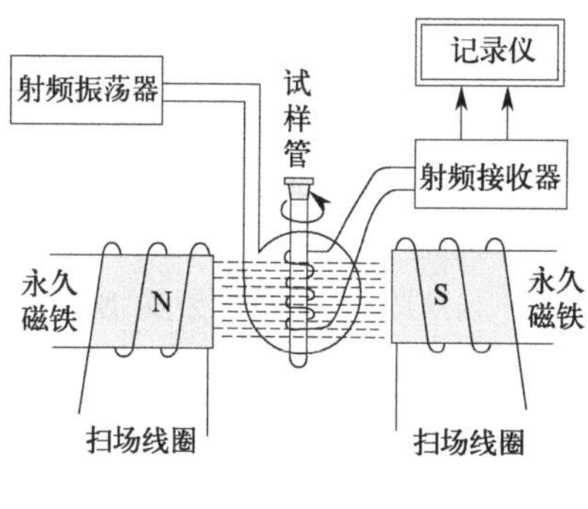

图 2-26　核磁共振波谱仪示意图

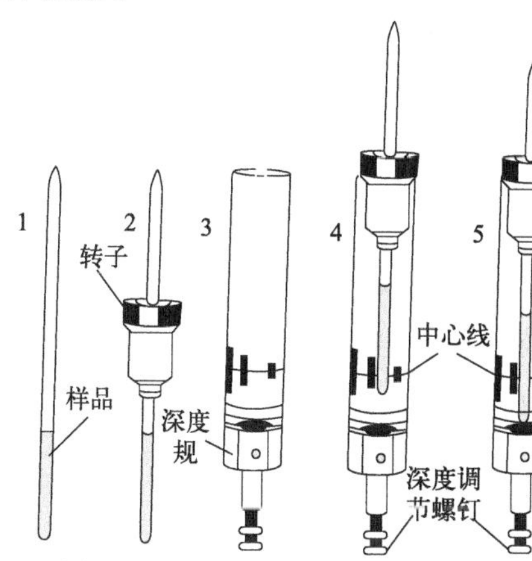

图 2-27　核磁管的位置比对示意图

做^1H NMR 波谱分析时，常用外径为 5mm 的薄壁石英核磁管。核磁管必须干燥清洁，避免样品污染。谱仪的磁场强度越高，仪器灵敏度越高，污染物的灵敏度也增加。因而过滤溶液，保持核磁管和转子干净，并在实验前检查核磁管外壁是否干净都是很必要的。保持样品高度或者体积一致，这将减少换样品后的匀场时间。对于 5mm 核磁管，样品体积应为 0.5～0.6mL 或者样品高度为 4～5cm。

测定时样品常需要被配成溶液，这是由于液态样品可以得到高分辨率的图谱。要求选择采用不产生干扰信号、溶解性能好、稳定的氘代溶剂。对于氢谱，溶液的浓度约为 5%～10%，相当于 3～10mg 样品。如果纯液体黏度大，将会降低分辨率，应当用适当溶剂进行稀释或升温测谱。对于灵敏度较低的碳谱和杂核谱，样品浓度至少应为氢谱的 5 倍（一般在 100mg 左右）。对于二维实验，为了获得较好的信噪比，样品浓度必须足够浓。

复杂分子或高分子化合物的 NMR 谱即使在高磁场情况下往往也获得好的分辨率，此时，可以加入化学位移试剂来使被测物质的 NMR 谱中各谱峰产生位移，从而达到分开重合峰的目的，其特点是成本低，收效大。常用的化学位移试剂是过渡族元素或稀土元素的络合物，如 $Eu(fod)_3$、$Eu(thd)_3$ 和 $Pr(fod)_3$ 等。

第四节　核磁共振波谱分析的应用

在核磁共振波谱分析中，被测的某种核因所处化学环境不同，会产生不同的化学位移。这些核在空间的位置各异，彼此之间以及与其他核之间的相互作用也不尽相同，而这些差异均可在核磁共振波谱中得以体现。因此，核磁共振波谱分析不仅能够用于分析基团，还能对基团的空间结构及其排列情况进行分析。该方法所具备的空间结构分析及序列分析能力，使其拥有了其他分析方法难以企及的特殊用途。

本节将首先通过探讨核磁共振波谱分析在一些简单有机化合物结构鉴定中的应用，培养学生分析核磁共振谱图的能力，帮助学生掌握核磁共振谱图分析的一般流程和常用技巧；随后，通过列举若干研究实例，介绍核磁共振波谱分析在高分子材料研究领域的具体应用。

一、有机化合物的结构鉴定

1. 简单有机化合物的结构鉴定

例 2-1　已知某化合物的分子式为 $C_7H_{16}O_3$，其^1H NMR 谱图如图 2-28 所示，试推断其结构。

核磁共振谱图的解析的一般分为以下几个步骤：

① 判断图谱是否正确；

② 区分杂质峰、溶剂峰等；

③ 根据化学式计算不饱和度 $U=1+n_4+1/2(n_3-n_1)$；

④ 根据峰（或组峰中心）的化学位移确定它们的归属；

⑤ 根据积分面积，求出不同基团间的 H 原子数之比；

⑥ 依据峰的分裂峰数确定基团之间的相互关系；

⑦ 对推出的结构进行核查。

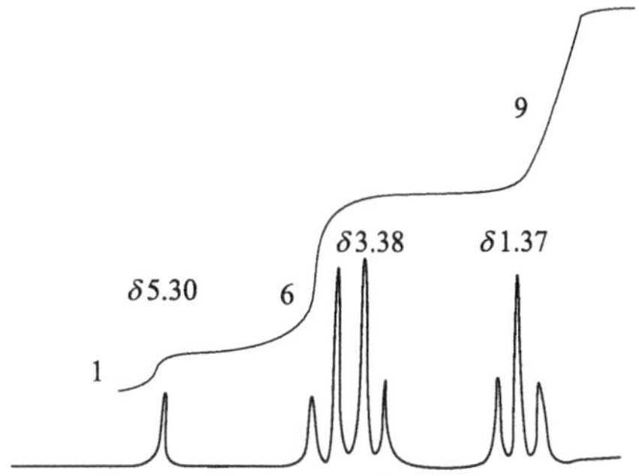

图 2-28　$C_7H_{16}O_3$ 的 ^1H NMR 谱图

在实际研究中，第一步和第二步很重要，尤其是第二步区分杂质峰和溶剂峰，能在实际分析过程中简化谱图及分析过程。对于本例题，可直接从第三步出发，首先计算不饱和度，$u=1+7+(0-16)/2=0$，说明分子中没有不饱和键，O 原子不是以 C═O 基团的方式存在；接着，观察谱图发现共有三种化学环境的氢，$\delta=5.3$ 处的峰分裂成单峰，说明与它相连的 C 原子上没有 H。根据积分面积比等于质子个数的比，为 1∶6∶9，而 H 原子的总数是 16，说明三种化学环境的氢的个数分别为 1 个、6 个和 9 个，从而推断出 $\delta=5.3$ 处为 CH，并且由于化学位移值大说明其与电负性基团相连；$\delta=3.38$ 和 $\delta=1.37$ 分别分裂成四重峰和三重峰，根据（$n+1$）规则，判定是—CH_2CH_3 相互偶合峰；查表得 $\delta=3.38$ 属于 CH_2 基团与电负性基团相连的化学位移，判定含有—O—CH_2 结构，化合物分子式中有三个氧原子，并且 $\delta=3.38$ 和 $\delta=1.37$ 处的质子个数分别为 6 个和 9 个，推断可能具有（—O—CH_2CH_3）$_3$，最终得到结构式如下：

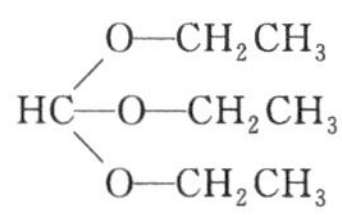

例 2-2　已知某化合物的分子式为 $C_{10}H_{12}O_2$，其 ^1H NMR 谱图如图 2-29 所示，试推断其结构。

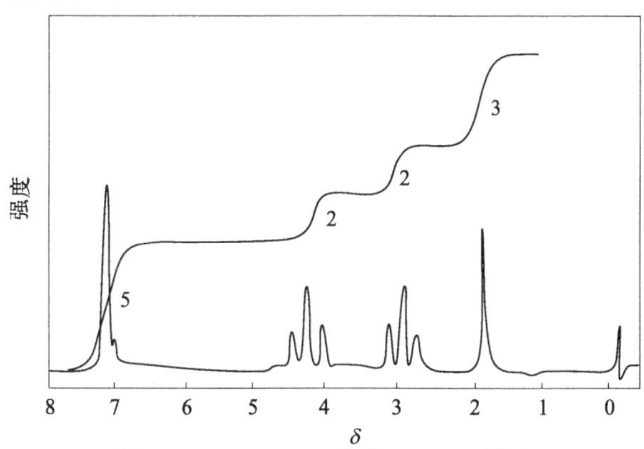

图 2-29　$C_{10}H_{12}O_2$ 的 ^1H NMR 谱图

首先计算不饱和度：$U=1+10+(0-12)/2=5$，说明可能有苯环，$\delta=7.2$ 的峰证实了苯环的存在；根据积分面积和有四个峰，得出有四种化学环境的质子，比例为 5∶2∶2∶3。可能有：单取代苯，CH_2，CH_2，CH_3；$\delta=3.0$ 和 $\delta=4.30$ 三重峰和三重峰是—CH_2CH_2—相互偶合峰；$\delta=2.1$ 处单峰且对应有 3 个质子，说明是 CH_3 且不与含质子的基团相连，用分子式以及已推断出来的基团计算得还剩 COO，可能为酯基，由于 CH_3 的化学位移低于 CH_2，说明 CH_3 直接与 C═O 相连，而 CH_2 直接与—O—相连，这是因为—O—的电负性低于 C═O。最终得到结构式如下：

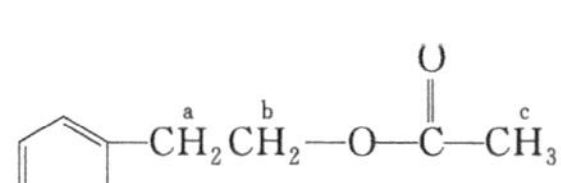

例 2-3 已知某化合物的分子式为 C_9H_{12}，其^1H NMR 谱图如图 2-30 所示，积分面积为 5∶1∶6，试推断其结构。

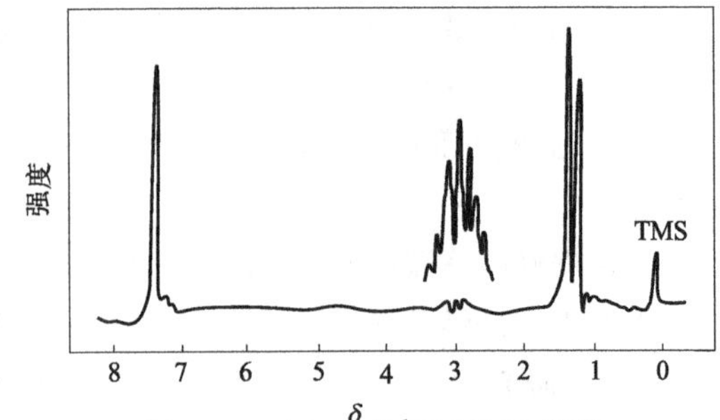

图 2-30 C_9H_{12} 的^1H NMR 谱图

首先计算不饱和度 $U=1+n_4+1/2(n_3-n_1)=1+9-1/2\times12=4$，说明可能存在苯环。三个峰组代表三种化学环境的核，查表，$\delta=7.27$ 处单一的尖峰，证明确实有苯环。$\delta=1.1$ 和 $\delta=2.8$ 分别为 CH_3—C 和 Ar—C。根据峰的裂分数，$\delta=1.1$，裂分数为 2，说明邻碳上有一个 H，为—CH—；$\delta=2.8$，裂分数为 7，说明邻碳上有 6 个氢，为（—CH_3)$_2$。综上得到结构式如下：

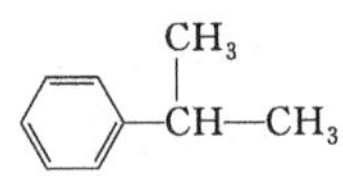

2. 新合成化合物的结构表征

例 2-4 以 *N*-甲基咪唑、烯丙基氯、氯丁烷为原料，合成 1-烯丙基-3-甲基氯代咪唑（[AMIM]Cl)。其化学结构式如图 2-31 所示，[AMIM]Cl 的^1H NMR 谱图如图 2-32 所示。

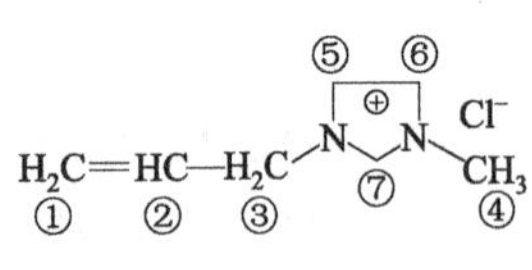

图 2-31 [AMIM]Cl 的化学结构式

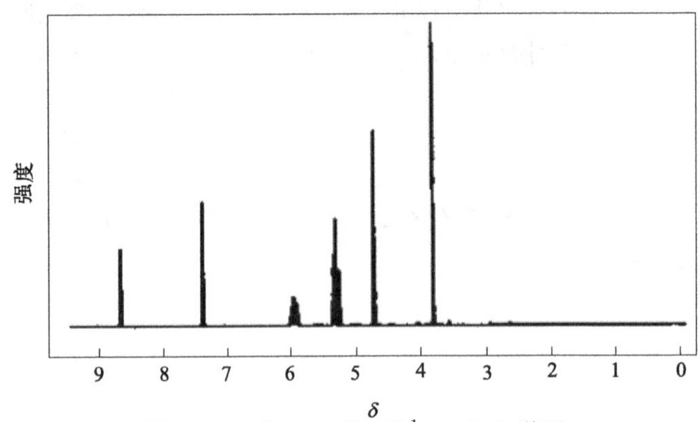

图 2-32 [AMIM]Cl 的^1H NMR 谱图

[AMIM]Cl 的^1H NMR 图谱中（图 2-32）位于 $\delta=5.2$、5.9 和 4.7 的 3 组分裂峰分别对应于烯丙基上①、②、③位的氢原子，出现在 $\delta=3.8$ 位置上的单峰对应于 *N*-甲基上的 H 原子，而⑤、⑥位上的氢原子耦合成 $\delta=7.4$ 位置上的单峰，$\delta=8.5$ 处的单峰则是由⑦位上的氢原子产生的。因此，可以判断合成反应产物为预期结构的离子液体 [AMIM]Cl。

例 2-5 用降冰片烯二酸酐、对氨基苯酚为原料合成降冰片烯酰亚胺（NI)，用^1H NMR 测试方法分析了 NI 的化学结构。其化学结构式和^1H NMR 谱图分别见图 2-33 和图 2-34。

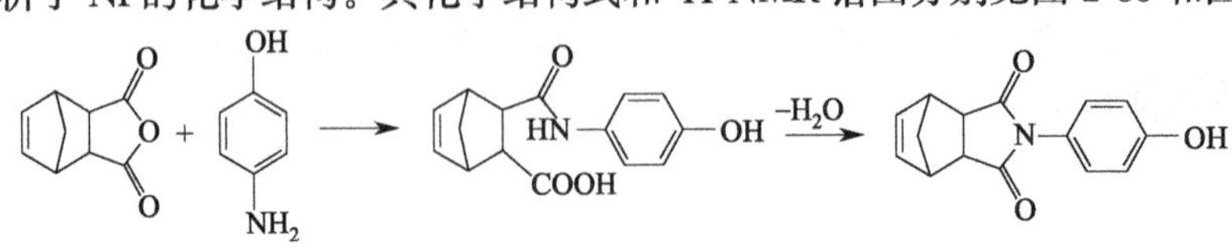

图 2-33 NI 单体合成反应式

图 2-34 为 NI 的^{1}H NMR 谱图，从图中可以看到：$\delta=2.47$ 处为溶剂 DMSO 的吸收峰，$\delta=9.67$ 为—OH 氢 a 的质子峰，$\delta=6.84$ 和 $\delta=6.76$ 处的双峰为苯环—CH═CH—氢 b、c 的质子峰，$\delta=6.17$ 附近的峰归属于降冰片烯酰亚胺—CH═CH—氢 d 的质子峰，$\delta=1.56$ 为降冰片烯—CH_2—氢 g 的质子峰，$\delta=3.41$ 和 $\delta=3.28$ 为降冰片烯酰亚胺的 C—H 氢 f、e 的质子峰，且它们积分峰面积之比与理论氢原子的数目之比相近，从而表明所合成的为所需的结构。

例 2-6　使用 *N*,*N*-二(2-羟乙基)-2-氨基丙烯与亚硫酸氢钠-亚硫酸钠缓冲溶液在硝酸钠作为催化剂的作用下，发生自由基加成反应，合成了一种磺酸型水性聚氨酯扩链剂 *N*,*N*-二(2-羟乙基)-2-氨基丙磺酸钠。其反应式如图 2-35 所示。

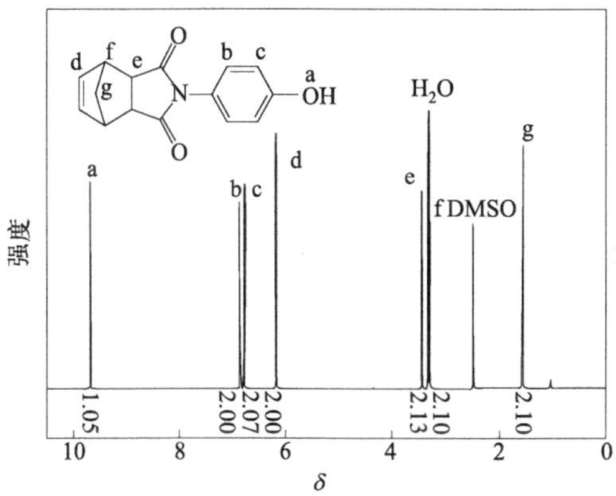

图 2-34　NI 的^{1}H NMR 谱图

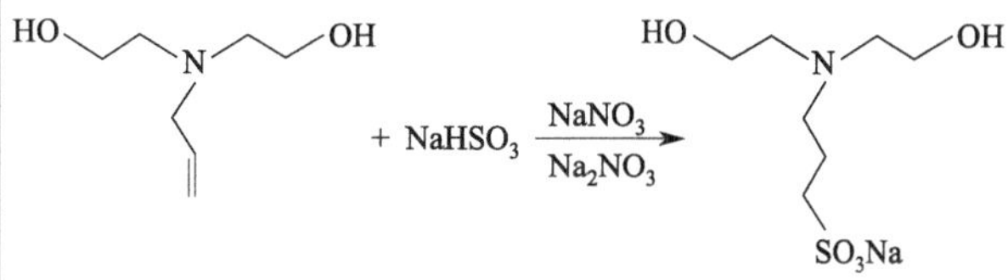

图 2-35　磺酸型扩链剂的合成

图 2-36 (a) 为 *N*,*N*-二(2-羟乙基)-2-氨基丙烯的核磁谱图，由图可知，各基团上 H 化学位移 δ 为：—N—CH_2—C—，2.54～2.72 (t，4H)；—N—CH_2—C═C—，3.11～3.22 (d，2H)；—N—C—CH_2—，3.57～3.68 (m，4H)；—C═CH_2，5.13～5.27 (m，2H)；—C—CH—C—，5.76～5.93 (m，1H)。图 2-36 (b) 为磺酸型单体 *N*,*N*-二(2-羟乙基)-2-氨基丙磺酸钠的核磁谱图，各基团上 H 化学位移 δ 为：—N—C—CH_2—C—SO_3Na，1.86～1.99 (m，2H)；—N—CH_2—C—C—SO_3Na，2.25～2.32 (t，2H)；—N—CH_2—C—O—，2.61～2.75 (t，4H)；—N—C—C—CH_2—SO_3Na，3.40～3.53 (t，2H)；—N—C—CH_2—O—，3.71～3.86 (m，4H)。从图 2-36(a)、(b) 的对比中可以看出，—N—C—CH_2—C—SO_3Na、—N—CH_2—C—C—SO_3Na、—N—C—C—CH_2—SO_3Na 化学位移的改变表明该产物符合目标产物 *N*,*N*-二(2-羟乙基)-2-氨基丙磺酸钠的化学结构。

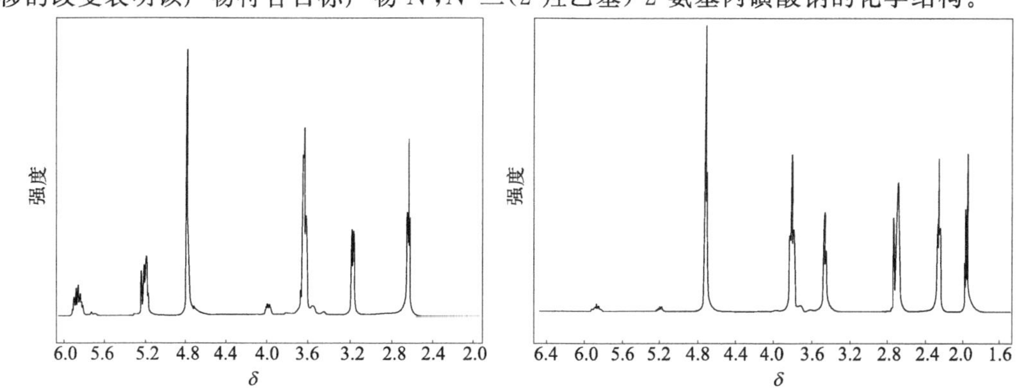

图 2-36　中间体与合成产物的核磁谱图

二、高分子材料的定性鉴别

利用 NMR 测试技术对未知高分子的定性鉴别，可利用标准谱图进行。高分子 NMR 标准谱图主要有萨特（Sadtler）标准谱图集，第一卷为 100MHz 时得到的^{1}H NMR 高分子谱图，第二卷为 60MHz 的^{1}H NMR 高分子谱图，每卷 300 个谱图。使用时，必须注意实验采用的测定条件，包括选用的溶剂等。

通过查阅标准谱图，可以对不同环境的质子进行指认。表 2-7 提供了高分子中较常用的质子的化学位移值，以供参考。

表 2-7　各类质子的 δ 值

质子	δ
TMS	0
—CH$_2$—，环丙烷	0.22
CH$_3$CN	0.88～1.08
CH$_3$—C(饱和)	0.85～0.95(0.7～1.3)
CH$_3$—C—CO—R	0.93～1.12
CH$_3$—C—N—CO—R	1.20
—N—C—(CH$_2$)	1.48
—C—H(饱和)	1.40～1.65
—CH$_2$—C—Ar	1.60～1.78
—CH$_2$—C—O—R	1.21～1.81
CH$_3$—C═NOH	1.81
—CH$_2$—C—I	1.65～1.86
—CH$_2$—C—CO—R②	1.60～1.90
CH$_3$—C═C	1.6～1.9
CH$_3$—C═C(O—CO—R②)	1.87～1.91
—CH$_2$—C═C—OR②	1.93
—CH$_2$—C—Cl	1.60～1.96
CH$_3$—C═C(COOR 或 CN②)	1.94～2.03
—CH$_2$—C—Br	1.68～2.03
CH$_3$—C═C—CO—R②	1.93～2.06
—CH$_2$—C—NO$_2$	2.07
—CH$_2$—C—SO$_2$—R②	2.16
—C—O—(CH)	2.29
—CH$_2$—C═C	1.88～2.31
CH$_3$—N—N—	2.31
—CH$_2$—CO—R②	2.02～2.39①
CH$_3$—SO—R②	2.50
CH$_3$—Ar	2.25～2.50(2.1～2.5)
—CH$_2$—S—R②	2.39～2.53
CH$_3$—CO—SR②	2.33～2.54
—CH$_2$—C≡N	2.58
CH$_3$—C═O	2.1～2.6(1.9～2.6)
CH$_3$—S—C≡N	2.63
CH$_3$—CO—C═C 或 CH$_3$—CO—Ar	1.83～2.68
CH$_3$—CO—CI 或 Br	2.66～2.81
CH$_3$—I	2.1～2.3
CH$_3$—N<	2.1～3
—C═C—C≡C—H	2.87
—CH$_2$—SO$_2$—R②	2.92
Ar—CH$_2$—Br	4.41～4.43
Ar—CH$_2$—OR②	4.36～4.49
Ar—CH$_2$—Cl	4.40
—C═CH$_2$	4.63
—C═CH—(无环、非共轭)	5.1～5.7(5.1～5.9)
—C═CH(环状、非共轭)	5.2～5.7
—C═CH$_2$	5.3～5.7(5.2～6.25)
—CH(OR)$_2$②	4.80～5.20
Ar—CH$_2$—O—CO—R②	5.26
ROH(在惰性溶剂中浓度小于 1mol)②	3.0～5.2①
Ar—C═CH—	5.28～5.40
—CH═C—O—R②	4.56～5.55
—CH═C—O≡N	5.75
—C═CH—CO—R②	5.68～6.05
R—CO—CH═C—CO—R②	6.03～6.13
Ar—CH═C—	6.23～6.28
—C═C—H(共轭)	5.5～6.7(5.3～7.8)
—C═C—H(无环、共轭)	6.0～6.5(5.5～7.1)
H—C═C—(H, COR②)	6.30～6.40
—C═CH—O—R②	6.22～6.45
Br—CH═C—	6.62～7.00
—CH$_2$—(饱和)	1.20～1.43
—CH$_2$—C—O—COR② 和 —CH$_2$—C—O—Ar	1.50
RSH②	1.1～1.5①

续表

质子	δ
RNH_2(在惰性溶剂中浓度小于 1mol)②	1.1～1.5①
—CH_2—C—C═C—	1.13～1.60
—CH_2—CN	1.20～1.62
—C≡C—H(非共轭)	2.45～2.65
—C≡C—H(共轭)	2.8～3.1
Ar—C═C—H	3.05
—CH_2(—C═C—)$_2$	2.90～3.05
—CH_2—Ar	2.53～3.06
—CH_2—I	3.03～3.20
—CH_2—SO_2	3.28
Ar—CH_2—N<	3.32
—CH_2—N(—)—Ar	3.28～3.37
Ar—CH_2—C═C—	3.18～3.38
—CH_2—N(↑)—	3.40
—CH_2—Cl	3.35～3.57
—CH_2—O—R②	3.31～3.58
CH_3—O—	3.5～3.8(3.3～4)
—CH_2—Br	3.25～3.58
CH_3—O—SO—OR②	3.58
—CH_2—N═C═S	3.61
CH_3—SO_2—Cl	3.61
Br—CH_2—C≡N	3.70
—C≡C—CH_2—Br	3.82
Ar—CH_2—Ar	3.81～3.92
Ar—NH_2,Ar—NHR②或 ArNHAr	3.40～4.00(3.3～4.3)①
CH_3—O—SO_2—OR②	3.94
—C═C—CH_2—O—R②	3.90～3.97

质子	δ
—C═C—CH_2—Cl	3.96～4.04
Cl—CH_2—C≡N	4.07
—C≡C—C—CH_2—C═C	3.83～4.13
—C≡C—CH_2—Cl	4.09～4.16
—C═C—CH_2—OR	4.18
—CH_2—O—CO—R②或—CH_2—O—Ar	3.98～4.29
—CH_2—NO_2	4.38
—CH═C—CO—R	5.47～7.04
—C═CH—O—CO—CH_3	7.25
R—CO—NH	6.1～7.7(5.5～8.5)
Ar—CH—C—CO—R②	7.38～7.72
ArH(苯环)	7.6～8.0(6.0～9.5)
ArH(非苯环)	6.2～8.6(4.0～9.0)
H—C(═O)—N<	7.9～8.1
H—C(═O)—O—	8.0～8.2
—C═C—CHO(α,β-不饱和脂肪族)	9.43～9.68
RCHO(脂肪族)	9.7～9.8(9.5～9.8)
ArCHO	9.7～10(9.5～10.9)
R—COOH②	10.03～11.48
—SO_3H	11～12
—C═C—COOH	11.43～12.82
RCOOH(二聚)	11～12.8
ArOH(分子间氢键)	10.5～12.5(10.5～15.5)
ArOH(多聚,缔合)	4.5～7.7①
烯醇	15～16

①其位移随浓度、温度和存在着的其他能发生交换的质子而定，其中氨基质子的位移取决于氮原子的碱度。②在这些化合物中，R=H，OH，OR，NH_2 和烷基、芳基。

例 2-7　聚烯烃的鉴别。

聚丙烯、聚异丁烯和聚异戊烯虽然同为碳氢化合物，但其^{1}H NMR 谱图（图 2-37）有明显差异。聚丙烯有 CH_3、CH_2 和 CH 三种不同峰的质子，易于区分，如图 2-37(a) 所示。聚异丁烯和聚异戊烯都只有 CH_3 和 CH_2 峰，但由于两种峰的质子数目之比是不同的，所以也较易区分。

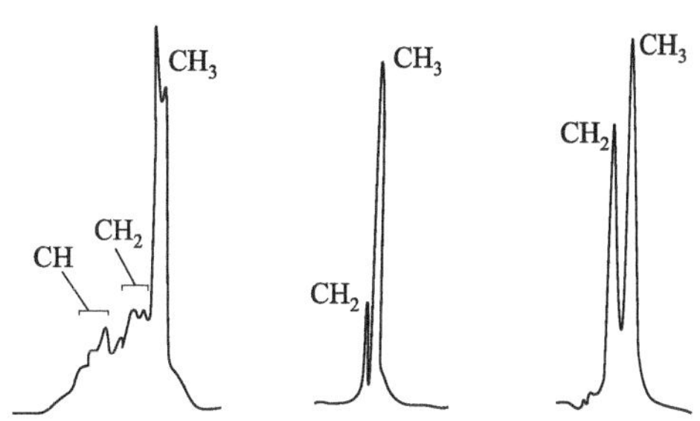

(a) 聚丙烯　(b) 聚异丁烯　(c) 聚异戊烯

图 2-37　不同聚烯烃的^{1}H NMR 谱图

对聚异丁烯 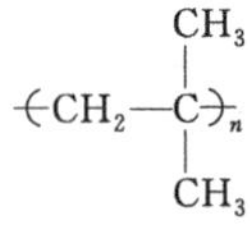 ，$2CH_3$ 与 CH_2 的质子比为 6∶2，所以 CH_3 峰高（或面积）是 CH_2 峰的 3 倍，如图 2-37(b) 所示。

对聚异戊烯 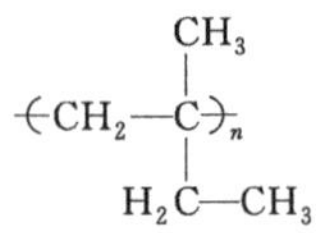 ，$2CH_3$ 与 $2CH_2$ 的质子比为 6∶4，所以 CH_3 峰高与 CH_2 峰高之比为 3∶2，如图 2-37(c) 所示。

例 2-8 聚丙酸乙烯酯和聚丙烯酸乙酯的鉴别。

聚丙酸乙烯酯和聚丙烯酸乙酯的重复单元的化学组成均为 $C_5H_8O_2$，红外谱图很相似，几乎无法区别，但两者的 H_a 由于所连接的基团不同（见图 2-38），受到不同的屏蔽作用，因此用 ^1H NMR 很容易鉴别。

(a)　　　　(b)

图 2-38　聚丙酸乙烯酯（a）和聚丙烯酸乙酯（b）的结构式

在谱图上首先确认 H_a 和 H_b 的峰。由于 H_a 相邻—CH_3 而被分裂成四重峰，而 H_b 相邻—CH_2 分裂成三重峰，因此容易确认。两者的差别在于聚丙酸乙烯酯中的 H_a 与羰基相邻，而聚丙烯酸乙酯的 H_a 直接与氧相邻，使得前者化学位移小于后者。图 2-39(a) 的谱图中 1.1 处的三重峰可推断为甲基中的氢核，由于与—CH_2—相连被分裂为三重峰；2.25 处的四重峰可推断为—CH_2—中的氢核，因邻接有—CH_3，则被分裂为四重峰。因此可以确定其 $\delta(H_a)=1.11$，$\delta(H_b)=2.25$。所以图 2-39(a) 为聚丙酸乙烯酯。同样，由谱图 2-39(b) 中峰的分裂可知，$\delta(H_a)=1.21$，$\delta(H_b)=4.12$，因此图 2-39(b) 为聚丙烯酸乙酯。

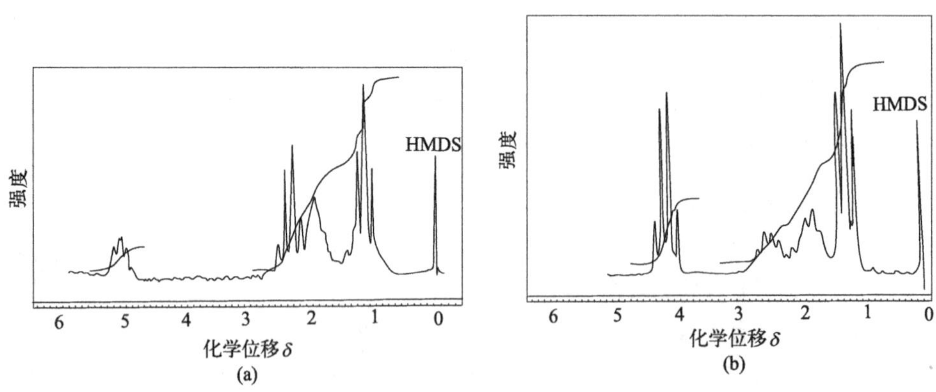

图 2-39　聚丙酸乙烯酯（a）和聚丙烯酸乙酯（b）的 ^1H NMR 谱

三、共聚物组成比例的测定

由于 NMR 谱峰的强度与该物质相应的元素有很好的对应关系，尤其是对于 ^1H NMR，共振峰的积分面积正比于相应的质子数，所以可以通过直接测定质子数之比而得到各基团的定量结果。因此，利用 NMR 研究共聚物组成最大的优点是不用依靠已知标样，就可以直接测定共聚物组成比。

以丁苯共聚物为例，图 2-40 为丁苯橡胶的^{1}H NMR 谱图。^{1}H NMR 谱图由三个主要区域的吸收谱带构成：化学位移 7.0 以上区域的谱带是苯乙烯芳环上质子的吸收；化学位移 4.9～5.8 的谱带反映的是丁二烯各种异构体双键质子和 1,2-加成烯烃亚甲基质子的吸收；而化学位移 1.0～2.6 的谱带主要是聚合物脂肪链上质子的吸收。

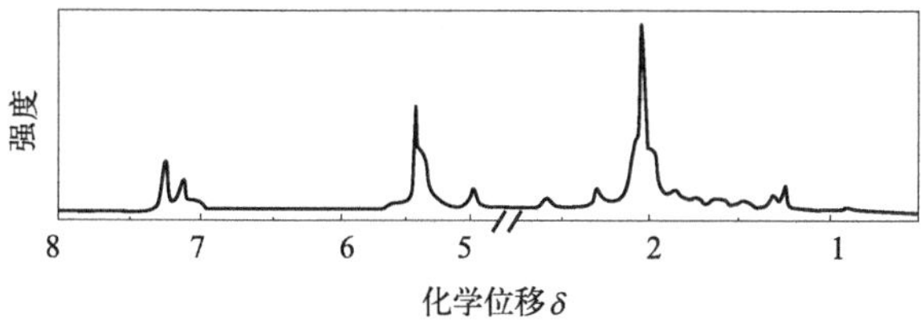

图 2-40 丁苯橡胶的^{1}H NMR 谱图

由于化学位移位于 7.0 以上的吸收谱带是丁苯橡胶中苯乙烯芳环上 5 个质子的吸收，在这个位置上，丁苯橡胶链上没有其他质子的吸收。苯乙烯其余的质子以及丁二烯所有质子的吸收峰位置都处于化学位移 6.0 以下的较高场中。因此，我们可以根据化学位移 7.0 以上区域芳环质子的独立吸收峰强度，对丁苯橡胶中苯乙烯的含量进行定量的计算。

设化学位移 $\delta=7.0$ 处的峰面积为 A，而其他吸收峰面积之和定义为 A_{T}，其中每个 H 相应的峰面积为 A_{a}，则在共聚物中芳香氢应有 A/A_{a} 个，烷烃氢有 $A_{\mathrm{T}}/A_{\mathrm{a}}$ 个。由共聚物结构可知，全部芳香烃均属于苯乙烯单元，则苯乙烯单元数为 $A/5A_{\mathrm{a}}$（5 为苯乙烯芳环上 5 个质子），在苯乙烯单元中还有 3 个烷基氢，因此丁二烯的氢为：

$$\frac{A_{\mathrm{T}}}{A_{\mathrm{a}}}-\frac{3A}{5A_{\mathrm{a}}}=\frac{A_{\mathrm{T}}-\frac{3}{5}A}{A_{\mathrm{a}}}$$

丁二烯的单元数为（6 为丁二烯上的 6 个质子）：

$$\frac{A_{\mathrm{T}}-\frac{3}{5}A}{6A_{\mathrm{a}}}=\frac{5A_{\mathrm{T}}-3A}{30A_{\mathrm{a}}}$$

由此，可以算出共聚物中两个单体单元苯乙烯（S）与丁二烯（B）的组成比为：

$$\omega(\mathrm{S})/\omega(\mathrm{B})=\frac{\frac{A}{5A_{\mathrm{a}}}}{\frac{5A_{\mathrm{T}}-3A}{30A_{\mathrm{a}}}}=\frac{6A}{5A_{\mathrm{T}}-3A}$$

四、端基分析和数均分子量的测定

聚乙二醇[$\mathrm{HO{+}CH_2{-}CH_2{-}O{+}_nH}$]的^{1}H NMR 谱图如图 2-41 所示，其聚合度（n）可通过^{1}H NMR 谱中端基羟基氢（—OH）与重复单元亚甲基氢（—CH_2—）的积分面积比计算。设端基—OH 的积分面积为 x（对应 2 个 H）。重复单元—CH_2CH_2O—的积分面积为 y（对应 $4n$ 个 H）。根据质子比例关系：

$$\frac{x}{y}=\frac{2}{4n}$$

可通过上式及图中的积分面积比计算得到聚合度 n 的值，进而可计算其数均分子量。

五、聚合物键接结构的研究

核磁共振氢谱能够有效区分聚偏二氟乙烯（PVDF）的不同键接方式（如头-尾、头-头）以及由此产生的微观结构差异。图 2-42 是聚偏二氟乙烯的核磁共振氢谱，由于它不存在旋光立构现象，键接结构是引起峰分裂的主要原因。图中头-尾结构（ht）在 $\delta=2.949$ 处出峰，头-头结构（hh）在 $\delta=2.381$ 处出峰，根据两处峰面积可分别计算出头-尾结构（ht）和头-头结构（hh）峰的占比。

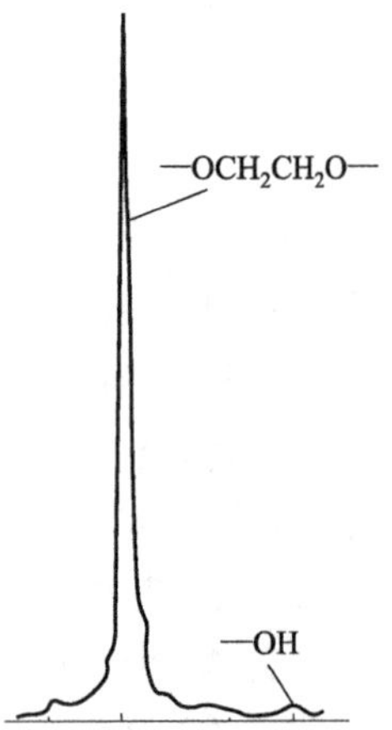

图 2-41 聚乙二醇的 ^{1}H NMR 谱图

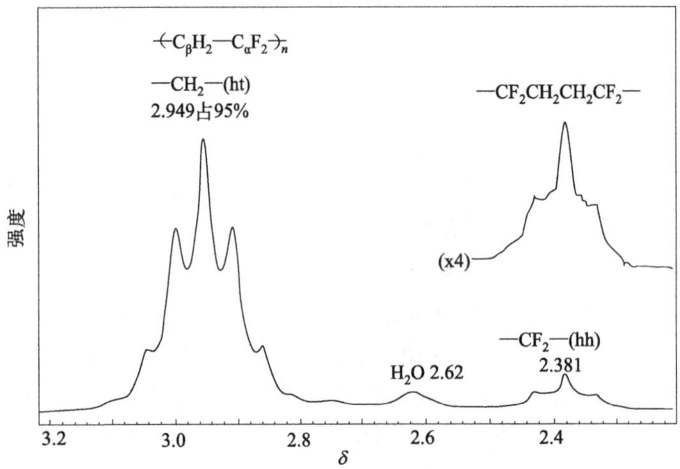

图 2-42 聚偏二氯乙烯的 ^{1}H NMR 谱图

（350MHz，135℃，溶剂：$C_6D_5NO_2$，内标：TMS）

六、聚合物立构规整性的研究

在乙烯基聚合物中，当乙烯单体双键的一个碳原子带有两个不同取代基时，就会产生不同立构的聚合物。聚合物立构规整性的不同直接影响材料的结晶性和力学性能，而 NMR 是表征聚合物立构规整性的很有效的方法。例如在聚甲基丙烯酸甲酯（PMMA）中有 3 种不同的氢原子，即亚甲基氢、α-甲基氢和甲氧基氢：

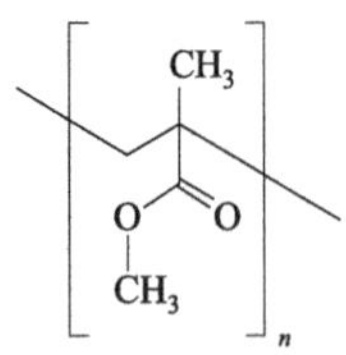

在 3 种不同的立构体中，它们的化学位移是不同的，如图 2-43 中所示。比较这 3 张谱图可知，在不同立构中 α-甲基化学位移是不同的，等规最大，为 1.33；无规为 1.21；间规最小，为 1.10。而亚甲基的峰，由于在等规中两个氢是不等价的，因此表现为 AB 系统的 4 重峰，间规中两个氢是等价的，所以为单峰；在无规聚合物中则表现为许多小峰。3 种立构对甲氧基的化学位移影响不大。依据上述分析，只要计算 α-甲基 3 个峰的强度比，就可确定聚合物中 3 种立构的比例。

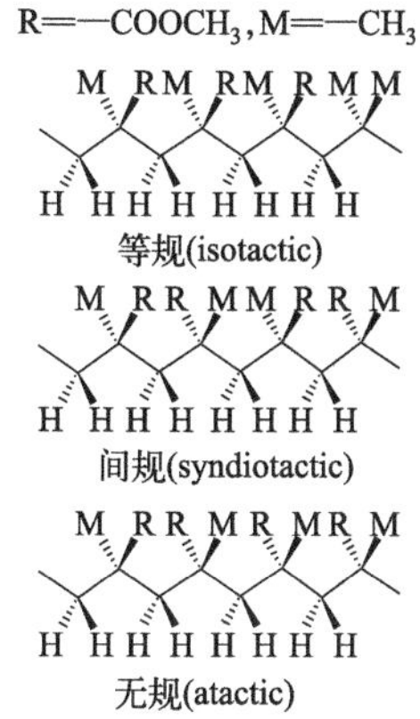

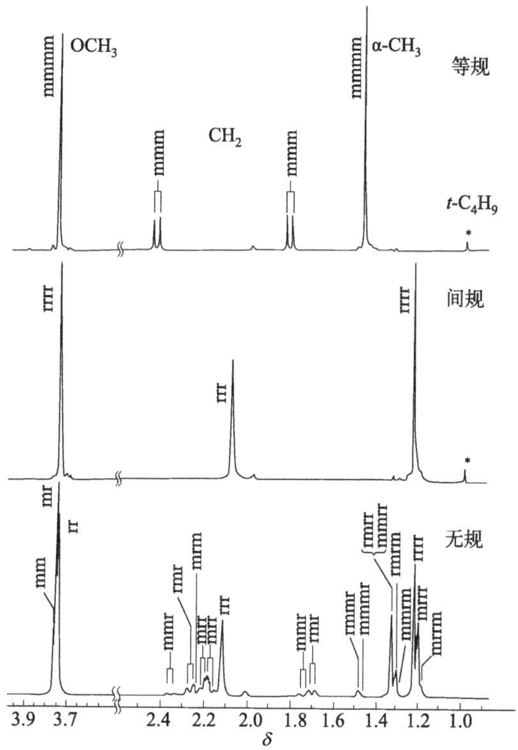

图 2-43　PMMA 的 500MHz ^{1}H NMR 谱图（110℃于硝基苯中）

t-C_4H_9 为链端引发剂带入的叔丁基峰

习题

1. 核磁共振的条件是什么？
2. 化学位移的定义是什么？为什么会产生化学位移？
3. 在高分辨仪器上能够观察到核磁共振谱峰发生分裂，该分裂产生的原因是什么？
4. 为什么要选择四甲基硅烷作为标准物？
5. 影响化学位移的主要因素有哪些？
6. 请将乙醛、苯、乙烯、乙炔、乙烷的^{1}H NMR 化学位移值按照由大到小的顺序排列，并解释排序的原因。

7. 聚丙烯酸乙酯和聚丙酸乙烯酯的组成相同，红外光谱也非常相似。不查看标准谱图及有关手册，根据它们各自的结构特点，是否可以应用^{1}H NMR 把它们区别开？请说明原因。

8. 设计一个简单方案，说明如何应用 NMR 方法测定聚乙二醇的数均相对分子质量。

9. 以 CH_3—CH_2—Br 为例，其中什么氢核化学位移值较小？什么氢核的化学位移值较大？

10. 3 个不同的质子 H_a、H_b、H_c，其屏蔽常数的大小为 $\sigma_b > \sigma_a > \sigma_c$。则它们的化学位移如何？

11. 在苯乙酮的氢谱中，苯环质子的信号都向低场移动。间位和对位质子 σ 值在 7.40，而邻位质子的 σ 值却在 7.85 左右，为什么？

参考文献

[1] 任强，武进，张军，等. 1-烯丙基-3-甲基咪唑室温离子液体的合成及其对纤维素溶解性能的初步研究 [J]. 高分子学报，2003，3：448-451.

[2] 袁伟，史铁钧，钱莹，等. 降冰片烯酰亚胺型双苯并噻的合成及性能 [J]. 化工学报，2016，11 (67)：4900-4905.

[3] 王学川，任静，强涛涛，等. 一种磺酸型水性聚氨酯扩链剂的合成、表征及应用 [J]. 化工学报，2015，66 (2)：834-842.

[4] 汪昆华，罗传秋，周啸. 聚合物近代仪器分析 [M]. 2 版. 北京：清华大学出版社，2000.

[5] 董炎明，熊晓鹏，杨柳林，等. 高分子研究方法 [M]. 北京：中国石化出版社，2011.

[6] 曾幸荣，吴振耀，侯有军，等. 高分子近代测试分析技术 [M]. 广州：华南理工大学出版社，2007.

[7] 薛奇. 有机及高分子化合物结构研究中的光谱方法 [M]. 北京：科学出版社，2011.

第三章　有机质谱分析

高分子化合物由于分子量较大且热稳定性较差，难以直接进行质谱分析。当这些材料在真空条件下受热时，会发生热解反应，分解为分子量较小的有机化合物。鉴于这一特性，在研究高分子材料时，通常需要借助其热解产物的小分子有机化合物来进行间接表征。因此，本章将重点介绍有机质谱分析技术，该技术能够有效地对这些热解产生的小分子有机物进行定性和定量分析，从而为高分子材料的结构表征和组成研究提供重要的分析手段。有机质谱技术因其高灵敏度、高分辨率和丰富的结构信息，已成为高分子材料研究中不可或缺的分析工具。

第一节　有机质谱分析概述

质谱（mass spectrum，MS）是在高真空系统中测定样品的分子离子及碎片离子的质量以确定样品相对分子质量及分子结构的方法。化合物分子受到电子流冲击后形成的带正电荷的分子离子及碎片离子按照其质量 m 和电荷 z 的比值 m/z（质荷比）大小依次排列而被记录下来的图谱称为质谱。由于在一定条件下，所得到的碎片离子的质量及强度与样品分子的结构有一定的关系，因而有机质谱可用于有机化合物的结构分析。

由于高分子不能直接气化，因而不可能直接获得分子质量的信息，只能获得其结构单元特征的信息，或者高分子材料中含有的少量低聚物及助剂的信息。

第二节　质谱数据的表达

质谱数据通常以棒图的形式呈现，如图 3-1 所示，图中的竖线称为质谱峰，不同的质谱峰代表有不同质荷比的离子，峰的高低表示产生该峰的离子数量的多少。质谱图的质荷比（m/z）为横坐标，以离子峰的相对丰度为纵坐标。图中最高的峰称为基峰。基峰的相对丰度常定为100%，其他离子峰的强度按基峰的百分比表示。

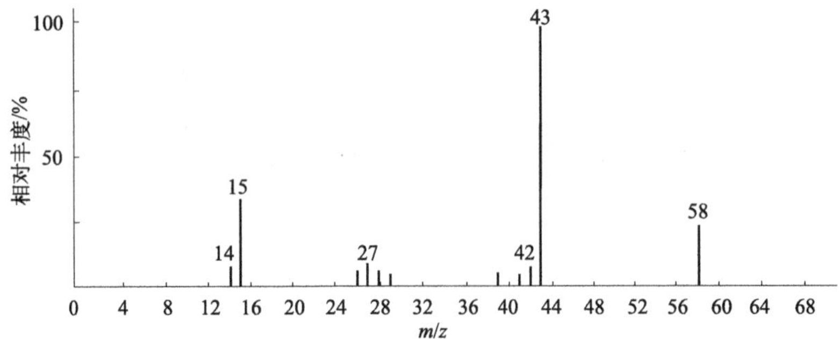

图 3-1　丙酮的质谱图

除采用棒图形式呈现外，亦可使用质谱表的形式进行表述，即以系统化的表格列示各特征离子的质荷比（m/z）及其对应的相对丰度（RI），如表 3-1 所示。该表达方式通过精确的数值化呈现，能够更为严谨地记录质谱信息，尤其适用于需要详细比对或定量分析的场合。这种表达方式在高分子热解产物质谱分析、有机化合物结构鉴定及质谱数据库构建等领域均有广泛应用。

表 3-1　化合物的 MS 数表（部分）

m/z	RI	m/z	RI	m/z	RI
38	4.9	53	8.7	70	1.8
39	13	57	3.9	71	3.8
45	21	58	6.6	94	100
49	3.1	59	5.1	98	56
50	3.6	63	3.0	99	7.6
51	4.0	65	2.4	100	2.4
52	1.4	69	6.2		

第三节　质谱仪及基本原理

质谱仪主要包括进样系统、离子源、质量分析器和检测器这四个部分。

一、进样系统

进样系统的主要作用是把处于大气环境中的样品送入处于高真空状态的质谱仪中，并加热使样品成为蒸气分子。

二、离子源

被分析的气体或蒸气首先进入仪器的离子源，转化为离子。使分子电离的手段很多，包括电子电离源（electron ionization，EI）、化学电离源（chemical ionization，CI）、场致电离源（field ionization，FI）、快原子轰击源（fast atomic bombardment，FAB）、电喷雾源（electron spray ionization，ESI），其中最常用的离子源是电子电离源。

① 电子电离源 也称电子轰击源，在电离室内，气态的样品分子受到高速电子的轰击后，该分子就失去电子成为正离子（分子离子）。分子离子继续受到电子的轰击，使一些化学键断裂，或引起重排以瞬间速度裂解成多种碎片离子（正离子）。在排斥极上施加正电压，带正电荷的阳离子被排挤出离子化室，形成离子束（如图 3-2 所示），离子束经过加速极加速，进入质量分析器。

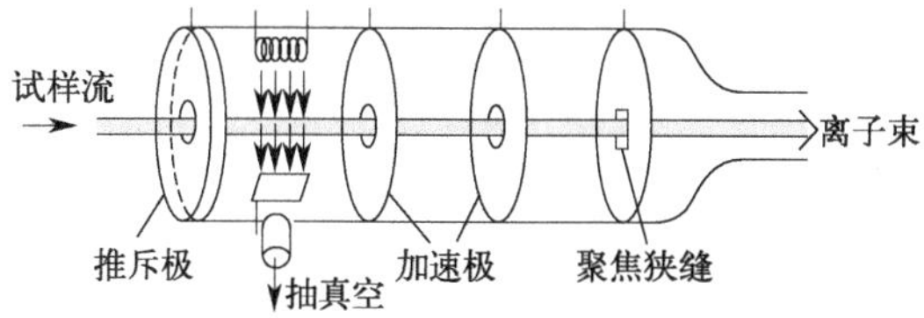

图 3-2 电子电离源结构图

EI 作为质谱分析中最常用的离子化技术之一，具有诸多显著特点。首先，该离子源具有较高的电离效率和灵敏度，能够有效产生丰富的离子碎片信息。其次，EI 是目前应用最为广泛的离子化方法，国际上通用的标准质谱图库中的谱图数据基本均采用 EI 获得，这使其成为化合物结构鉴定的重要参考依据。最后，该离子源运行稳定且操作简便，其电子流强度可实现精密调控，从而保证实验数据的重现性。此外，EI 的结构设计相对简单，并具备良好的控温性能，有利于实验条件的优化。在电离能量方面，EI 的可调范围较宽（10～240eV），研究者可根据样品特性灵活选择：对于易电离的物质可适当降低电子能量（如 10～20eV）以减少碎片化程度，而对于难电离的物质则通常采用较高的电子能量（标准条件为 70eV）以确保有效的电离效率。这些特性使得 EI 在有机质谱分析领域占据重要地位，尤其适用于挥发性有机化合物和小分子物质的结构表征。

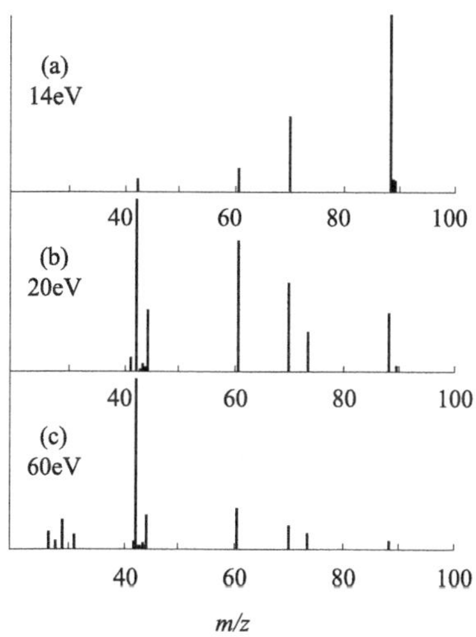

图 3-3 乙酸乙酯在不同电子轰击能量下的质谱

从图 3-3 中可观察到乙酸乙酯在 14eV 电子能量轰击下已能形成离子。进一步加大电子轰击能量，高质量的离子减少，低质量的离子增加。

② 化学电离源 有些化合物稳定性差，用电子电离源的方式不易得到分子离子，此时为了得到分子量可以采用化学电离源。化学电离源是在通入 60～280Pa 的反应气的情况下工作的，反应气被电离，所生成的离子和样品分子碰撞产生分子离子。若用 A 表示样品分子，HX^+ 表示反应气离子，反应过程可表示如下：

$$A + HX^+ \longrightarrow [A-H]^+ + X + H_2 \qquad (3\text{-}1)$$

或者

$$A + HX^+ \longrightarrow AH^+ + X \qquad (3\text{-}2)$$

反应气最常用的是 CH_4，在电子轰击下，CH_4 首先被电离，产生碎片离子 $CH_4^{\cdot +}$ 和 CH_3^+，这些离子再与样品作用，产生不同的离子。

$$CH_4 + e^- \longrightarrow CH_4^{\cdot +} + 2e^- \qquad (3\text{-}3)$$

电离气先电离的离子是 $CH_4^{\cdot +}$ 和 CH_3^+，进一步产生以 CH_5^+ 和 $C_2H_5^+$ 为主的电离

气。电离气离子再进一步与样品分子碰撞，产生准分子离子。

$$CH_4^{\cdot +}+CH_4 \longrightarrow CH_5^+ + CH_3^{\cdot} \tag{3-4}$$

$$CH_3^+ + CH_4 \longrightarrow C_2H_5^+ + H_2 \tag{3-5}$$

$$CH_4 + C_2H_5^+ \longrightarrow C_3H_5^+ + H_2 \tag{3-6}$$

质子转移

$$CH_5^+ + A \longrightarrow AH^+ + CH_4 \tag{3-7}$$

$$C_2H_5^+ + A \longrightarrow AH^+ + C_2H_4 \tag{3-8}$$

$$C_2H_5^+ + A \longrightarrow [A—H]^+ + C_2H_6 \tag{3-9}$$

因此，化学电离源中除得到分子离子峰外，还有 $M+1$ 和 $M-1$ 的峰，而且强度还很大。

③ 场致电离源　特点是阳极为尖锐的刀片或细丝，阳极和阴极之间的距离通常小于 1mm，当在两极上加稳定的直流高电压时，在阳极尖端附近可产生 10^7 V/cm 的场强，直接把附近样品分子中的电子拉出形成正离子。在这种离子源中所形成的主要也是分子离子，碎片离子很少，如图 3-4 所示。

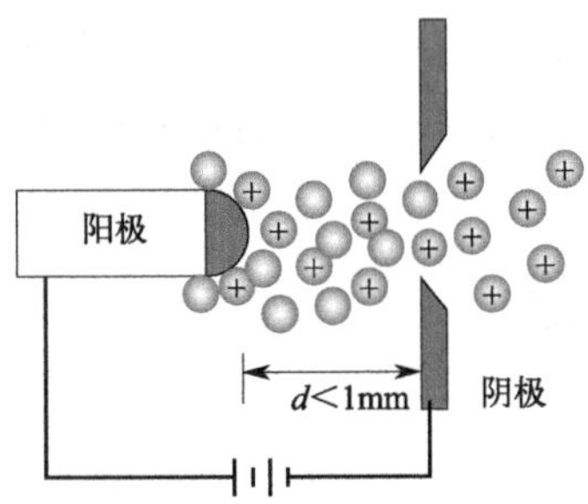

图 3-4　场致电离源

EI 作为有机质谱分析中最经典的电离技术，具有离子流稳定性高、重现性好等显著优势，其产生的丰富碎片离子可为化合物结构解析提供重要信息，这也使其成为应用最为广泛的质谱电离技术。然而，EI 技术存在明显的局限性，特别是对于分子量较大或热稳定性较差的化合物，往往难以获得分子离子峰，导致无法准确测定分子量。为弥补这一缺陷，现代先进质谱仪多采用电离源联用技术，将 EI 与 CI 或 FI 技术相结合。这种联用系统实现了多重优势的整合：①通过 CI 或 FI 等电离技术获得完整的分子离子信息，确保分子量的准确测定；②利用 EI 产生的特征碎片离子进行深入的结构解析；③两种电离模式的数据相互印证，提高分析结果的可靠性。这种优势互补的技术组合不仅拓展了质谱分析的应用范围，更显著提升了有机化合物结构鉴定的可靠性，特别是在复杂有机体系和高分子材料的研究中展现出独特价值。

三、质量分析器

主要功能是把不同 m/z 的离子分开，因此是 MS 的心脏部分。质量分析器的种类很多，下面介绍两种最简单的质量分析器的工作原理。

1. 单聚焦质量分析器

其工作原理图如图 3-5 所示。样品在离子源形成离子后，在离子源出口处被电场加速，获得一定的能量：

$$\frac{1}{2}mv^2 = eU \tag{3-10}$$

式中，m 为离子质量；v 为离子速度；e 为离子电荷量；U 为加速电压。具有一定速度的离子进入分析器后，在磁场力的作用下，离子运动方向改变，进行圆周运动，离心力和磁场力应达到平衡：

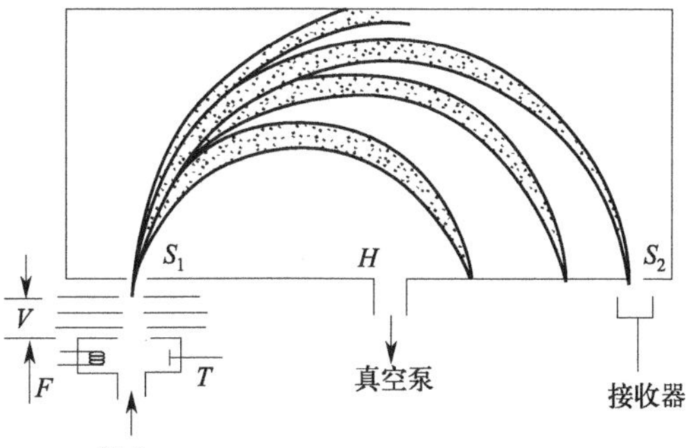

图 3-5　单聚焦质量分析器

$$evH = mv^2/r_m \tag{3-11}$$

式中，H 为分析器磁场强度；r_m 为离子圆周运动半径。合并式(3-10)、式(3-11)得到：

$$m/e = \frac{H^2 r_m^2}{2U} \tag{3-12}$$

由图可知，当仪器一定时（即 H 和 U 一定），只有运动半径为 r_m 的离子才能到达接收器而被检测出来。当 r 一定时，可采用固定 H 对 U 扫描或固定 U 对 H 扫描，都可在接收器上依次收到不同 m/z 的离子，前者称为电压扫描，后者称为磁场扫描。在实际使用中，为了消除离子能量分散对分辨率的影响，一般使用双聚焦质量分析器。双聚焦质量分析器通过在磁场分析器前串联一个静电分析器，利用电场对离子动能进行筛选，形成动能高度均一的离子束。

2. 四极滤质器

这种分析器由四根截面呈双曲面的平行电极组成，如图 3-6 所示，对角线的两根电极为一组，共有两组电极。在这两组电极上分别加大小相等、方向相反的射频电压 $U_0\cos\omega t$ 和直流电压 U，如图 3-7 所示。在四极杆之间就形成一个电场，当从离子源出来的具有一定速度的离子进入四极电场后，受到电场力的作用发生振荡。当四极电场一定时只有一种 m/z 的离子能获得稳定的振荡，通过四极电场到达检测器，而其他 m/z 的离子由于不稳定振荡而不能通过四极滤质器。如果固定 U_0/U，改变 U_0 值（这时 U 也随之变）就可实现对不同 m/z 的离子进行扫描。这种分析器的优点是扫描速度快，适合于色-质联用，体积小，操作容易，但分辨率低，而且有质量歧视效应。

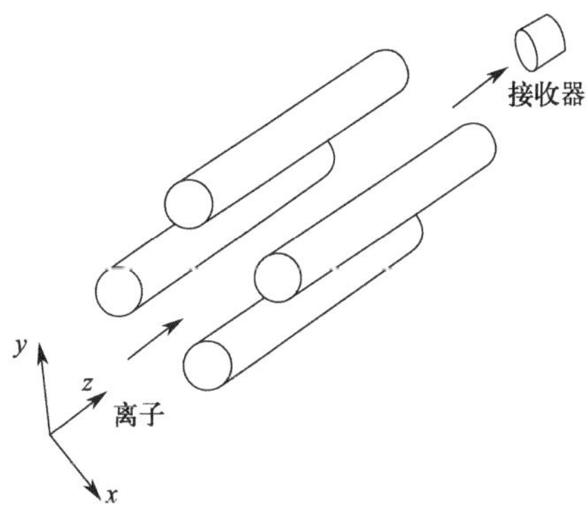

图 3-6　四极滤质器示意图

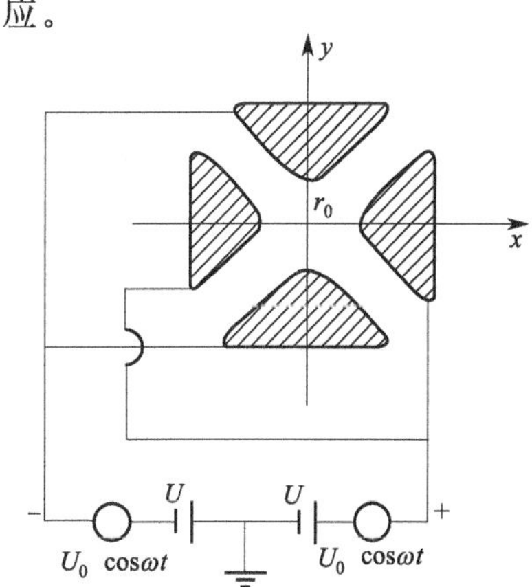

图 3-7　四极杆电压示意图

四、检测器

把接收的阳离子转化成电信号，经过放大后输入数据处理装置。

目前应用比较多的是电子倍增器。当一定能量的离子打在电极上后，产生二次电子，通过多级倍增放大，输入放大器。一般测量的电流强度在 10^{-9}～10^{-17} A。

第四节　离子的主要类型

在有机质谱中出现的离子有分子离子、碎片离子、亚稳离子和同位素离子。

一、分子离子

样品分子失去一个电子而形成的离子称为分子离子。所产生的峰称为分子离子峰或称母峰，一般用符号 $M^{+\cdot}$ 来表示。其中“+”代表正离子，“·”代表不成对电子。如：

$$M+e^{-} = M^{+\cdot}+2e^{-} \tag{3-13}$$

分子离子峰的质荷比（m/z）直接对应于该化合物的分子量，这为有机物的分子量测定提供了直接依据。

从电子结构的角度分析，有机分子中不同化学键的电子在电离过程中表现出显著的选择性。具体而言，分子中各类价电子（包括 σ 键电子、π 键电子和未成键孤对电子 n）的电离能存在明显差异。一般来说，含有杂原子的有机分子，其杂原子的未成键电子最易失去；其次是 π 键；再次是碳-碳相连的 σ 键；最后是碳-氢相连的 σ 键。失去电子的难易顺序为：杂原子$>$C═C$>$C—C$>$C—H。

在有机质谱分析中分子离子峰的相对强度与分子结构稳定性呈现显著的相关性，其变化规律可系统归纳如下：从分子骨架特征来看，直链化合物的分子离子稳定性随碳链增长而递减，支链结构则会促进分子离子裂解导致峰强减弱，而环状结构（尤其是芳香体系）因空间约束效应可有效抑制裂解，故通常呈现较强的分子离子峰。就官能团影响而言，含有孤对电子的杂原子化合物（如醇类、胺类）易发生 α-裂解而表现出较弱的分子离子峰，而具有 π-π 共轭或 p-π 共轭的体系（如芳香环、共轭烯烃等）则通过电子离域效应显著增强分子离子稳定性。综合各类化合物的质谱行为，分子离子稳定性遵循明确的递变规律：芳香环＞共轭烯烃＞单烯烃＞环状化合物＞羰基化合物＞醚类＞酯类＞胺类＞羧酸＞醇类＞高度支链烷烃。

在有机质谱分析过程中，分子离子峰的准确识别是谱图解析的首要步骤和关键基础，其重要性主要体现在以下几个方面：

首先，分子离子峰的确认为后续结构解析提供了最基础的分子量信息。通过测定分子离子峰的 m/z 值，可以直接获得待测化合物的相对分子质量，这是推导分子式、确定结构单元的重要依据。在实际分析中，分子量信息往往能显著缩小候选化合物的范围，为后续的碎片离子解析提供明确方向。

其次，分子离子峰的相对丰度反映化合物本身的结构特征和稳定性。根据分子离子稳定性的规律，可以初步判断化合物是否含有芳香环、共轭体系等稳定结构，或者是否存在易断裂的官能团。这些信息对后续的结构推导具有重要的提示作用。

此外，分子离子峰的正确识别直接影响碎片离子解析的准确性。只有确定了分子离子峰，才能准确计算中性丢失的质量，从而推断可能的裂解途径和结构特征。若分子离子峰识别错误，将导致整个解析过程出现系统性偏差。

在实际操作中，判断分子离子峰需要综合考虑多个因素：

① 必须是质谱图中质量数最大的一组峰（包括它的同位素峰组）。

② 分子离子是样品的中性分子打掉一个外层电子而形成的，因此必定是奇电子离子，而且符合“氮规则”。

奇电子离子（OE 离子：odd electron ion）：含有一个未成对电子的离子。用“+”号表示；偶电子离子（EE 离子：even electron ion）：不含未成对电子（即电子全配对）的离子（图 3-8）；氮规则：不含氮或含偶数氮的化合物其分子量一定是偶数，含有奇数氮的化合物其分子量一定是奇数。

$$\underset{OE^{+\cdot}}{M^{+\cdot}} \longrightarrow \underset{EE^{+}}{A^{+}} + B^{\cdot} \qquad \underset{OE^{+\cdot}}{M^{+\cdot}} \longrightarrow \underset{OE^{+\cdot}}{C^{+\cdot}} + D$$

图 3-8　奇电子离子及偶电子离子

③ 要有合理的碎片离子，即第一碎片峰不应比分子离子质量数少 3～14 和 21～24（表 3-2）。由于分子离子能进一步断裂成碎片离子，因此必须能够通过丢失合理的中性碎片，形成谱图中高质量区的重要碎片离子。

表 3-2　常见分子离子丢失的中性碎片及可能的来源

碎片离子	丢失的中性碎片	可能的来源
M—1，M—2	H，H_2	醛、醇等
M—15	CH_3	侧链甲基、乙酰基、乙基苯、伯酰胺、硝基苯等
M—16	NH_2，O	伯酰胺、硝基苯等
M—17，M—18	OH，H_2O	醇、酚、羧酸等
M—19，M—20	F，HF	含氟化合物
M—25	C≡CH	炔化物
M—26	CHCH，CN	芳烃、腈化物
M—27	$CH=CH_2$，HCN	烃类、腈化物、氮杂环化合物
M—28	$CH_2=CH_2$，CO，N_2	烯烃、丁酰基类、乙酯类、醌类烃类、醛类
M—29	C_2H_5，CHO	烃类、醛类
M—30	NO，CH_2O	硝基苯类、苯甲醚类
M—31	CH_3O，CH_2OH，CH_3NH_2	甲酯类、醇、胺
M—32	CH_3OH	甲酯类、苯甲醚类
M—33	H_2O+CH_3，HS	醇类、硫醇类
M—34	H_2S	硫醇类、硫醚类
M—35，M36	Cl，HCl	含氯化合物
M—41	C_3H_5	烯烃(烯丙基裂解)、丙基酯
M—42	C_3H_6，CH_2CO	丙酯类，戊酰基醚、丙基芳醚
M—43	C_3H_7，CH_3CO	含丁基化合物、甲基酮
M—44	CO_2	酸酐
M—45	C_2H_5O，COOH	乙酯类、羧酸类
M—47，M—48	CH_3S，CH_3SH	硫醚类、硫醇类
M—56	C_4H_4	戊酮类、己酰基等
M—57	C_4H_9，C_2H_5CO	丁基醚、长链烃、丙酰类
M—59	C_3H_7O，$COOCH_3$	丙基酯、丙基醚、羧酸甲酯
M—60	CH_3COOH	乙酸类
M—61	$CH_3C(OH)_2$	乙酸酯双氢重排
M—61，M—62	C_2H_5S，C_2H_5SH	硫醚类、硫醇类
M—73，M—74	$COOC_2H_5$，C_3H_6，O_2	羧酸酯类
M—77	C_6H_5	芳香化合物
M—79，M—80	Br，HBr	含溴化合物
M—127，M—128	I，HI	含碘化合物

如不符合上述规则的，可认为不是分子离子峰。

甲苯（C_7H_8，分子量 92.14）的电子轰击质谱（EI-MS）如图 3-9 所示。分子离子峰（M^+）出现在 m/z 92；基峰为 m/z 91，对应稳定的苄基离子（$C_7H_7^+$），由 α-裂解失去一个氢原子形成。由于甲苯的稳定性较高，分子离子峰（m/z 92）的强度较高。

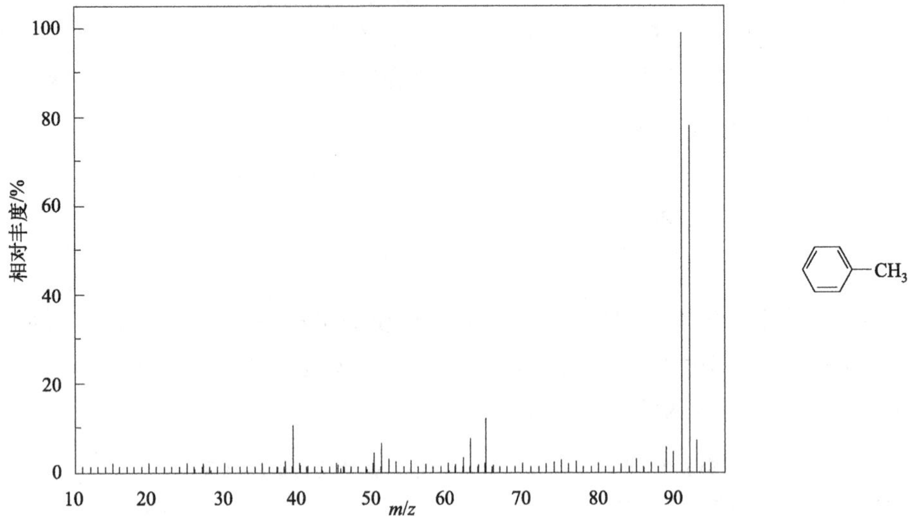

图 3-9　甲苯的电子轰击质谱图

环己烷（C_6H_{12}，分子量 84.16）的电子轰击质谱（EI-MS）主要特征如图 3-10 所示。分子离子峰（M^+）出现在 m/z 84；基峰多为 m/z 56，对应 $[C_4H_8]^+$，由环己烷开环并失去 C_2H_4（乙烯）形成。

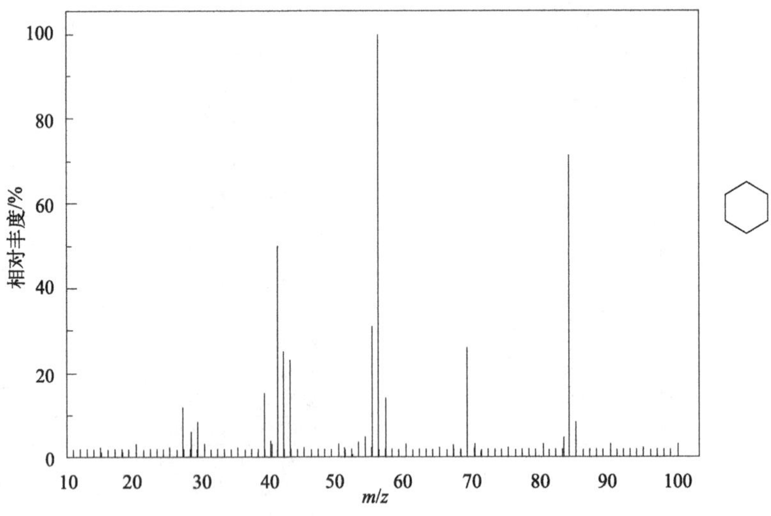

图 3-10　环己烷的电子轰击质谱图

甲基乙基酮（丁酮，C_4H_8O，分子量 72.11）的电子轰击质谱（EI-MS）呈现典型脂肪酮的裂解特征，如图 3-11 所示。由于羰基化合物的稳定性不高，因此甲基乙基酮分子离子峰（M^+，m/z 72）强度较弱。

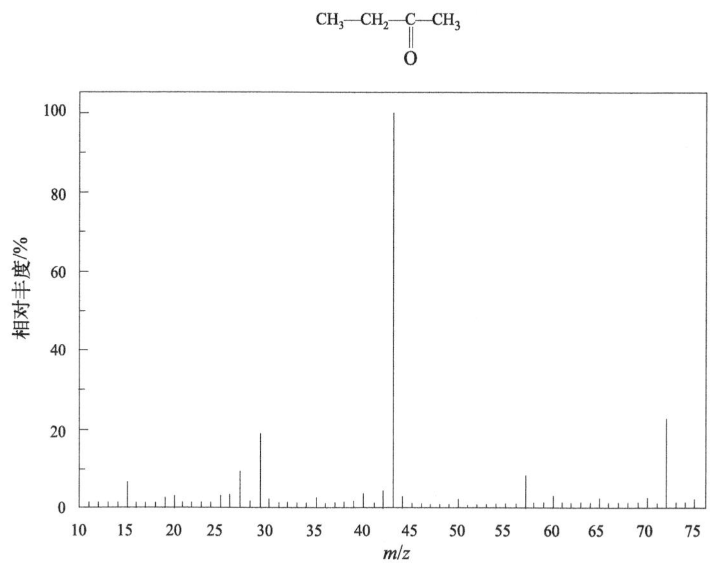

图 3-11　甲基乙基酮的电子轰击质谱图

异丁醇（$C_4H_{10}O$，分子量 74.12）的电子轰击质谱（EI-MS）呈现典型的脂肪醇裂解特征，如图 3-12 所示。分子离子峰（M^+，m/z 74）较弱甚至不可见，这是因为醇类化合物稳定性差，易脱水分解。

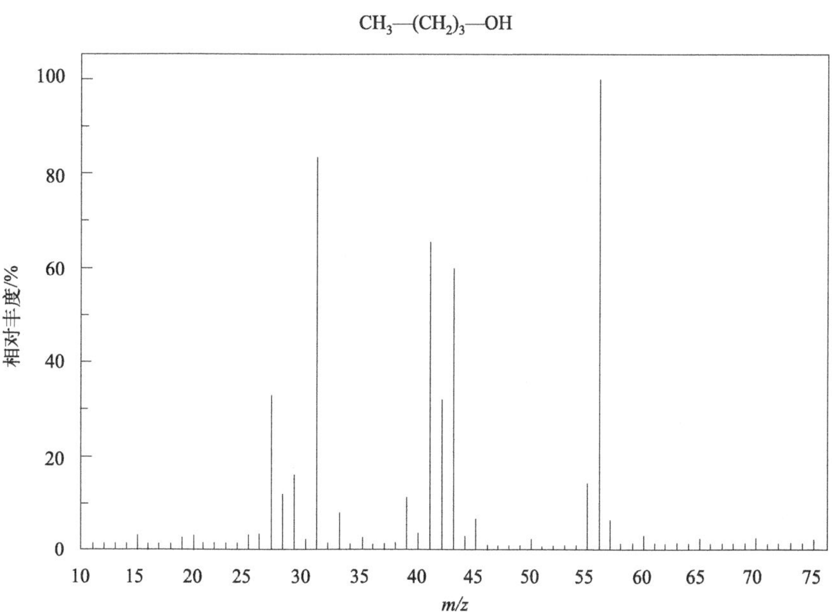

图 3-12　异丁醇的电子轰击质谱图

二、碎片离子

碎片离子是由分子离子进一步裂解产生的。生成的碎片离子可能再次裂解，生成质量更小的碎片离子，另外在裂解的同时也可能发生重排，所以在化合物的质谱中，常看到许多碎片离子峰。碎片离子的形成与分子结构有着密切的关系，一般可根据反应中形成的几种主要碎片离子，推测原来化合物的结构。

一般有机化合物的电离能为 7～13eV，质谱中常用的电离电压为 70eV，使结构裂解，产生各种“碎片”离子。

以正己烷为例（图 3-13），其分子离子在质谱碎裂过程中可经历多种裂解途径。首先，分子离子断裂生成 m/z 为 71 的碎片离子并伴随 CH_3 · 自由基的消除；其次，该分子离子可进一步断裂产生 m/z 为 57 的碎片离子与相应的自由基；此外，还可能断裂形成 m/z 为 43 的碎片离子；另一种可能的断裂方式会生成 m/z 为 29 的碎片离子和长链自由基；最终也可能产生 m/z 为 15 的碎片离子。需要特别指出的是，在上述所有裂解过程中产生的电中性自由基碎片因不具备电荷而无法被质谱检测器检测到。这些裂解途径充分展现了直链烷烃在电子轰击电离条件下典型的碎裂行为特征。

图 3-14 所示为正己烷的电子电离质谱图。如图所示，该质谱图在 m/z 为 86 处可观察到分子离子峰（$M^{+\cdot}$），同时在 m/z 为 71、57、43 和 29 等位置均显示出明显的碎片离子峰。其中，m/z 为 57 处的碎片离子峰表现出最高的相对丰度，这表明在此处断裂的可能性是最大的，是正己烷分子离子的主要碎裂通道。

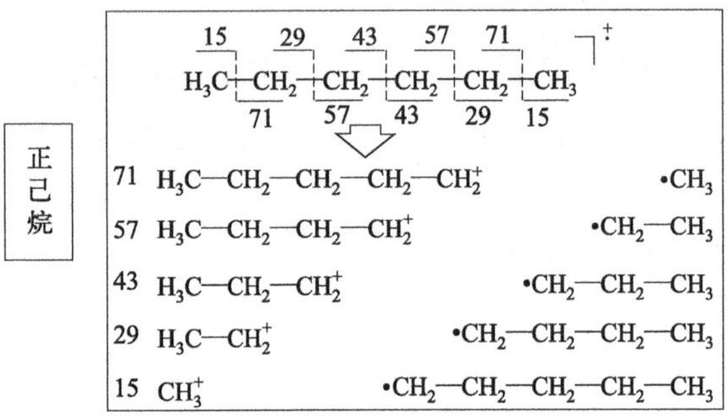

图 3-13 正己烷的裂解途径

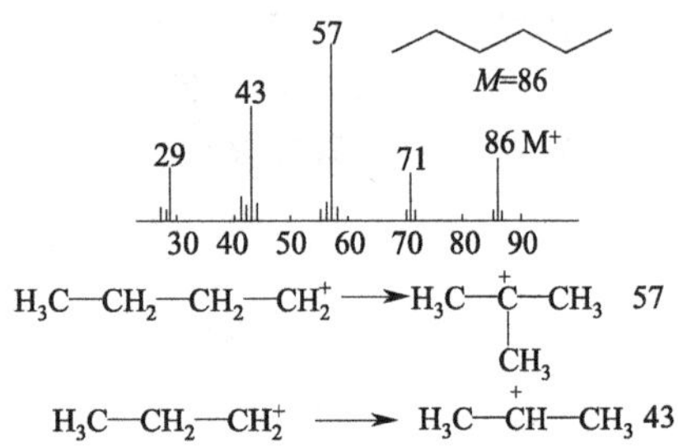

图 3-14 正己烷的电子电离质谱图

需要特别指出的是，这些碎片离子的结构并非简单的直链断裂产物。在电离过程中，分子离子会经历复杂的重排反应和电荷中心转移过程。以 m/z 为 57 的碎片离子为例，其可能的结构不仅包括直链的 $C_4H_9{}^+$，还可能包含通过氢原子迁移形成的支链结构。同样，m/z 为 43 的碎片离子也可能存在多种异构体形式，包括正丙基离子（$C_3H_7{}^+$）和异丙基离子（$CH_3CHCH_3{}^+$）等。

这些结构重排现象源于高能电子轰击条件下分子离子的高内能状态。在这种状态下，分子离子不仅会发生简单的 σ 键断裂，还会经历一系列复杂的异构化过程。这种动态重排过程使得碎片离子的结构可能与其前体分子的局部结构存在显著差异，这也是有机质谱解析中需要特别注意的关键问题。因此，在解析此类质谱图时，应当充分考虑可能的离子重排机制，避免对碎片离子结构做出过于简单的假设。

三、亚稳离子

质谱中的离子峰，不论强弱，绝大多数都是尖锐的，但也存在少量较宽（一般要跨 2～5 个质量单位），强度较低，且 m/z 不是整数值的离子峰，这类峰称为亚稳离子（metastable ion）峰。

1. 亚稳离子的产生

正常的裂解都是在电离室中进行的，如质量为 m_1 的母离子在电离室中裂解：

$$m_1^+ \longrightarrow m_2^+ + \text{中性碎片} \tag{3-14}$$

生成的碎片离子就会在质荷比为 m_2^+ 的地方被检测出来。但如上述的裂解是在 m_1^+ 离开了加速电场，进入磁场时才发生，则生成的碎片离子的能量要小于正常的 m_2^+。因它在加速电场中是以 m_1^+ 的质量被加速，而在磁场中是以 m_2^+ 的质量被偏转，故它将不在 m_2^+ 处被检出，而是出现在质荷比小于 m_2^+ 的地方，这就是产生亚稳离子的原因。一般亚稳离子用 m^* 来表示。m_1、m_2、和 m^* 之间存在下列关系：

$$m^* = m_2^2/m_1 \tag{3-15}$$

2. 亚稳离子的识别

在质谱分析中，亚稳离子的识别主要依据以下特征：首先，与常规碎片离子尖锐的峰形相比，亚稳离子峰呈现明显的展宽形态且信号强度较弱；其次，其峰宽通常跨越 2 至 5 个质量单位，显著宽于普通碎片离子峰；最重要的是，亚稳离子的 m/z 值往往为非整数值，这一特征可作为区分亚稳离子与常规离子的关键判据。

3. 亚稳离子峰在解析质谱中的意义

亚稳离子峰的出现，可以确定 $m_1^+ \rightarrow m_2^+$ 的开裂过程的存在。但须注意，并不是所有的开裂都会产生亚稳离子。所以，没有亚稳离子峰的出现并不能否定某种开裂过程的存在。

在氨基茴香醚的质谱分析中，如图 3-15 所示，m/z 为 94.8 和 59.2 处观测到的两个亚稳离子峰为解析该化合物的裂解途径提供了重要依据。根据亚稳离子的特征计算公式 $m^* = m_2^2/m_1$，可以准确推导出以下裂解过程：首先，m/z 为 94.8 的亚稳峰对应于 $108^2/123$ 的计算值，这表明分子离子 m/z 为 123 发生了向 m/z 为 108 的裂解过程；其次，m/z 为 59.2 的亚稳峰与 $80^2/108$ 的计算结果相符，证实了 m/z 为 108 进一步裂解生成 m/z 为 80 的次级过程。这两个亚稳峰的存在不仅验证了 123→108→80 的连续裂解途径（图 3-16），还表明这两个裂解步骤都是通过亚稳离子的形式进行的。

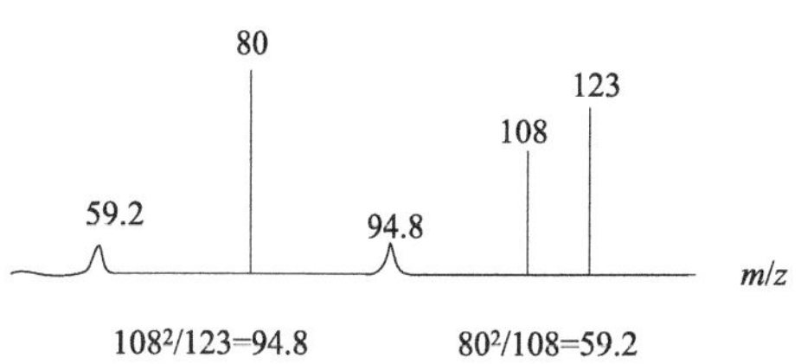

图 3-15　氨基茴香醚的质谱图

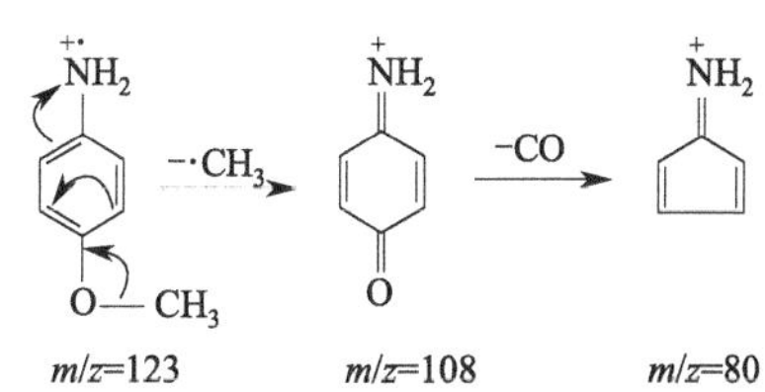

图 3-16　氨基茴香醚的裂解途径

四、同位素离子

组成有机化合物的大多数元素在自然界是以稳定的同位素混合物的形式存在的。通常轻同位素的丰度最大，如果质量数用 M 表示，则其重同位素的质量大多数为 $M+1$、$M+2$ 等，常见元素相对其轻同位素的丰度见表 3-3。该表是以元素轻同位素的丰度为 100 作为基准。

表 3-3　常见元素相对其轻同位素的丰度

元素	轻同位素	$M+1$	$M+1$ 丰度	$M+2$	$M+2$ 丰度
氢	^{1}H	^{2}H	0.016		
碳	^{12}C	^{13}C	1.08		
氮	^{14}N	^{15}N	0.38		
氧	^{16}O	^{17}O	0.04	^{18}O	0.20
氟	^{19}F				
硅	^{28}Si	^{29}Si	5.10	^{30}Si	3.35
磷	^{31}P				
氯	^{35}Cl			^{37}Cl	32.5
溴	^{79}Br			^{81}Br	98.0
碘	^{127}I				

这些同位素在质谱中所形成的离子，称为同位素离子，在质谱图中往往以同位素峰组的形式出现，分子离子峰由丰度最大的轻同位素组成。

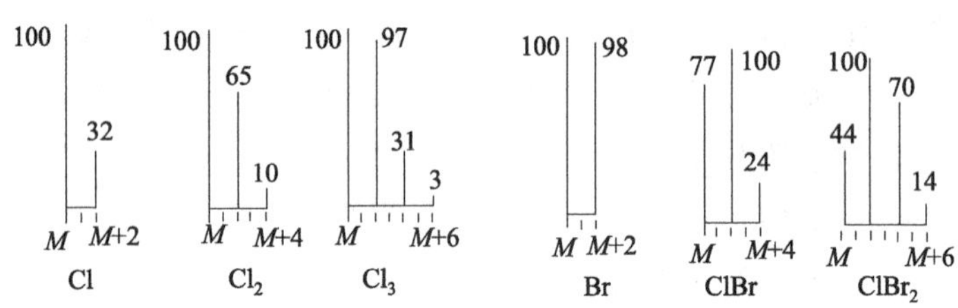

图 3-17　含卤素化合物同位素峰之比

在质谱图中同位素峰组强度比与其同位素的相对丰度有关，可用下列二项式的展开项来表示：

$$(a+b)^n \tag{3-16}$$

式中，a 为轻同位素的丰度；b 为同一元素重同位素的丰度；n 为分子中该元素的原子个数。在图 3-17 中显示了含卤素化合物同位素峰之比。例如 $^{35}Cl:{}^{37}Cl\approx3:1$。若分子中含有一个氯，同位素峰组强度比 $M:(M+2)\approx3:1$；若含两个氯，则式(3-16) 的展开项为 $a^2+2ab+b^2$，同位素峰组强度比 $M:(M+2):(M+4)=9:6:1$。分子离子的同位素峰组对确定分子式是很有用的信息。当分子的元素组成不同时，它们的同位素峰组的强度就会发生变化。特别是含有一些特殊元素如 Cl、Br、Si、S 等的化合物，当 $M+2$

峰的强度小于 4%时，就不可能含有这些元素；当 $M+2$ 峰比较大时，就应考虑是否含有 Cl，Br 等元素。如果 $M+1$ 峰丰度大，主要考虑 ^{13}C 的贡献，如果碳数不可能太大，就应考虑是否含有 Si。

第五节 离子裂解的基本机理

在有机质谱分析中，分子离子的裂解过程严格遵循偶电子规律（even electron rule），这是质谱碎裂反应的重要基本准则之一。该规律指出：带奇数电子的分子离子（odd electron ions，$OE^{+\cdot}$）在裂解时，总是倾向于生成带偶数电子的碎片离子（even electron ions，EE^{+}），同时伴随失去一个电中性的自由基或小分子，如图 3-18 所示。

$M^{+\cdot} \longrightarrow A^{+} + B\cdot$	(游离基)
$M^{+\cdot} \longrightarrow C^{+\cdot} + D$	(D为中性碎片或分子)
$A^{+} \longrightarrow E^{+} + F$	(F为中性碎片或分子)
$A^{+} \not\longrightarrow G^{+\cdot} + H\cdot$	(H·为游离基，此反应可能性极低)

图 3-18 分子离子的裂解规律

基于分子离子裂解过程中严格遵守的偶电子规律，我们可以进一步系统地探讨有机质谱中不同类型的裂解反应机制。这些裂解类型按照其断裂方式和产物特征主要可分为 σ-断裂、α-断裂、i-断裂、复杂断裂以及重排断裂。

一、σ-断裂

① σ-断裂多发生于烷烃，若分子中有杂原子或 π 键，则 σ-断裂降为次要，因为 σ 电子的电离能高于 π 电子或 N、O、S 等杂原子的 n 电子。

② 对于饱和烃，取代度愈高的碳，其 σ 键愈容易被电离，另一方面取代度愈高的 C^{+} 离子愈稳定，因此这种反应具有很大优势。例如，在 2,2-二甲基己烷分子（图 3-19）中，由于 2-位碳取代度最高，其 σ 键最容易被电离并发生断裂，由 C_2—C_3 断裂产生的碎片离子 m/z 为 57 的相对丰度高达 100%，而 C_3—C_4、C_4—C_5 和 C_5—C_6 发生 σ-断裂的竞争力较低，因此 m/z 为 71 和 m/z 为 85 的离子的相对丰度很低，分别为 1.6%和 0.2%。$[M—CH_3]^{+}$ 离子（m/z 99）的丰度为 14%，失去的甲基主要是与 2-位碳相邻的甲基。由于 m/z 为 57、m/z 为 71 及 m/z 为 85 的离子会发生二级碎裂，因此这些离子的相对丰度并不是严格地反映各断裂反应的比例，而只是反映了反应的趋势。对于 $(CH_3)_3CR$，当 R 为直链烷基时，在这些化合物的质谱图中，m/z 为 57 的离子的相对丰度都高于 95%。

2-甲基己烷（图 3-20）的 C_2 为仲碳，与上例中的叔碳 C_2 比较，取代度下降，因此 C_2—C_3 发生 σ-断裂反应虽然还具有优势，生成 m/z 为 43 的离子的相对丰度为 100%，但该反应的竞争优势略有下降，反映在 C_3—C_4 及 C_4—C_5 发生 σ-断裂生成 m/z 为 57 及 $m/$

z 为 71 的离子的相对丰度与上例比较，显著升高，分别为 26.0% 和 1.6%。对于 $(CH_3)_2CHR$，当 R 为 3 个碳或多于 3 个碳的基时，m/z 为 43 的离子的相对丰度都是 100%。通过这两个例子可以容易理解取代度对 σ-断裂的影响。

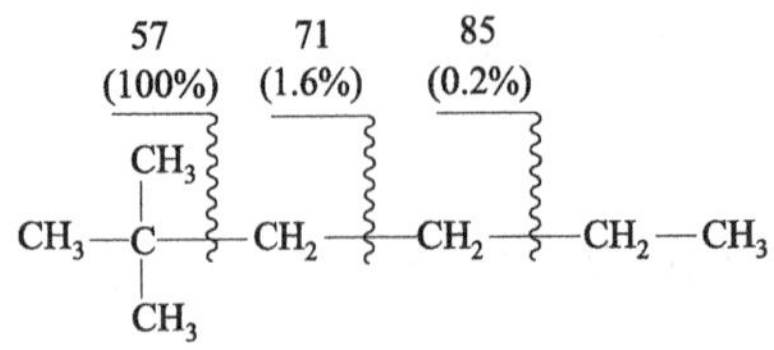

图 3-19　2,2-二甲基己烷分子的 σ-断裂

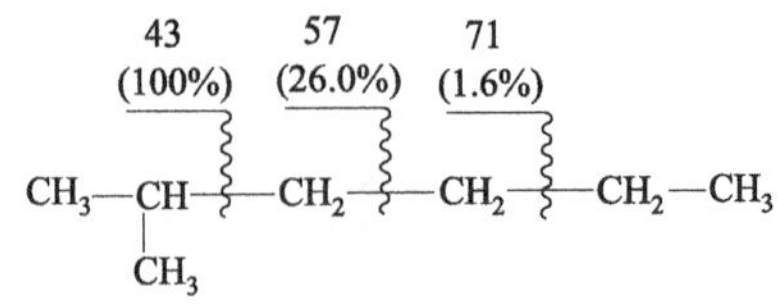

图 3-20　2-甲基己烷的 σ-断裂

二、α-断裂

游离基中心定域于饱和杂原子上，在游离基中心诱导下，与其相邻原子的外侧键断裂，键断裂后，属于该原子的一个电子转移，并与游离基中心的未成对电子形成新键，构成较稳定的偶电子碎片离子或稳定的中性分子，如图 3-21 所示。

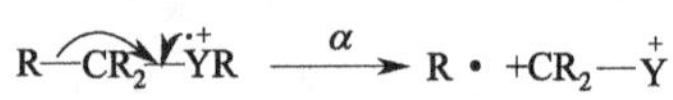

图 3-21　游离基中心定域于饱和杂原子上的 α-断裂

游离基中心定域于不饱和杂原子上，在游离基中心诱导下，与其相邻原子的外侧键断裂并形成较稳定的偶电子碎片离子，如图 3-22 所示。

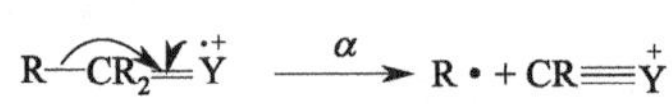

图 3-22　游离基中心定域于不饱和杂原子上的 α-断裂

酮类化合物作为含有羰基官能团（C=O）的有机物质，在电子轰击电离（EI）过程中表现出特征性的裂解行为（图 3-23）。在电离初期，由于氧原子上孤对电子的电离能较低，优先失去电子形成分子离子（$M^{+\cdot}$），导致正电荷定域于氧原子。以乙基丙基酮为例，其分子离子（$CH_3CH_2—CO—CH_2CH_2CH_3{}^{+\cdot}$）在后续裂解过程中主要发生 α-断裂，产生两种竞争性的裂解途径：其一为乙基自由基（$CH_3CH_2\cdot$）与 m/z 为 71 的偶电子离子（$^{+}O=CH—CH_2CH_2CH_3$）的生成；其二为丙基自由基（$CH_3CH_2CH_2\cdot$）与 m/z 为 57 的偶电子离子（$CH_3CH_2C^{+}=O$）的形成。质谱实验数据表明，这两种裂解途径存在显著的选择性差异，其中生成 m/z 为 57 的碎片离子的途径占主导（相对概率为 75%），而生成 m/z 为 71 的碎片离子的途径相对次要（相对概率为 48%）。

醇类化合物在电子轰击质谱中的 α-断裂过程遵循明确的裂解规律（图 3-24）。作为含有饱和杂原子（羟基氧）的典型化合物，醇类分子在电离时氧原子上的孤对电子优先丢失，形成带有自由基和正电荷中心的分子离子（$R—O^{+}\cdot—H$）。该分子离子随后发生特征性的 α-断裂，即与羟基相邻的 α-碳原子上的三个 σ 键（C—H、$C—CH_3$ 和 $C—C_3H_7$）均可发生均裂，但表现出显著的选择性差异。具体而言，断裂可能产生三种途径：①甲基断裂生成 $CH_3\cdot$ 自由基和 m/z 为 73 的偶电子离子（$[HOCHCH_3]^{+}$）；②氢原子断裂生成

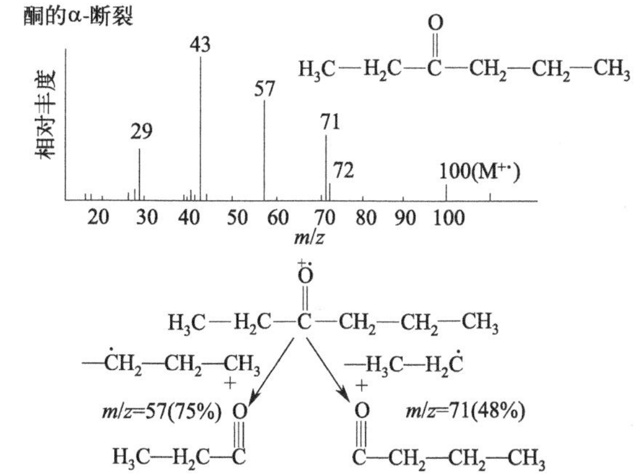

图 3-23 乙基丙基酮的 α-断裂

H・自由基和 m/z 为 87 的偶电子离子（[HO—C(CH_3)(C_3H_7)]$^+$）；③丙基断裂生成 C_3H_7・自由基和 m/z 为 45 的偶电子离子（[HO—CH_2]$^+$）。实验数据明确显示，m/z 为 45 的碎片离子的相对丰度显著高于其他两种碎片离子，这一现象完美诠释了“最大烃基丢失原则”即与 α-碳相连的最大烃基（本例中的丙基）最易以自由基形式脱离。

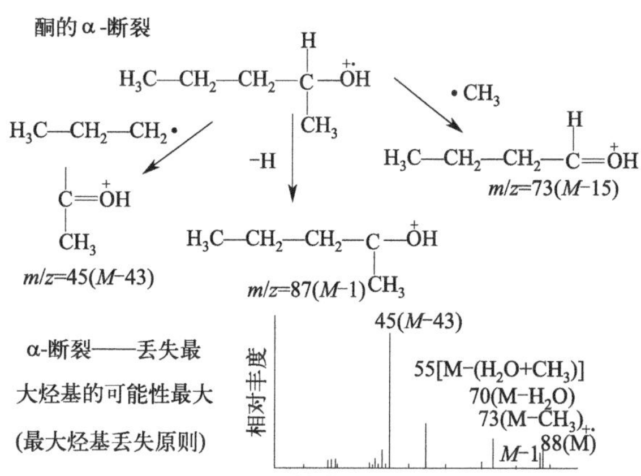

图 3-24 醇的 α-断裂

三、i-断裂

1. 奇电子离子的 i-断裂

在奇电子离子中，与正电荷中心相连的键的一对电子全被正电荷所吸引，造成单键的断裂和电荷的转移，用整箭头表示这一对电子的转移方向式，这就是奇电子离子的 i-断裂反应，见图 3-25。

2. 偶电子离子的 i-断裂

偶电子离子只有电荷中心，在正电荷中心的吸引下，与正电荷中心连接的键断裂，该键的一对电子全被正电荷中心所吸引，引起电荷中心转移到新的位置，见图 3-26。

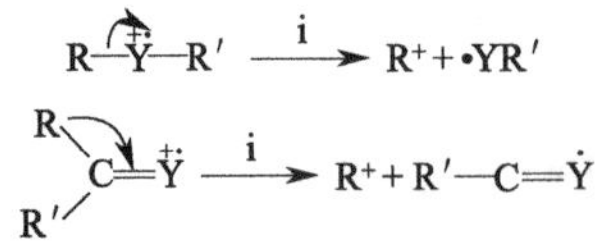

图 3-25 奇电子离子的 i-断裂

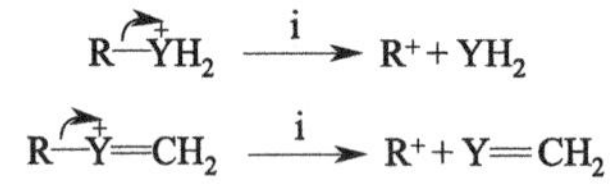

图 3-26 偶电子离子的 i-断裂

乙基丙基酮在电子轰击质谱中的裂解过程呈现出典型的竞争性断裂机制（图 3-27）。就 i-断裂（诱导断裂）而言，该过程涉及与羰基相连的碳碳键的异裂：当成键电子对完全转移至电负性较高的羰基氧原子上时，正电荷将定位于烷基碳原子。具体表现为：①丙基侧断裂生成 m/z 为 43 的丙基离子（$C_3H_7^+$）和丙酰基自由基；②乙基侧断裂则产生 m/z 为 29 的乙基离子（$C_2H_5^+$）和丁酰基自由基。相较而言，α-断裂机制则保持正电荷始终定域于含羰基片段，分别生成 m/z 为 71（$C_3H_7CO^+$）和 m/z 为 57（$C_2H_5CO^+$）的特征离子。质谱分析表明，这些特征碎片离子（m/z 为 29、43、57、71）在谱图中同时存在，其相对丰度分布反映了两种断裂路径的竞争关系。

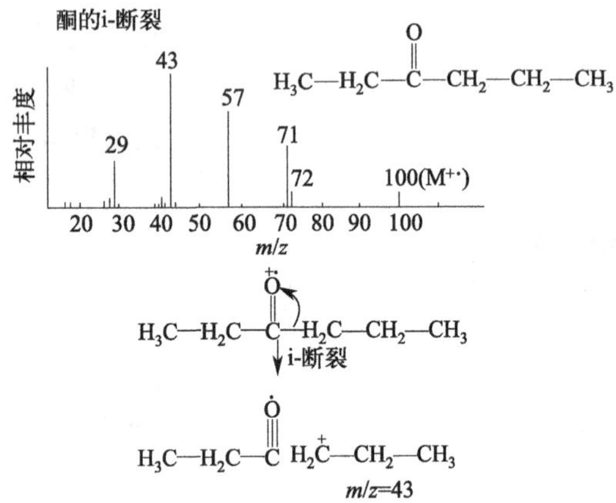

图 3-27 酮的 i-断裂

四、复杂断裂

环状化合物的分子离子至少发生两个键的断裂才能产生碎片离子。以下将阐述饱和环及不饱和环的开裂反应。

1. 饱和环的开裂

环己烷（图 3-28）上的一个 σ 键被电离，失去一个电子，因此键断裂而形成开环的分子离子，接着发生 α-断裂，产生 m/z 为 56 的离子，也可发生 i-断裂，产生的碎片离子的质荷比正好也是 m/z 为 56。m/z 为 56 的离子的相对丰度为 100%。

2. 不饱和环的开裂

环己烯（图 3-29）上 π 键的电离能比 σ 键的电离能低，因此环己烯分子被电离时，优先失去 π 电子而形成游离基和电荷中心。在游离基中心的诱导下，发生 α-断裂反应，造成环的开裂，接着再发生 α-断裂反应而生成 m/z 为 54 的碎片离子，即丁二烯离子，其相对丰度为 66.8%。环开裂后，也可通过 i-断裂反应而生成 m/z 为 28 的乙烯离子，其相对丰度为 2.8%。

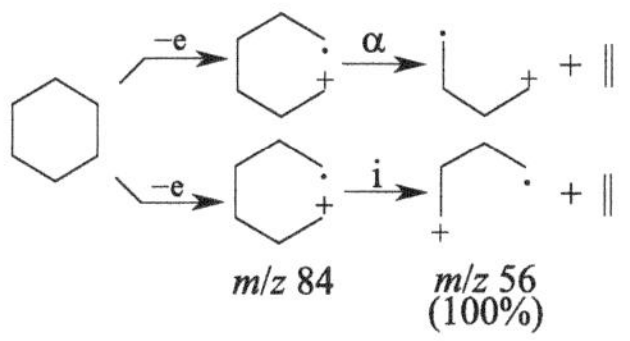

图 3-28　环己烷的断裂

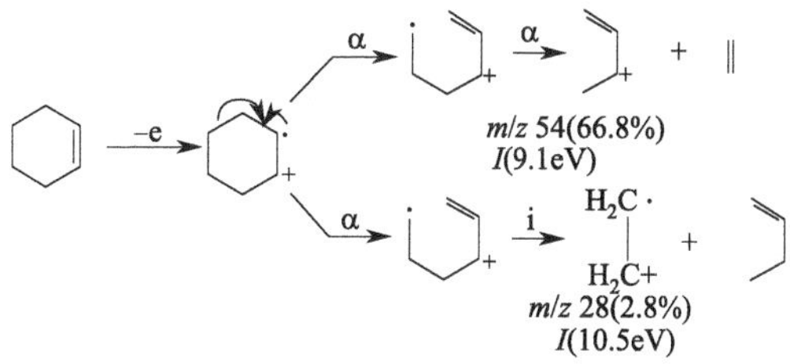

图 3-29　环己烯的断裂

五、重排断裂

离子中相邻原子的连接顺序发生了变化即为重排反应，如图 3-30 所示。

$$ABCD^{+\cdot} \longrightarrow AD^{+\cdot} + BC$$

图 3-30　重排断裂

在 ABCD 离子中，原子 A 与原子 B 相连，而碎裂反应产生的碎片离子 AD 中，原子 A 却与原子 D 相连，原子之间的连接顺序发生了变化，这就是重排反应。重排反应主要包括：有规律的重排反应、随机重排反应、远程重排反应以及游离基诱导的重排反应。

本部分主要介绍麦氏重排。γ—H 通过六元环转移到不饱和基团后，接着发生 β 键断裂，这种通过六元环的重排称为 McLafferty 重排（麦氏重排）。要求通过六元环是因为杂原子上有双键，键角较大，因此必须有足够大的环，才能使氢原子在空间上能足够接近杂原子而转移到杂原子上。

麦氏重排的发生需要满足三个关键条件：首先，分子中必须含有适当的双键体系（包括 C═O、C═N、C═S 等杂原子双键或 C═C 双键）；其次，与双键直接相连的碳链上需存在 γ 位碳原子，且该 γ 位碳原子上必须连有可迁移的氢原子；最后，重排过程通过六元环过渡态实现，在此过程中 γ 位氢原子转移至杂原子上，同时伴随 α-碳与 β-碳之间化学键的断裂，最终生成一个中性分子和一个自由基阳离子碎片。这一特征性重排反应在质谱分析中具有重要的结构鉴定价值，其产生的特征峰为判断分子中特定结构单元的存在提供了可靠依据。

丙基丁基酮的质谱分析中（图 3-31），除典型的 α-断裂（生成 m/z 为 71 和 85 的酰基离子）和 i-断裂（生成 m/z 为 43 和 57 的烷基离子）外，还存在若干非常规碎片峰，这些峰的产生机制可通过多步裂解和重排反应解释。m/z 为 86 的峰（图 3-32）是由丁基侧先发生麦氏重排（γ-氢转移至羰基氧），然后发生 β-断裂产生烯醇分子；最后，m/z 为 58 的峰的产生源于 m/z 为 86 的碎片离子的次级麦氏重排，通过再次的 γ-氢迁移和 β-断裂，伴随中性乙烯分子（C_2H_4）的丢失。值得注意的是，m/z 为 100 的峰（图 3-33）的形成机制与 m/z 为 86 的类似但方向相反：丙基侧先发生麦氏重排，随后从 2-碳位断裂丢失 C_2H_4 中性碎片；而 m/z 为 58 的峰也可以由 m/z 为 100 的碎片离子发生次级麦氏重排再发生 β-断裂得到。

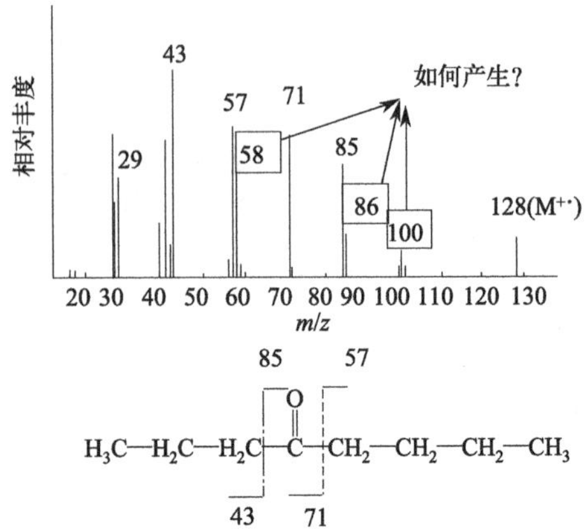

图 3-31　丙基丁基酮的质谱

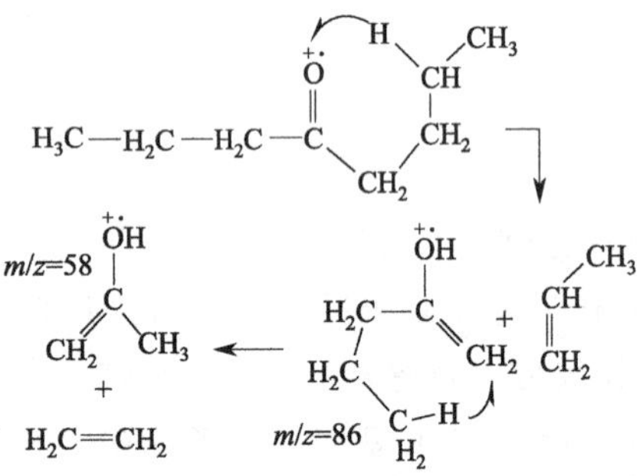

图 3-32　丁基侧麦氏重排

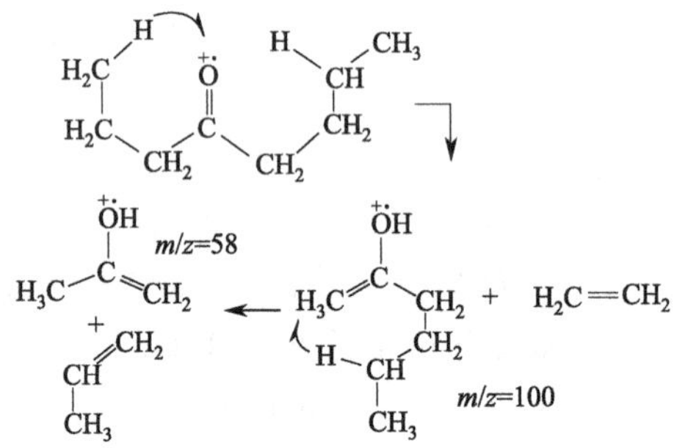

图 3-33　丙基侧麦氏重排

第六节　各类有机化合物的质谱解析

一、饱和烃

一般是产生 σ-碎裂，谱图如图 3-34 和图 3-35 所示。谱图特征是偶电子系列质量数相差 14，即相差—CH_2 基团。最高点出现在 C_3～C_6 处，对直链烷烃其碎片的最高质量出现在 $M-29$ 处。若有分支则在分支处易断裂，从图 3-34 和图 3-35 可看出直链烃和支链烃很容易区别开来。

① 直链烷烃的质谱特征表现出明显的规律性：首先，分子离子峰的强度随碳链增长呈系统性减弱，从甲烷（C_1，100%）到戊烷（C_5，10%）、癸烷（C_{10}，6%），直至十六烷（C_{16}）几乎不可检测，碳数超过 45 的烷烃则完全观察不到分子离子峰；其次，其质谱图呈现典型的峰簇分布，各峰簇间相差 14 个质量单位（CH_2 基团），主要由 C_nH_{2n+1}（最高峰）、C_nH_{2n} 和 C_nH_{2n-1} 系列离子组成；特别值得注意的是，m/z 为 43（$C_3H_7^+$）和 m/z 为 57（$C_4H_9^+$）的碎片离子在所有直链烷烃质谱中均表现出异常突出的峰强度。这些特征性的质谱行为源于直链烷烃特定的裂解机制：随着分子量增加，分子离子稳定性

降低；而C—C键的均裂倾向于生成稳定的仲碳或叔碳正离子，其中丙基（$C_3H_7^+$）和丁基（$C_4H_9^+$）离子因其较高的稳定性而成为优势碎片。以图3-34正癸烷的断裂为例，m/z为43和57的峰最强，15、29、43、57、71、85、99、113都相差14，这就是直链烷烃的特征。

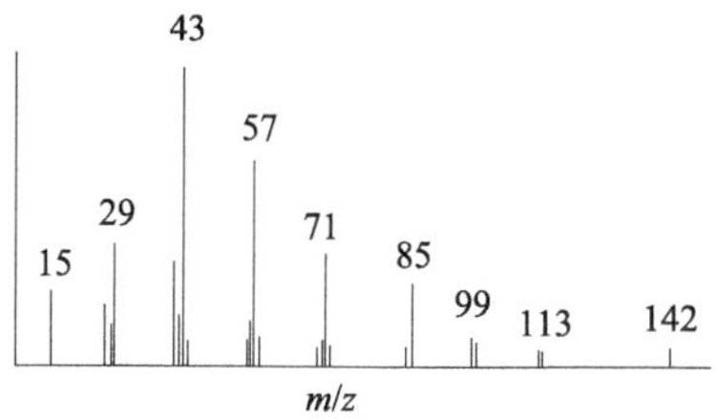

图3-34　正癸烷的质谱图

② 支链烷烃的质谱特征表现出三个典型规律：首先，其质谱图以C_nH_{2n+1}系列碎片离子（如m/z为29、43、57等）为主导峰，这些峰对应着不同碳数的烷基正离子；其次，分子离子峰的强度与支链化程度呈负相关，随着分支程度的增加，分子离子峰的丰度显著降低，高度支链化的烷烃甚至可能完全观察不到分子离子峰；最后，在支链位置的断裂严格遵循"最大烃基丢失原则"，即裂解优先发生在取代度最高的碳原子上，使得最大烃基以自由基形式脱除，从而生成最稳定的仲碳或叔碳正离子。这些特征源于支链烷烃特有的裂解机制：支链结构既降低了分子离子的稳定性，又提供了更有利的断裂位点（支链碳原子），导致其质谱行为与直链烷烃存在显著差异。通过分析这些特征，特别是C_nH_{2n+1}系列离子的分布模式及分子离子峰的相对强度，可以有效判断烷烃的支链化程度和分支位置。

图3-35所展示的谱图中m/z为71的峰的出现源于分子离子易丢失甲基的裂解行为，而m/z为43的峰作为基峰（相对丰度最高）存在，则充分体现了支链断裂时遵循的"最大烃基丢失原则"——优先在支链位点断裂并脱除较大烃基，形成更稳定的仲碳或叔碳正离子（如丙基正离子，m/z为43）。

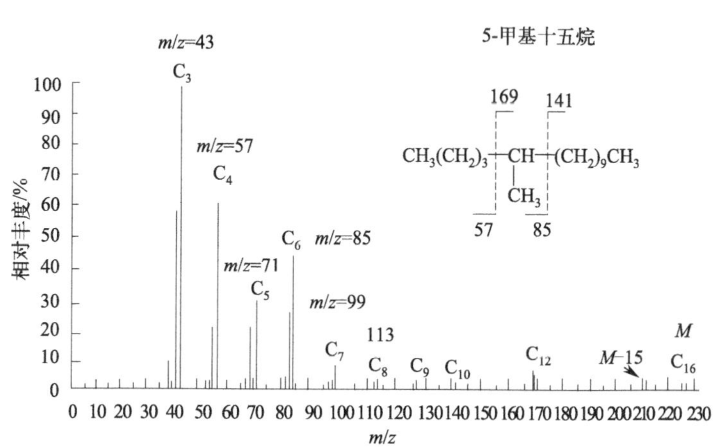

图3-35　支链烷烃的质谱图

二、醚类质谱

醚类主要发生 α-断裂，得到偶电子系列的质量数为 45、59、73、87 等，见图 3-36。

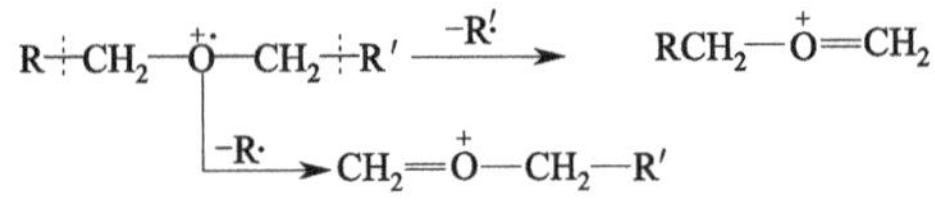

图 3-36　醚的 α-断裂

同时在醚类化合物中，也会发生 i-断裂，R—OR′可产生 R^+ 或 OR'^+ 离子，但 R^+ 比 OR'^+ 的稳定性高，因此在图 3-37 中 m/z 为 43 的峰大于 m/z 为 59 的峰。

醚类化合物的质谱行为具有显著的特征性规律：脂肪醚通常呈现较弱的分子离子峰，而芳香醚（如苯甲醚）因芳香体系的稳定作用可观察到较强的分子离子峰。其最主要的裂解途径为 α-断裂，即在醚键两侧发生均裂生成特征性的氧鎓离子系列（通式 $[R—O=CH_2]^+$，m/z 为 $31+14n$），如 m/z 为 31（$[CH_2=OH]^+$）、45（$[CH_3—O=CH_2]^+$）和 59（$[C_2H_5—O=CH_2]^+$）等；次要的 i-断裂则产生烷基正离子（$[R]^+$）。芳香醚还会出现 m/z 为 94（$[C_6H_5OH]^{+\cdot}$）和 77（$[C_6H_5]^+$）等特征峰。长链醚可能发生氢重排反应生成 $[M—R]^{+\cdot}$ 或 $[M—OR]^{+\cdot}$ 离子，而支链醚的断裂优先发生在支链位置，遵循“最大烃基丢失原则”。环醚（如四氢呋喃）则易发生环开裂生成 m/z 为 42、56 等含氧碎片。

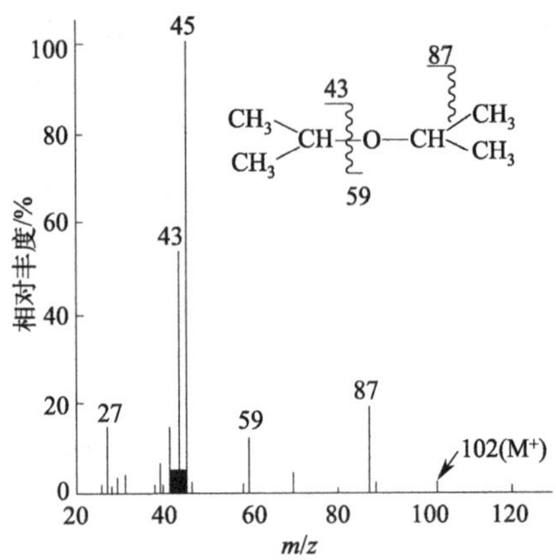

图 3-37　异丙醚的质谱图

三、醇类质谱

醇类易脱水。伯醇和仲醇分子离子峰很小，而叔醇测不出其分子离子峰。醇易产生 α-断裂，形成氧鎓离子，见图 3-38。

对于长碳链的醇，可形成 m/z 为 31、45、59、73…的偶电子系列峰。高级醇也很容易同时失去水和乙烯，产生 $M-46$ 的碎片峰，见图 3-39。

醇类化合物在质谱分析中表现出以下特征性规律：分子离子峰（$M^{+\cdot}$）通常极弱甚至难以检测，这源于羟基的强裂解倾向。其主要裂解途径为 α-断裂，该过程产生的碎片离子峰强度显著，常成为基峰。值得注意的是，醇类普遍存在 $[M-18]^+$ 峰（失去一分子水），该峰易被误认为分子离子峰。伯醇的 α-断裂会生成一系列特征性碎片离子（如 m/z 为 31、45、59 等氧𬭩离子），形成 $C_nH_{2n+1}O^+$ 规律性分布。特别地，直链伯醇的质谱图与相应烯烃的谱图具有高度相似性，这主要是由于两者均可通过类似的重排反应生成相同的碎片离子。

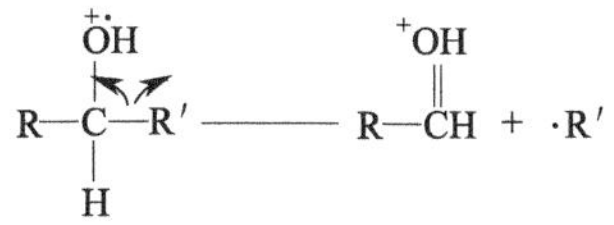

图 3-38 醇的 α-断裂

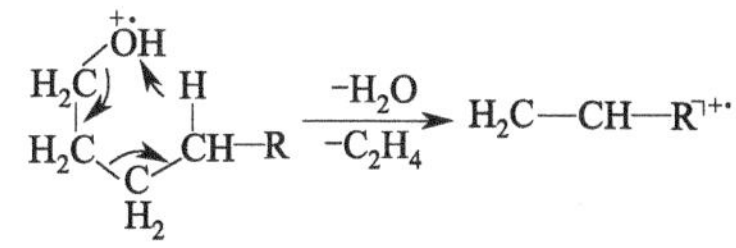

图 3-39 长碳链醇的断裂

丙三醇的质谱特征显著体现了多羟基化合物的裂解规律。如图 3-40 所示，其分子离子峰（$M^{+\cdot}$）强度极弱，而最高质量端出现的脱水峰（$[M-18]^+$）则较为明显。谱图中 m/z 为 31、43 和 61 等特征峰的产生源于多途径的 α-断裂过程：当任一羟基成为电荷/自由基中心时，将引发相邻 C—C 键的断裂，若发生在端位羟基则生成 m/z 为 31 的 $[CH_2{=}OH]^+$ 氧𬭩离子；若发生在中心羟基相邻键则产生 m/z 为 61 的 $[HOCH_2{-}CHOH]^+$ 离子，该离子可进一步脱水形成 m/z 为 43 的 $[CH_2{=}C{=}OH]^+$ 次级碎片。

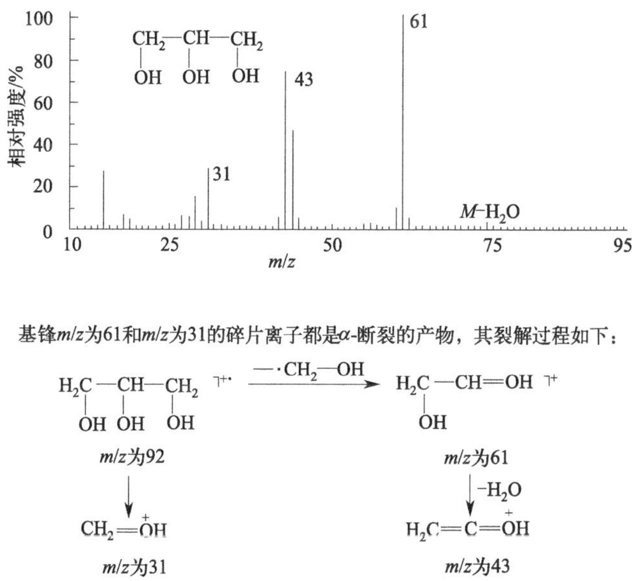

图 3-40 丙三醇的质谱图及裂解过程

习题

1. 有机质谱仪常用的离子源有哪些？

2. 质谱图的横坐标和纵坐标分别表示什么？

3. 判断分子离子峰的必要条件有哪些？

4. 有机质谱中的离子分为几类？

5. 某化合物相对分子质量 $M=108$，其质谱图如下，试给出它的结构，并写出获得主要碎片的裂解方程式。

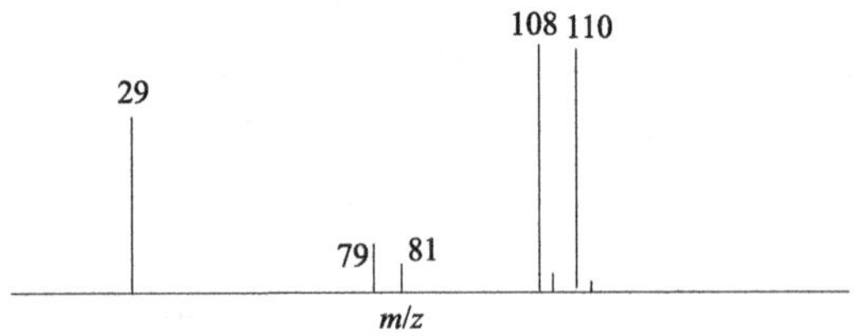

6. 已知亚稳离子峰的 m/z 为 158.2，其离子的 m/z 为 187，试问在正常情况下裂解，m/z 158.2 峰的真实质量为多少？

7. 正庚酮有三种异构体，某正庚酮的质谱如下图所示，试确定羰基的位置。

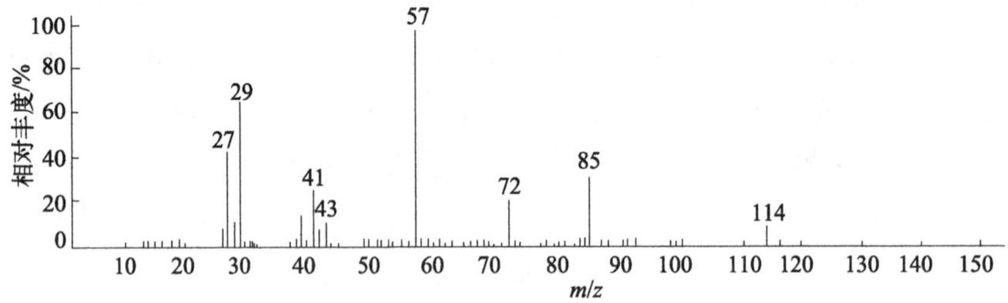

正庚酮的质谱

参考文献

[1] 汪昆华，罗传秋，周啸．聚合物近代仪器分析［M］．2 版．北京：清华大学出版社，2000.

[2] 王光辉，熊少祥．有机质谱解析［M］．北京：化学工业出版社，2005.

[3] 曾幸荣，吴振耀，侯有军，等．高分子近代测试分析技术［M］．广州：华南理工大学出版社，2007.

第四章　热分析

第一节　热分析概述

热分析是指程序控制温度下，测量物质的物理性质与温度关系的一类技术。所谓“程序控制温度”是指用固定的速率加热或冷却，所谓“物理性质”则包括物质的质量、温度、热焓、尺寸、力学、电学及磁学性质等。

一、热分析的发展历史

热分析技术的起源可以追溯到 19 世纪末。1887 年，法国化学家 Henry Louis Le Chatelier 首次采用热电偶测量黏土在加热过程中的温度变化，观察到了吸热和放热现象，奠定了差热分析（DTA）的基础。随后，英国科学家 Roberts-Austen 在 1899 年改进了实验装置，引入双热电偶设计，提高了测量精度，并将该方法应用于金属研究。

20 世纪初，热分析方法得到进一步拓展。1915 年，日本科学家本多光太郎（Kotaro Honda）发明了热天平，实现了样品质量随温度变化的连续记录，从而建立了热重分析法（TG）。此后，热分析技术逐渐应用于陶瓷、冶金等领域，并随着真空和可控气氛技术的引入，提高了实验的可靠性。

20 世纪中叶，热分析技术进入定量化阶段。1964 年，美国 PerkinElmer 公司推出了世界上第一台商业化差示扫描量热（DSC）仪，该仪器能够直接测量样品的热流变化，使得热分析从定性分析迈向精确的定量分析。与此同时，国际热分析协会（ICTA，International Confederation for Thermal Analysis）于 1968 年成立，推动了热分析方法的标准化，并建立了 DTA、DSC、TG、TMA（热机械分析）等分类体系。

我国的热分析技术研究起步于 20 世纪 50 年代。20 世纪 60 年代，北京光学仪器厂成功研制出我国第一台商业热天平，标志着我国热分析仪器自主研制的开端。此后，中国科学院长春应用化学研究所、上海精密科学仪器有限公司等单位在差热分析仪、热重分析仪的国产化方面取得了重要进展。20 世纪 80 年代，随着改革开放的深入，我国热分析技术进入快速发展期，部分国产仪器性能已接近国际水平。

20 世纪后期，随着计算机技术和联用技术的发展，热分析仪器实现了更高的灵敏度、自动化及多技术联用。例如，TG-DTA 联用技术可同时获取质量变化和热效应数据，而 TG-MS（热重-质谱联用）和 TG-FTIR（热重-红外联用）等技术的出现，使得分解产物的在线检测成为可能。此外，调制式 DSC（MDSC）的发展进一步提高了复杂体系（如高分子材料、药物多晶型）的分析能力。

进入 21 世纪，我国热分析技术发展迅猛。2000 年后，北京恒久科学仪器有限公司、上海精科等企业相继推出具有自主知识产权的高端热分析仪器，部分产品已达到国际先进水平。同时，纳米级热分析仪（如 Flash DSC）可对微克级样品进行精确测量，适用于薄膜、生物材料等新兴领域。人工智能技术的引入，使得热分析数据的自动解析和模式识别更加高效。如今，热分析技术已广泛应用于材料科学、药物研发、能源存储、环境科学等领域，成为研究物质热力学和动力学行为的重要工具。

我国学者在热分析基础研究和应用方面也做出了重要贡献。例如，中国科学技术大学、复旦大学等高校在新型热分析理论、纳米材料热性能表征等方面取得了创新性成果。随着“中国制造 2025”战略的实施，我国热分析仪器的研发和制造水平将持续提升，为科学研究与工业应用提供更强大的技术支持。

二、热分析的分类

根据 ICTA 的分类标准，热分析方法可依据被测物质物理性质的不同分为九大类，共包含十七种具体技术（如表 4-1 所示）。这些方法能够全面表征材料在受热或冷却过程中的质量、能量、尺寸及各种物理化学性质的变化，为材料研究提供了系统的分析手段。

表 4-1　ICTA 对热分析技术的分类

物理性质	分析技术名称	简称	物理性质	分析技术名称	简称
1. 质量	(1)热重分析法	TG	4. 尺寸	(10)热膨胀法	TD
	(2)等压质量变化测定	IMCD	5. 力学特性	(11)热机械分析	TMA
	(3)逸出气体检测	EGD		(12)动态热机械分析	DMA
	(4)逸出气体分析	EGA	6. 声学特性	(13)热发声法	
	(5)放射热分析	ETA		(14)热声学法	
	(6)热微粒分析	TPA	7. 光学特性	(15)热光学法	
2. 温度	(7)加热曲线测定		8. 电学特性	(16)热电学法	
	(8)差热分析	DTA	9. 磁学特性	(17)热磁学法	
3. 热焓	(9)差示扫描量热	DSC			

1. 基于质量变化的分析方法

此类方法主要研究样品在温度变化过程中的质量改变，包括：

(1) 热重分析法（TG）

连续记录样品质量随温度或时间的变化，广泛应用于分解、氧化、挥发等过程的研究。

（2）等压质量变化测定（IMCD）

在恒定压力下测量质量变化，适用于特定气氛条件下的反应分析。

（3）逸出气体检测（EGD）与逸出气体分析（EGA）

分别用于检测和分析样品受热时释放的气体成分，常与质谱或红外联用。

（4）放射热分析（ETA）与热微粒分析（TPA）

用于研究放射性物质或微粒释放行为，在核材料等领域有特殊应用。

2. 基于温度变化的分析方法

通过监测样品温度或温差来研究热效应，包括：

（1）加热曲线测定

记录样品温度随时间的变化，是最基础的热分析方法之一。

（2）差热分析（DTA）

测量样品与参比物之间的温度差，用于检测相变、反应热等。

3. 基于热焓变化的分析方法

差示扫描量热法（DSC）：直接测量样品的热流变化，可定量分析熔融、结晶、比热容等热力学参数，是聚合物、药物等领域的重要工具。

4. 基于尺寸变化的分析方法

热膨胀法（TD）：研究材料尺寸随温度的变化规律，用于测定线膨胀系数或相变行为，在陶瓷、金属材料中应用广泛。

5. 基于力学特性的分析方法

（1）热机械分析（TMA）

在静态载荷下测量样品的形变，适用于软化点、玻璃化转变等研究。

（2）动态热机械分析（DMA）

通过施加交变应力，测定材料的动态模量和阻尼特性，特别适用于高分子材料的黏弹性分析。

6. 基于声学特性的分析方法

（1）热发声法

通过检测材料受热时产生的声波信号，研究其内部结构变化或化学反应过程。

（2）热声学法

利用声波传播特性随温度的变化，分析材料的弹性模量、相变等性质。

7. 基于光学特性的分析方法

热光学法：通过监测材料透过率、反射率或折射率等光学参数的温度依赖性，研究其相变、分子取向变化等行为，特别适用于液晶、薄膜材料等的研究。

8. 基于电学特性的分析方法

热电学法：测量材料的电导率、介电常数等电学参数随温度的变化，广泛应用于半导体、铁电材料的研究。

9. 基于磁学特性的分析方法

热磁学法：通过测定材料的磁化率或磁矩随温度的变化，研究其居里温度、磁相变等特性，是磁性材料表征的重要手段。

ICTA 的这一分类体系涵盖了热分析技术的核心方法，各技术既可独立使用，也可通过联用（如 TG-DSC、TMA-FTIR）实现多参数同步表征，为材料科学研究提供了全面而系统的分析工具。

在高分子材料研究领域，热分析方法因其高效、准确的特性而获得广泛应用。其中，差示扫描量热法（differential scanning calorimetry，DSC）、热重分析法（thermogravimetry，TG）、热机械分析法（thermomechanical analysis，TMA）以及动态热机械分析法（dynamic thermomechanometry，DMA）是最具代表性的测试技术。这些方法通过不同的物理量检测原理，能够全面表征高分子材料的热性能及结构-性能关系。下面将详细介绍这四种核心热分析技术的测试原理、实验方法及其在高分子材料研究中的典型应用案例。

第二节　热重分析（TG）

一、TG 的定义及热重曲线

根据 ICTA 的定义，热重分析是在程序控温下测量物质的质量与温度（或时间）关系的一种方法。定量性强，能准确地测量物质的质量变化及变化的速率，不管引起这种变化的是化学的还是物理的。

热重曲线（TG 曲线）是通过热重分析实验获得的，反映样品质量随温度或时间的变化关系。如图 4-1 所示，纵坐标为质量保持率（以初始质量为 100%），自上而下表示质量减少；横坐标为温度或时间。例如，若失重后剩余 25% 的质量，则对应失重率为 75%。图 4-1 中，曲线（a）为单阶段失重，表现为单一失重过程；曲线（b）为多阶段失重，显示不同温度区间存在多个失重过程。

理想的 TG 曲线是一些直角台阶，台阶大小表示重量变化量，一个台阶表示一个热失重，两个台阶之间的水平区域代表试样稳定存在的温度范围[图 4-2(a)]。显然实际过程是不存在的，试样的热分解反应不可能在某一温度下同时发生和完成，而是有一个过程。在曲线上表现为曲线的过渡和斜坡，甚至两次失重之间有重叠区[图 4-2(b)]。

微商热重分析（DTG）是热重分析的衍生技术，其曲线（图 4-3）由 TG 曲线对温度或时间求一阶导数得到。DTG 曲线的纵坐标为质量变化率（dm/dt），横坐标仍为温度（或时间）。相较于 TG 曲线的阶梯状变化，DTG 曲线以峰形呈现：单阶段失重对应单一峰，而多阶段失重则表现为多个峰，每个峰代表一个独立的失重过程。

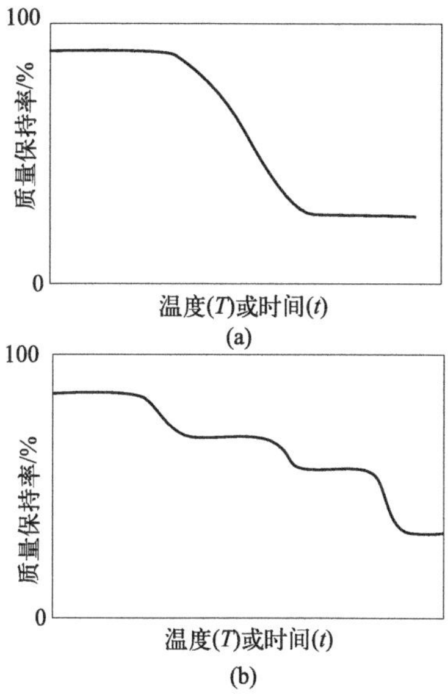

图 4-1　TG 曲线示意图

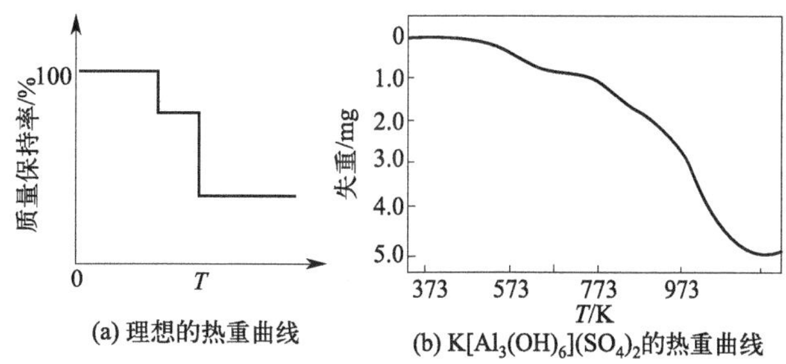

图 4-2　理想热重曲线和实际热重曲线

TG 和 DTG 能够提供样品热分解过程的详细信息。从 TG 曲线可以直接获得以下关键数据：①失重起始和终止温度；②各阶段失重量（以质量分数表示）；③失重过程是单阶段还是多阶段；④失重速率（通过曲线斜率判断，斜率越大速率越快）。此外，TG 曲线还能直观显示最终残炭量。而 DTG 曲线作为 TG 的一阶导数，将阶梯状的重量变化转化为峰形曲线，使数据解析更加直观：每个峰对应一个失重阶段，峰顶温度即为最大反应速率温度，峰面积则与失重量成正比（图 4-4）。

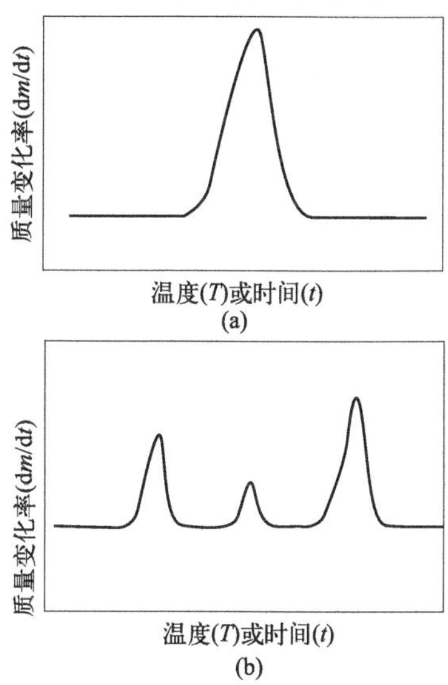

图 4-3　DTG 曲线示意图

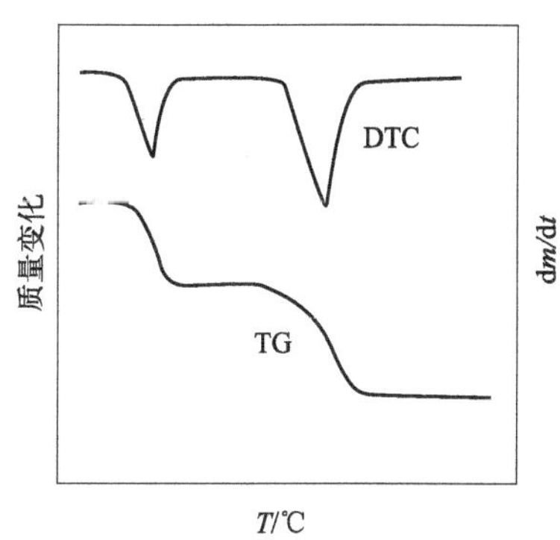

图 4-4　TG 与 DTG 曲线的对应关系

TG 和 DTG 技术各具优势。DTG 在反应动力学研究中更具优势，它能更清晰地区分相邻的热分解反应（分辨率更高，如图 4-5 所示），并直接提供反应速率（dm/dt）数据，便于计算活化能和反应级数。而 TG 曲线在定量分析方面表现突出，不仅能准确测定失重比例，还能直接确定最终残余物质量。两种方法互补使用，可以全面表征材料的热分解行为，为研究材料热稳定性、组成分析及反应机理提供重要依据。

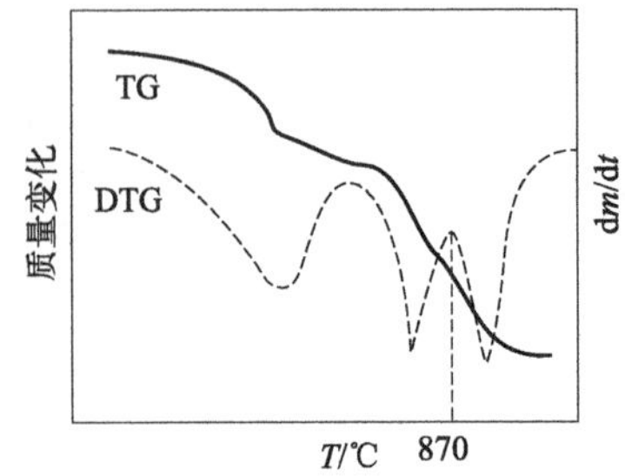

图 4-5　DTG 与 TG 分辨率比较

二、TG 的基本原理

早在 1915 年本多光太郎就用电炉把普通天平的一端围起来用于研究 $MnSO_4 \cdot 4H_2O$、$CaSO_4 \cdot 2H_2O$、$CaCO_3$ 和 CrO_3 的热失重过程，这种形式称为本多式热天平。现代热重仪形式多种多样，设计越来越精密，自动化程度越来越高，但基本原理仍是热天平。

热天平是在普通分析天平基础上发展起来的具有一些特殊要求的精密仪器，具体的特殊要求如下：

① 程序控温系统及加热炉，炉子的热辐射和磁场对热重测量的影响尽可能小；

② 高精度的重量与温度测量及记录系统；

③ 能满足在各种气氛和真空中进行测量的要求；

④ 能与其他热分析方法联用。

根据测定质量变化的方法不同，热天平分为零位法和变位法两种。所谓变位法，就是根据天平梁的倾斜度与质量变化成比例的关系，用差动变压器等检知倾斜度，并自动记录。在零位法测量系统中（图 4-6），当天平左边称盘中试样因受热产生重量变化时，天平横梁连同光阑则向上或向下摆动，此时接收元件（光敏三极管）接收到的光源照射强度发生变化，使其输出的电信号发生变化。这种变化的电信号送给测重单元，经放大后再送给磁铁外线圈，使磁铁产生与重量变化相反的作用力，天平达到平衡状态。设试样质量为 m，则其所受重力为 $F_1=mg$，而线圈中电流 I 在磁场作用下对磁铁的作用力为：$F_2=nBI$（n 为线圈匝数，B 为磁场强度），天平平衡时横梁恢复初始零位状态，此时 $F_1=F_2$，可得：

$$I=\frac{g}{nB}m \tag{4-1}$$

若将此电流输送给记录仪记录下来，可获得试样质量随温度的变化曲线，即 TG 曲线。

从热天平的结构分类，按照横梁、试样皿与炉子的位置关系，又可分为下皿式/吊盘式、上皿式/托盘式和水平式（图 4-7）三种，各有优缺点。上皿式的保护性气体是从下往上流动，与气体自然流动方向一致，分解物气体不易污染天平的测量系统。但飘在分解气体中的较大的固体颗粒则可能往下落，甚至正好落入试样皿中。而下皿式的情况正好相反。水平式由于是横式炉体，所受的浮力较小，但是分解物气体不易从炉体中排出。

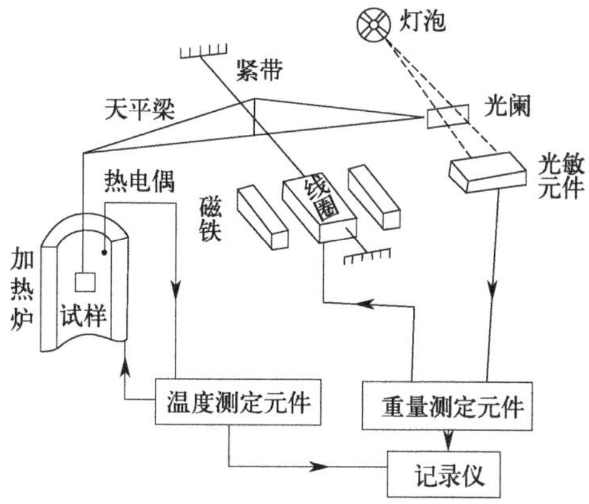

图 4-6　零位法热天平的原理图

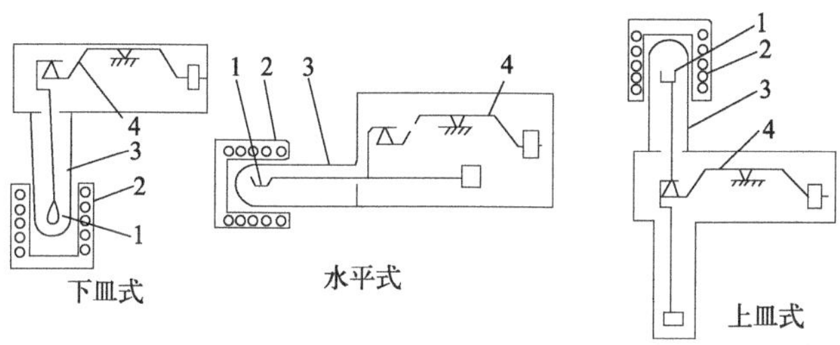

图 4-7　热天平的横梁、试样皿与炉子的位置关系

1—坩埚支持器；2—炉子；3—保护管；4—天平

三、TG 测试结果的解析和处理

热重测试结果能够提供丰富的热分解特征参数。通过分析 TG 曲线，可以准确获取以下关键信息：①材料的初始分解温度，反映其热稳定性；②多阶段分解过程中各阶段的温度区间及失重比例，揭示分步反应特征；③最终残炭量，表征材料的高温稳定性；④最大分解速率温度（T_{max}），对应于 DTG 曲线的峰值温度。对于组成明确的简单化合物，如结晶硫酸铜（$CuSO_4 \cdot 5H_2O$）和草酸钙一水合物（$CaC_2O_4 \cdot H_2O$），其 TG 曲线呈现的失重台阶与理论化学计量比高度吻合（如图 4-8 和图 4-9 所示），可通过分步失重比例精确验证其热分解机理。这种方法不仅适用于无机盐的水合/脱水过程研究，还可用于有机物的热解特性分析，为材料的热行为研究提供了可靠的实验依据。

从结晶硫酸铜（$CuSO_4 \cdot 5H_2O$）的 TG 曲线（图 4-8）可以观察到当样品在程序控温下加热时，其质量变化可分为三个阶段：首先在 45～78℃范围内失去两个结晶水分子，质量损失约 14.4%；随后在 100～118℃继续失去两个结晶水，质量进一步减少 14.4%；最后在 212～248℃失去最后一个结晶水并开始分解为无水 $CuSO_4$，该阶段质量损失 7.2%。通过 TG 曲线可以观察到这三个明显的失重台阶，每个台阶对应的温度区间和失重比例与 $CuSO_4 \cdot 5H_2O$ 的阶梯式脱水过程以及理论计算值完全吻合。

图 4-9 为含有一个结晶水的草酸钙（$CaC_2O_4 \cdot H_2O$）的 TG 曲线。

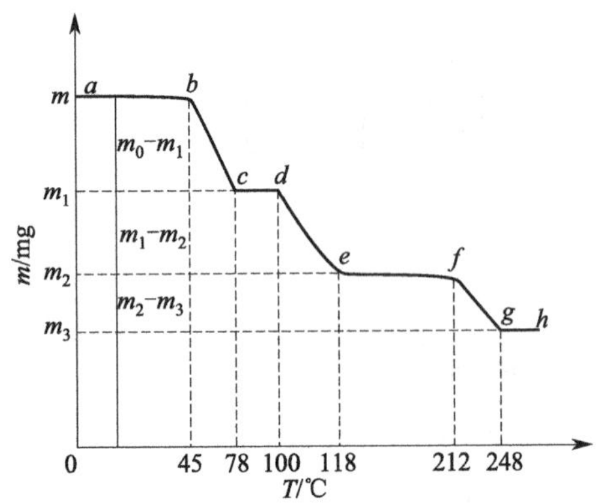

图 4-8 结晶硫酸铜（$CuSO_4 \cdot 5H_2O$）的 TG 曲线

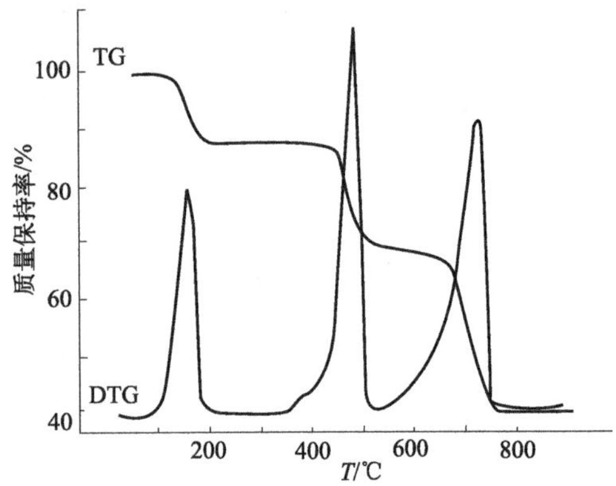

图 4-9 $CaC_2O_4 \cdot H_2O$ 的 TG 曲线

含有一个结晶水的草酸钙（$CaC_2O_4 \cdot H_2O$）的 TG 分析过程可分为三个典型阶段：首先在 100～200℃范围内失去结晶水，质量损失约 12.3%，对应于 TG 曲线上的第一个失重台阶；随后在 400～500℃发生草酸钙分解，失去一氧化碳（CO）并生成碳酸钙（$CaCO_3$），质量损失约 19.7%，形成第二个失重台阶；最后在 600～800℃碳酸钙进一步分解为氧化钙（CaO）和二氧化碳（CO_2），质量损失约 30.0%，表现为第三个失重台阶。通过 TG 曲线可以清晰观察到这三个连续的分步热分解过程，每个台阶的失重比例与 $CaC_2O_4 \cdot H_2O$ 的逐步热分解理论计算值高度吻合，从而验证了其热分解机理。

高分子材料的热重分析曲线通常呈现多阶段分解特征，如图 4-10 所示，各阶段对应不同的热失重过程。在升温过程中，首先出现的第一个质量损失平台（通常在 120℃以下），主要来源于材料中吸附水分或残留溶剂的挥发。随后出现的第二个失重阶段（一般在 120～300℃温度区间）反映了材料中小分子添加剂的挥发或分解，这些添加剂包括增塑剂、抗氧剂、稳定剂等改善加工性能或使用性能的助剂。第三个显著的失重阶段（通常在 300～500℃）对应于高分子化合物主链的断裂和分解，这一阶段的分解温度和速率与聚合物的化学结构、分子量及其热稳定性密切相关。最终，TG 曲线趋于平稳时的残余质量主要来自材料中添加的无机填料（如二氧化硅、碳酸钙等）或增强剂（如炭黑、玻璃纤维等），这些成分在高温下保持稳定。通过分析各阶段的起始温度、终止温度、失重比例

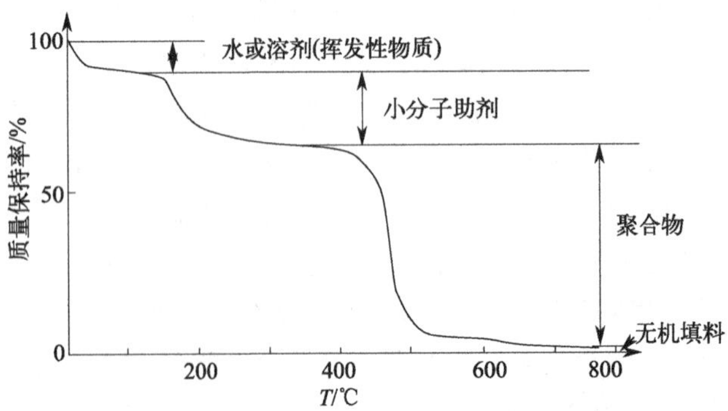

图 4-10 一般高分子材料的 TG 曲线

以及最大失重速率温度（T_{max}），可以全面评估高分子材料的热稳定性、组分含量及分解机理。这种分析方法为高分子材料的配方设计、加工工艺优化以及使用温度范围的确定提供了重要依据。

四、影响 TG 测试结果的因素

为了获得精确的实验结果，分析各种因素对 TG 曲线的影响是很重要的。影响 TG 曲线的重要因素包括仪器因素和试样因素，其中仪器因素包括升温速率、炉内气氛、坩埚材质、气体流速、温度校准精度等，而试样因素包括样品量、粒度分布、堆积密度、结晶度、含水率等。

（一）仪器因素

1. 升温速率

升温速率是影响 TG 曲线特征的关键参数之一。升温速率越快，产生的影响越大。这个影响主要表现在两个方面。一方面，升温速率越大，所产生的热滞后现象越严重，往往导致热重曲线上的起始温度和终止温度偏高。虽然分解温度随升温速率变化而变化，但失重量保持恒定（如图 4-11 和图 4-12 所示）。另一方面，中间产物的检测与升温速率密切相关，升温速率快不利于中间产物的检出，因为 TG 曲线上拐点变得不明显，而慢的升温速率可得到明确的实验结果。

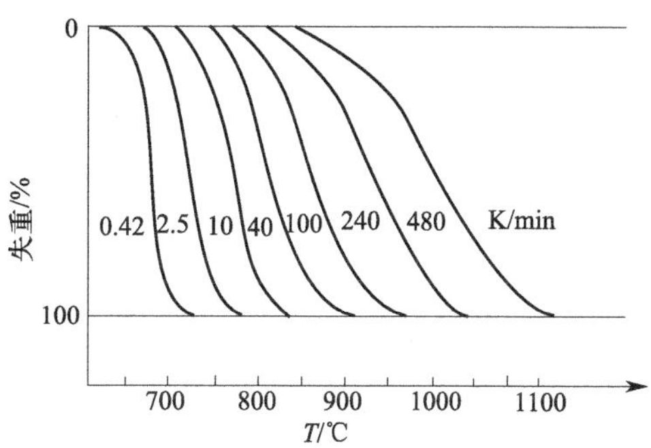

图 4-11　$CaCO_3$ 不同升温速率的 TG 曲线（8mg，静止空气）

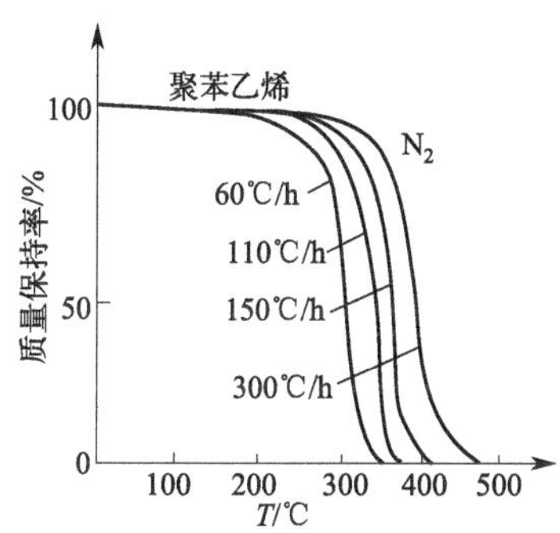

图 4-12　不同升温速率对聚苯乙烯 TG 曲线的影响

2. 气氛

热重分析通常可在静态气氛或动态气氛下进行测定。在静态气氛下，如果测定的是一个可逆的分解反应，随着温度的升高，分解速率增大。但由于试样周围气体浓度增加会使分解速率下降。另外炉内气体的对流可造成样品周围的气体浓度不断变化。这些因素会严重影响实验结果，所以通常不采用静态气氛。为了获得重复性好的实验结果，一般在严格控制的条件下采用动态气氛。试样周围气氛对热分解过程有较大的影响，气氛对 TG 曲线的影响与反应类型、分解产物的性质和气氛的种类有关。空气是最一般的氧化气氛，He、N_2、Ar 是惰性气氛，H_2、CO 是还原性气氛，O_2 为强氧化性气氛等。对于形成气体产物的反应，如不将气体产物及时排出，或通过其他方式提高气氛中气体产物的分压，会使反应向高温移动。

气氛对热重曲线的影响如图 4-13 和图 4-14 所示。图 4-13 中，碳酸钙（$CaCO_3$）的热分解温度显著受气氛条件影响：在真空或惰性气氛中，由于缺乏 CO_2 分压的抑制作用，其起始分解温度最低（约 600～700℃）；在空气气氛中，微量 CO_2 的存在使分解温度略微升高至 700～800℃；而在 CO_2 气氛下，高浓度 CO_2 强烈抑制分解反应，导致起始分解温度大幅提升至 900℃ 以上，甚至可能完全抑制分解。这一温度差异（真空＜空气＜CO_2）符合化学平衡原理。

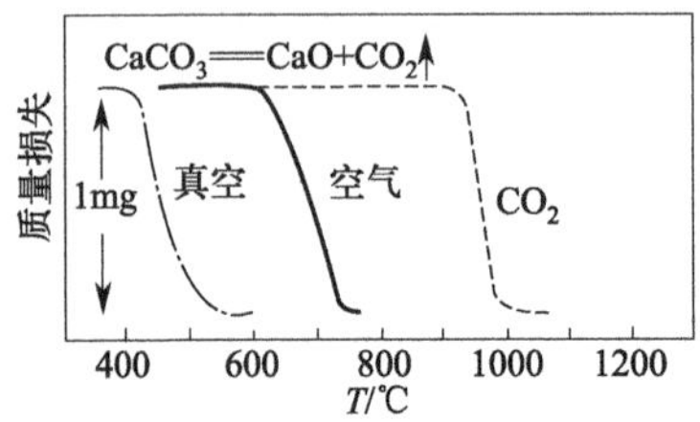

图 4-13　周围气氛对 $CaCO_3$ 的热重曲线的影响（10mg，升温速率 10℃/min）

聚丙烯的 TG 曲线在不同气氛下差异显著（如图 4-14 所示）：在惰性气氛中仅表现为单一失重过程，而在空气气氛中会先出现明显的增重现象，这是由于发生了氧化反应生成含氧产物，随后这些产物再进一步分解。这种增重-失重的变化过程是聚合物热氧化降解的典型特征。

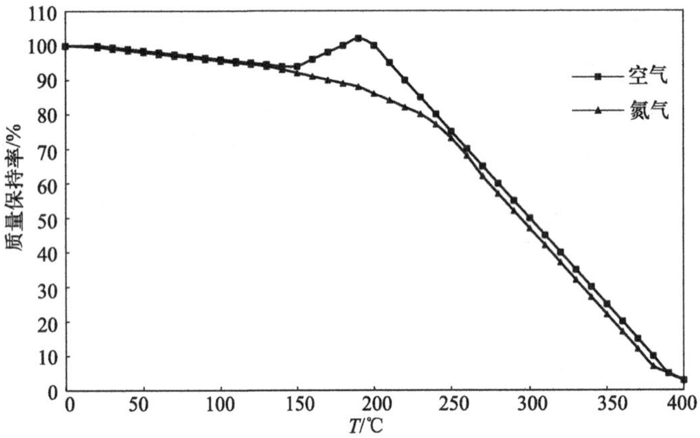

图 4-14　聚丙烯在两种气氛下的 TG 曲线

（二）试样因素

1. 样品量

样品量对热重分析结果的影响主要体现在以下几个方面：首先，样品量的增加会显著增大气体产物的扩散阻力，导致反应终止温度向高温方向偏移，同时延长反应时间，这种现象会降低相邻反应过程的分辨率，并可能改变热重曲线的特征峰形。其次，较大的样品量会在试样内部产生明显的温度梯度，使得试样实际温度与程序设定温度产生偏差，特别是在样品导热性能较差的情况下，这种温度不均匀性更为突出。再者，样品在热分解过程中的吸热或放热效应会进一步加剧温度分布的不均匀性，且这种影响随样品量的增加而愈加显著。如图 4-15 所示，以 $CuSO_4 \cdot 5H_2O$ 的脱水过程为例，较小样品量条件下各步脱水反应的平台区更为清晰，分辨率明显提高。基于上述分析，在实际测试过程中，建议在确保仪器检测灵敏度的前提下，尽可能采用较小的样品量，以有效降低温度梯度、减小气体扩散阻力，从而获得分辨率更高、重现性更好的热分析数据。

2. 试样粒度

样品在反应时产生的气体通过粒子间空隙向外扩散，因此样品粒度对于实验结果也有影响。通常，试样热分解的起始和终止温度均随试样粒度的减小而降低。试样由较大晶体或粒子构成，则比表面较小，其分解延缓。图 4-16 所示为两种不同形式的含水草酸铜 $CuC_2O_4 \cdot H_2O$ 在真空中测定的曲线，粉末状试样的失水温度明显低于单晶试样。一般来讲，表面反应或多或少要受到试样粒度的影响，这要比对化学分解的影响更加明显；而相转变受粒度的影响较小。为了便于相互比较，应尽量采用粒度相近的试样，如通过一定筛孔的细粉。另外，堆砌松散的试样颗粒之间有空隙，使试样导热变差，而颗粒越小，越可堆得紧密，导热良好。

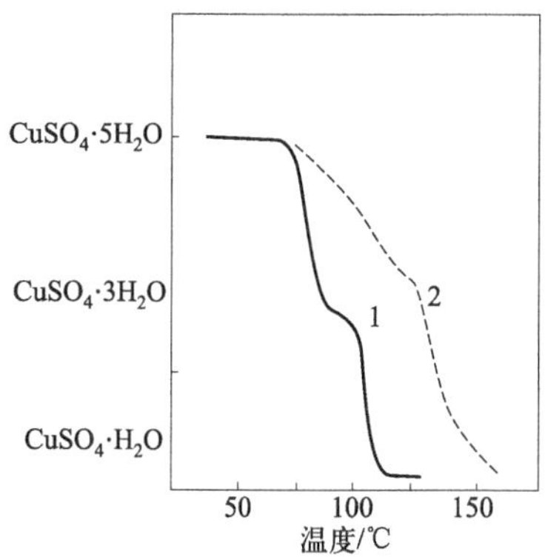

图 4-15　试样量对 $CuSO_4 \cdot 5H_2O$ TG 曲线的影响

1—0.4296mg；2—18.00mg

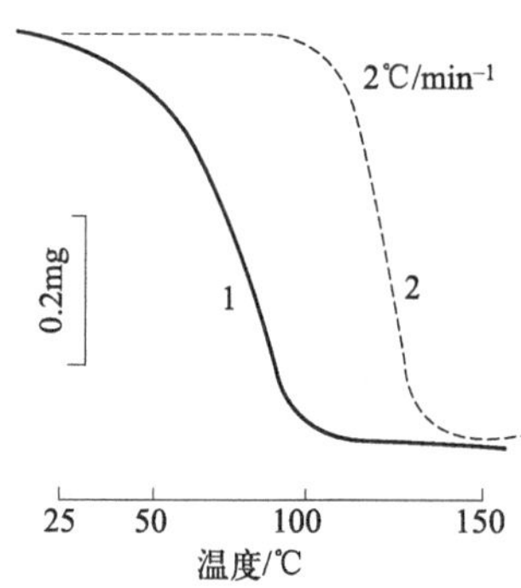

图 4-16　不同颗粒含水草酸铜失水的 TG 曲线

1—粉末；2—单晶

总之，进行热重分析测试时，样品量要少，粒度也越细越好，且要尽可能将样品铺平。

此外，试样的反应热、导热性、比热等因素都对 TG 曲线有影响。反应热会引起试样的温度高于或低于炉温，这将对计算动力学数据带来严重的误差。气体分解产物在固体试样中的吸附也会影响 TG 曲线。可以通过无盖大口径坩埚、薄试样层或使惰性气氛流过炉子以减少吸附。

五、TG 在高分子材料研究中的应用

高分子材料在加热过程中常伴随多种物理和化学变化（如低分子添加剂挥发、聚合物链断裂、交联或分解等），TG 和 DTG 分析能够提供丰富的信息，使其在高分子材料研究中具有广泛的应用价值。例如，通过起始分解温度和最大分解温度（DTG 峰温）可评价聚合物的热稳定性；利用 TG 曲线的失重台阶可以分析材料的配方组成（如增塑剂、填料

的含量)；多阶段失重过程可揭示热裂解机理（如侧链断裂或主链随机断裂)；而共聚物或共混物的组分差异则可通过不同分解温度加以区分。此外，TG 数据还可用于热老化寿命、固化过程、化学反应动力学（如计算分解反应的活化能等参数）研究。正因如此，TG 和 DTG 技术已成为高分子材料热性能研究的重要手段，广泛应用于材料开发、质量控制和失效分析等领域。下面分别介绍 TG 和 DTG 在高分子材料研究中的应用。

（一）高分子材料热稳定性的评定

目前，用热重分析来评定材料的热稳定性的方法有如下几种。

1. 关键温度（critical temperature）表示法

在热重分析中，通常采用特征温度来定量表征材料的热稳定性。如图 4-17 所示，TG 曲线上可识别若干关键温度点：点 A 叫起始分解温度，是 TG 曲线开始偏离基线的温度，点 B 叫外推起始温度，是 TG 曲线下降段的切线与基线的交点；点 C 叫外推终止温度；点 D 处是到达最大失重点的温度叫终止温度；E、F、G 分别是达到失重率为 5%、10%和 50%的温度，失重 50%时的温度又称半寿温度。这些关键温度都与仪器及操作条件有关，其中点 B 外推起始温度重复性最好，所以常采用此点的温度来表示材料的热稳定性。

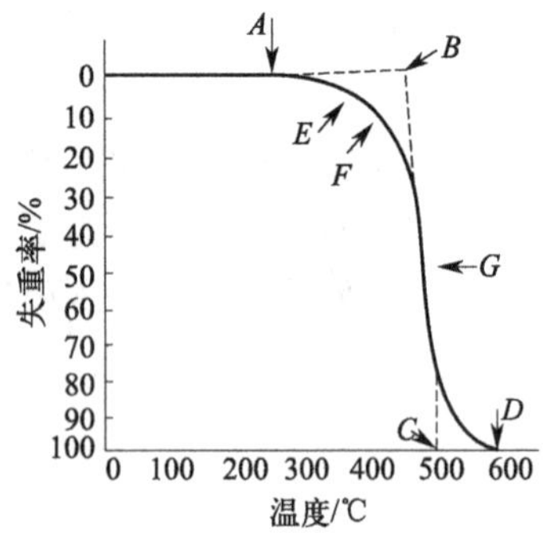

图 4-17　TG 曲线关键温度表示法

A—起始分解温度；B—外推起始温度；C—外推终止温度；D—终止温度；E—分解 5%的温度；F—分解 10%的温度；G—分解 50%的温度（半寿温度）

2. ipdt（积分程序分解温度）法

ipdt(integral procedural decomposition temperature) 是 1961 年 Doyle 提出测定高分子材料热稳定性的一种半定量方法，它是根据起始温度到终止温度之间整个一条 TG 曲线失重的积累值来描述试样的热稳定性而建立的准则。其确定方法如：如图 4-18 所示，对于高分子材料一般取起始温度为 25℃，终止温度为 900℃。定义一个假想的热稳定性的温度指标 T_{A^*}：

$$T_{A^*}=875A^*+25 \tag{4-2}$$

式中，A^* 为标准化的总曲线面积分数，在图 4-18 中单斜线阴影区的面积 S_{OXECY} 与对应的矩形面积 S_{OXNY} 之比，即

$$A^*=S_{OXECY}/S_{OXNY} \tag{4-3}$$

由此指出，低温时就开始降解失重的高分子材料，其 TG 曲线阴影区面积较小，A^* 值也较小，T_A^* 较低，说明热稳定性较差者 T_A^* 较小。但 A^* 受高温不分解填料含量的影响很大，这对于，在较低温度就发生降解而高温不分解残渣（填料）较多的高分子材料，求出的 A^* 值偏高，热稳定性指标 T_A^* 也偏高。因此，又定义第二个曲线面积分数 K^*，实际是对 A^* 值作了修正，即图 4-18 中双斜线阴影区面积（FBCY）与过 T_A^* 而平行于纵坐标的直线（BD）和 900℃残重线（FE）所包围的矩形面积（FBDY）之比。则 Q_{ipdt} 由下式求得，即

$$Q_{ipdt}=875A^*K^*+25 \tag{4-4}$$

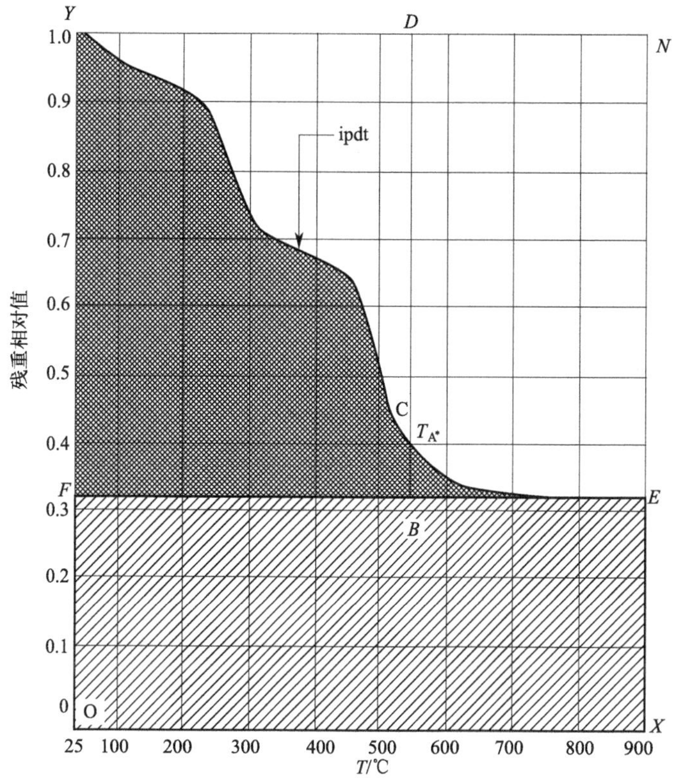

图 4-18　积分准则特征温度的确定示意图

Doyle 试验了 54 种不同类型的高分子材料，证明 A^* 与 K^* 的乘积代表了高分子材料热稳定性的综合指数。它具有半挥发温度的实际意义。半挥发温度是指挥发物挥发掉一半时的温度。ipdt 法不仅适合于一步分解过程，也适合于多步分解过程。

由于 Q_{ipdt} 是通过曲线面积导出的，再现性好，其值只受实验的系统误差和偶然误差影响。即使升温速率有一定误差，其重现性仍然很好。表 4-2 列出一些常用高分子材料的积分程序分解温度数值。

表 4-2　一些材料的 ipdt 值

试样	起始分解温度 Q_{ID}/℃	Q_{ipdt}/℃
天然羊毛	205	373
天然棉花	210	322
棉织物	310	322
聚丙烯蜡纤维	310	365
聚丙烯纤维	310	400
尼龙 6	352	431
尼龙 66	375	421
聚酯纤维	402	437
聚苯乙烯		395

续表

试样	起始分解温度 Q_{ID}/℃	Q_{ipdt}/℃
某种环氧树脂		405
胶质玻璃		345
尼龙 66		419
聚四氟乙烯		555
聚三氟氯乙烯		410
氟化橡胶		460
硅树脂		505

3. 最大失重速度法

Doyle 在提出 ipdt 法的同时还提出了 dpdt（微商程序分解温度，differential procedure decomposition temperature）法，实际就是测定 TG 曲线下降段的转折点温度。因此，dpdt 点即 DTG 曲线的峰顶温度，也就是最大失重速度点温度，如图 4-19 所示 T_p。

4. ISO 法和 ASTM 法

由于高分子材料的 TG 曲线有时不好求外推起始温度，因此，不同标准化组织制定了相应的测定方法。

(1) ISO（国际标准局）法

在 TG 曲线上找出失重 20%与 50%两点，如图 4-20 中的 E 和 G 两点。将两点连起来与基线延长线相交得交点 B（此点有时就是外推始点），点 B 的温度就定义为分解温度。

(2) ASTM（美国材料测试协会）法

在 TG 曲线上找出失重 5%与 50%的两点，如图 4-20 中的 F 和 G 两点。将两点连起来与基线延长线相交得交点 C，点 C 的温度定义为分解温度。

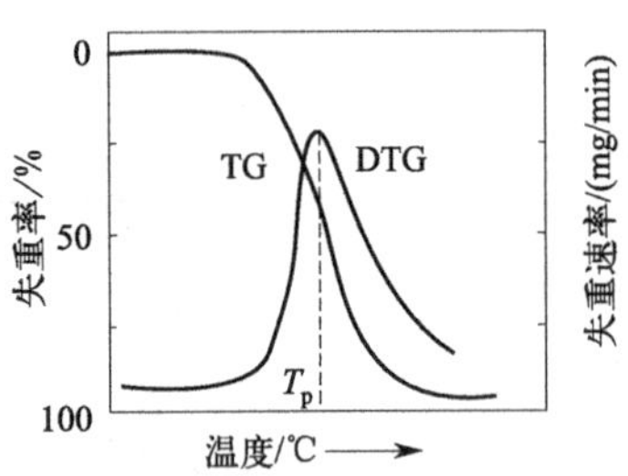

图 4-19 TG 与 DTG 曲线示意图

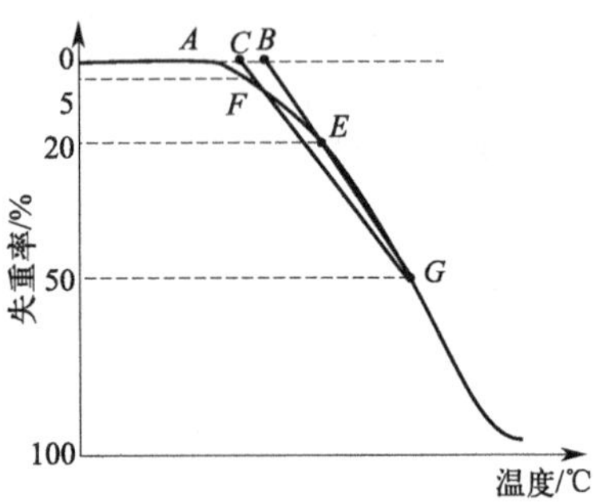

图 4-20 TG 曲线测定热稳定性的 ISO 和 ASTM 法

还有用动力学方法和其他规定方法评定材料的热稳定性的，这里不一一讨论。下面给出几个用 TG 研究材料热稳定性的实例。

例 4-1 如图4-21 所示，比较图中 5 种高分子材料的相对热稳定性并解释排序原因。其中 PVC 是聚氯乙烯，PMMA 是聚甲基丙烯酸甲酯，LDPE 是低密度聚乙烯，PTFE 是聚四氟乙烯，PI 是芳香族聚酰亚胺。

其热稳定性按 PVC→ PMMA→LDPE→PTFE→PI 顺序递增。这种差异主要源于各

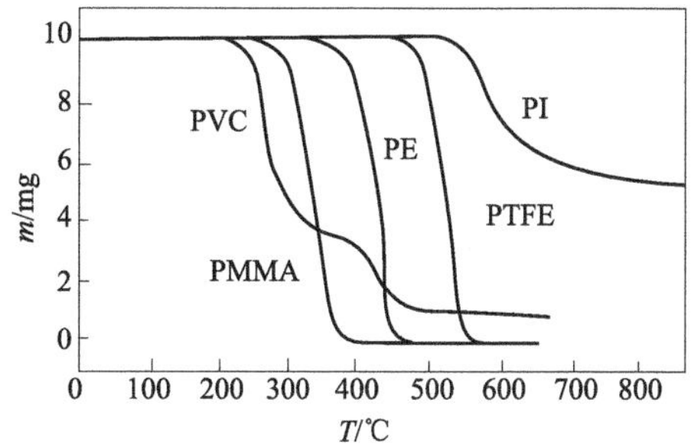

图 4-21　五种聚合物的热重曲线

材料的分子结构特性。

聚酰亚胺具有最优异的热稳定性，这归因于其分子结构中大量的芳杂环结构（图 4-22），使其长期使用温度可达 250℃，短期耐温性能更高达 450℃，因此被广泛应用于宇航、采油机械等高科技领域的耐高温绝缘材料。

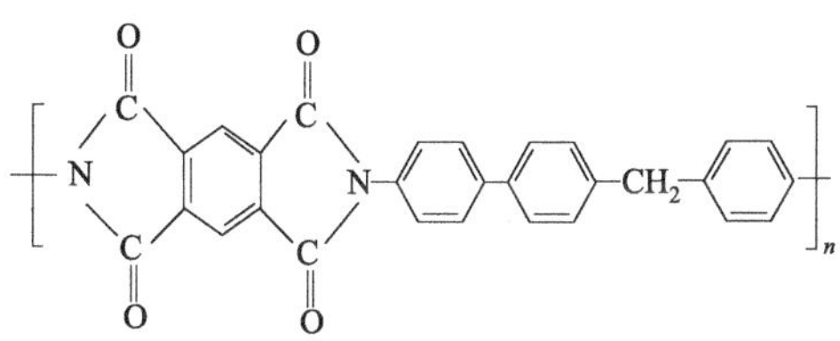

图 4-22　聚酰亚胺的化学结构

聚四氟乙烯被誉为“塑料王”，其热稳定性优于 PE 的原因是：首先，C—F 键能（502kJ/mol）显著高于 C—H 键能（411kJ/mol）；其次，氟原子半径（6.4nm）与碳—碳键长（13.1nm）的匹配使其能紧密包裹碳链，形成有效的保护层（如图 4-23 所示）。实验证明，相同厚度的 PTFE 和 PE 薄膜在户外暴露时，PE 仅 2～3 个月即老化，而 PTFE 可保持 75 个月无明显老化。

相比之下，聚甲基丙烯酸甲酯的热稳定性较差，这主要源于其分子链中季碳键的易断裂特性。聚氯乙烯的热稳定性最差，其降解过程分为两个阶段：200～300℃时发生脱 HCl 反应，420℃左右主链开始断裂，这种特殊的降解机制与其分子结构密切相关（图 4-24）。

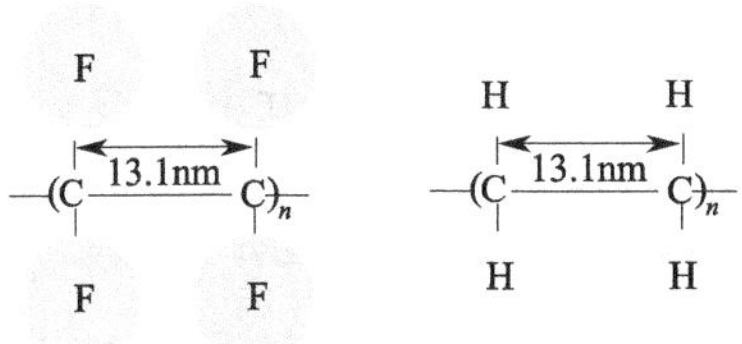

图 4-23　PTFE 和 PE 的结构示意图

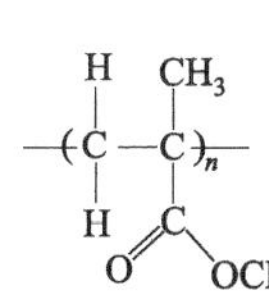

图 4-24　聚甲基丙烯酸甲酯的化学结构式

例 4-2　图4-25 是分别含有 0%、10%、50%以及 100%二乙烯基苯的苯乙烯-二乙烯基苯交联共聚物的 TG 曲线，从图中可以明显观察到，随着二乙烯基苯含量的增加，材料的热稳定性呈现显著提升的趋势。这一现象主要归因于二乙烯基苯含量的增加导致共聚物交联密度的提高：首先，交联网络的形成限制了聚合物分子链的热运动能力，使分子链段更难发生热解离；其次，交联点作为三维网络结构中的“锚定点”，能够有效阻碍分子链的断裂和挥发；再者，高交联密度增加了材料的热分解活化能，因为需要同时断裂多个化学键才能引发降解。此外，交联结构的增强还减少了热分解过程中挥发性小分子的产生路径，从而延缓了材料的整体热降解过程。这些因素共同作用，使得具有更高二乙烯基苯含量的共聚物表现出更优异的热稳定性。

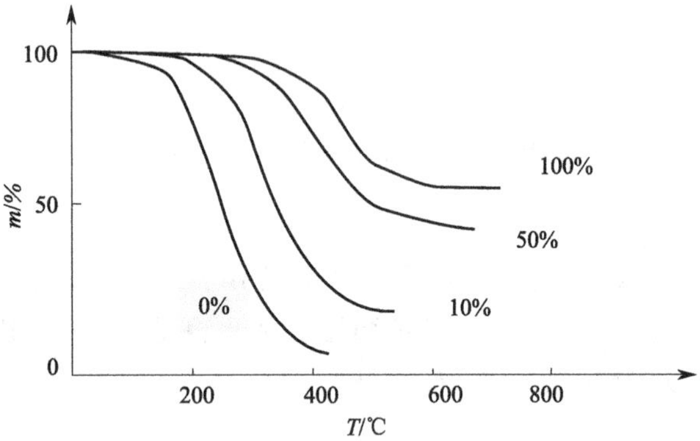

图 4-25　苯乙烯-二乙烯基苯交联共聚物的 TG 曲线

例 4-3　图4-26 为纯 PP 以及加入阻燃剂后的阻燃 PP 的 TG 曲线。从图中可以观察到加入阻燃剂后，PP 材料的热稳定性显著提高。

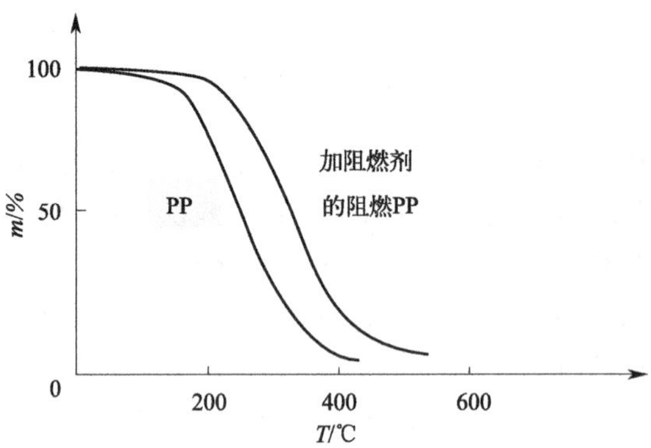

图 4-26　纯 PP 以及加入阻燃剂后的阻燃 PP 的 TG 曲线

例 4-4　图4-27 是添加不同含量纳米 SiO_2 的 LLDPE 在氮气和空气气氛中的热重曲线对比（曲线 1～4 分别对应纯 LLDPE，添加 1%、2%、3%纳米 SiO_2 的复合材料）。实验结果表明，在氮气氛围下，随着纳米 SiO_2 含量的增加，LLDPE 的热分解平台明显向高温方向移动，这表明材料的热稳定性得到显著提升。这一现象可归因于两个主要机制：一方面，纳米 SiO_2 形成的三维网状结构对 LLDPE 分子链的热降解过程产生物理阻碍作用；另一方面，纳米粒子的加入改变了基体的热传导特性，延缓了热降解过程。在空气气氛中，虽然抗氧剂含量保持不变，但随着纳米 SiO_2 含量的增加，材料的热氧稳定性同样得到提高，表现为分解温度的平台后移。这主要得益于纳米 SiO_2 独特的表面特性：其巨大的比表面积（通常可达 100～300m^2/g）、丰富的表面活性位点以及发达的孔道结构，使其能够有效吸附并调控抗氧剂的释放行为。具体而言，纳米 SiO_2 通过选择性吸附-解吸附机制实现了对抗氧剂分子的“智能控释”，从而显著提高了抗氧剂的使用效率，最终增强了复合材料的热氧稳定性。

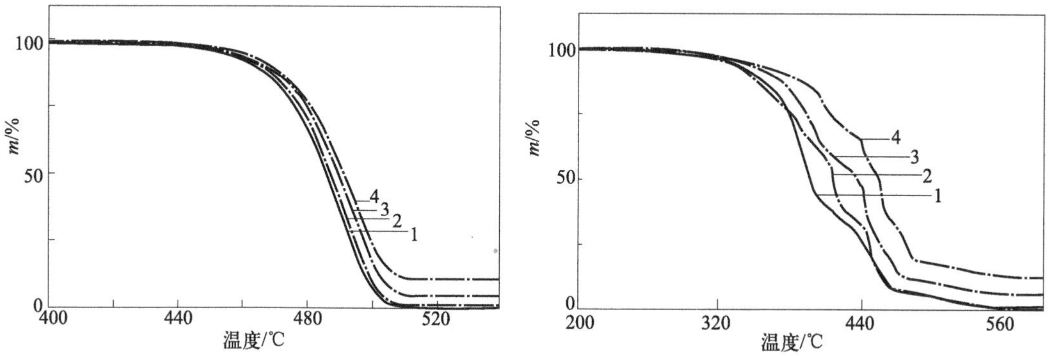

图 4-27 加入不同含量纳米 SiO_2 的 LLDPE 的热重曲线（左：氮气；右：空气）

（二）高分子材料中添加剂的分析

热重分析是分析高分子材料中添加剂的有效手段。由于高分子材料中的添加剂和杂质分为挥发性物质与无机填料两类，前者如水和增塑剂等，因其相对分子质量较低，在树脂分解前便会挥发或分解；后者如 SiO_2、CF 等无机填料，则具有极高的热稳定性，在基体树脂分解后仍会残留。基于不同物质分解温度的显著差异，通过 TG 曲线对样品进行测试，便能精准测定高分子材料中添加剂的含量，同时还可对聚合物含量、含碳量及灰分等指标进行分析，为高分子材料的成分研究与质量把控提供关键数据支撑。

例 4-5 以增塑剂邻苯二甲酸二辛酯（DOP）填充聚氯乙烯（PVC）材料的分析为例（图 4-28）。PVC 材料在热分解过程中会伴随氯化氢（HCl）气体的释放，而 DOP 作为小分子增塑剂，其热挥发行为与 PVC 热分解引发的 HCl 失重过程存在显著重叠干扰。在常规氮气（N_2）气氛的热重测试中，由于 DOP 小分子沸点受体系环境影响降低，导致其挥发失重与 PVC 分解产生的 HCl 失重台阶相互交织，无法通过单一 N_2 气氛下的 TG 曲线清晰区分并定量分析增塑剂含量。因此在实验过程中采用了“分步气氛调控”方法，测试初始阶段通入 N_2，构建惰性环境，抑制材料氧化反应，确保热失重行为由单纯的热挥发、热分解驱动；当温度升至特定区间并维持 4min 等温阶段后，切换通入氧气（O_2），借助氧化辅助分解等作用，分离出 PVC 分解释放 HCl 的第二阶段失重，后续更高温区则是 PVC 基体（占比 65%）持续分解及残余物热反应的最终失重。从测试获得的 TG 曲线可见，不同温度区间的失重过程具备明确对应关系：较低温度段，DOP 增塑剂（占比 25%）因热挥发导致质量损失，曲线呈现第一阶段下降；随温度升高，PVC 分解产生 HCl 气体释放，对应第二阶段失重；后续更高温度区间，PVC 基体（占比 65%）持续分解并伴随残余物热反应，完成最终质量损失。通过对分步气氛下 TG 曲线各失重台阶的精准解析，能够定量区分增塑剂挥发、HCl 释放及基体分解等过程，实现 DOP 增塑剂成分比例的准确测定。

例 4-6 采用热重分析确定共混物的共混比例时，先对共混物开展 TG 测试，获取其质量随温度变化的曲线（图 4-29）。由于共混物中各组分热稳定性存在差异（如增塑剂易挥发，聚合物基体分解温度不同），可依据这一特点，明确不同组分各自的热失重温度区间。接着，在 TG 曲线中识别各组分对应的失重台阶（如图中增塑剂、P_1、P_2 分别对应的失重阶段），基于各失重台阶的质量变化数据，就能进一步计算得出共混物中 P_1、P_2

等组分的比例。

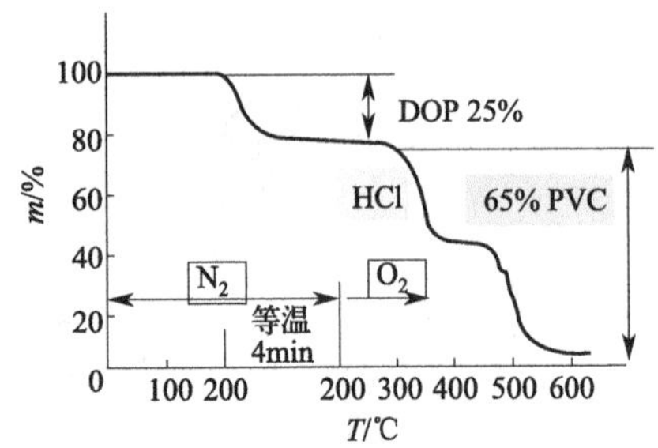

图 4-28 增塑剂 DOP 填充 PVC 的 TG 曲线

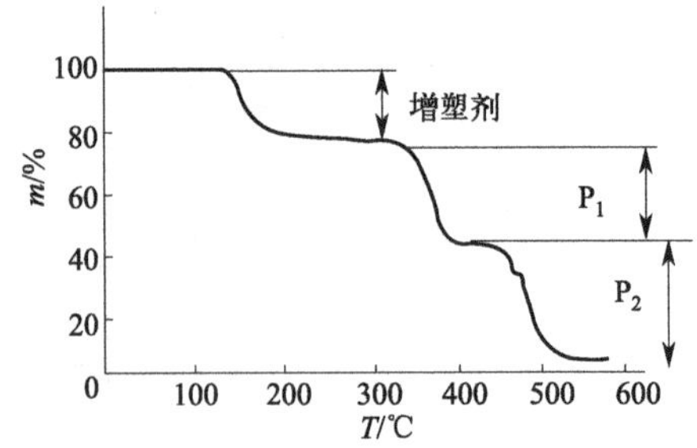

图 4-29 某高分子共混物的热重曲线

例 4-7 图 4-30 是用 SiO_2 和炭黑填充的聚四氟乙烯的 TG 曲线。首先在 N_2 中加热到 600℃，残留物是两种填料的混合物，然后改为空气气氛，继续加热到 700℃，烧掉炭黑。这样通过一次分析，就能分别对炭黑和 SiO_2 进行定量。

例 4-8 图 4-31 是填充了油和炭黑的乙丙橡胶的 TG 和 DTG 曲线。首先在 N_2 中，测定乙丙共聚物和油的含量，在空气中测定炭黑的含量，最后未能分解的残渣（灰分）约为 0.5%～2%。

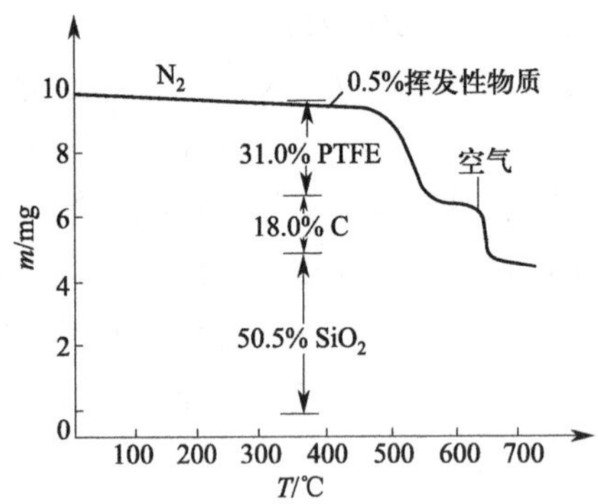

图 4-30 聚四氟乙烯的 TG 曲线（10mg，5℃/min）

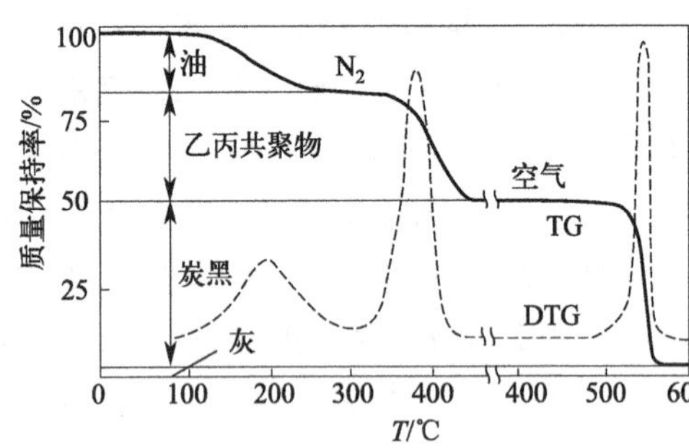

图 4-31 乙丙橡胶的 TG 和 DTG 曲线

（三）高分子材料的共聚物和共混物的分析

共聚物的热稳定性总是介于两种均聚物的热稳定性之间，而且随组成比的变化而变化。共混物则出现各组分的失重，而且是各组分纯物质的失重乘以百分含量叠加的结果（图 4-32）。图中曲线 1 为某种高分子材料，其热重变化发生在 DE 段；曲线 2 为另一种高分子材料，其热重变化发生在 BC 段。若把 1 和 2 两种高分子材料共混，则其共混物的热重曲线为 1 物质的 DE 段变化乘以其百分含量（D′E′）与 2 物质的 BC 段变化乘以其百分含量（B′C′）叠加的结果。根据这一规律，可以用来鉴定共混物中高分子材料的组成，并计算各个组成的百分含量。

例 4-9 图 4-33 是用 TG 法测试 PC/PBT 共混材料的实例。TG 曲线显示材料从 376℃开始分解，失重量为 57%，这是 PBT 的分解。DTG 曲线上显示在 446℃有 4.41% 失重，这是聚乙烯基添加剂的分解。从 470℃开始 PC 开始分解，失重量为 28%。850℃

切换为氧气气氛后高温分解的碳失重为 9.4%，剩余的灰分为 1.3%。使用逸出气体分析技术，如热红联用 TG-FTIR 或热质联用 TG-MS，可以对分解放出的气体进行进一步分析。

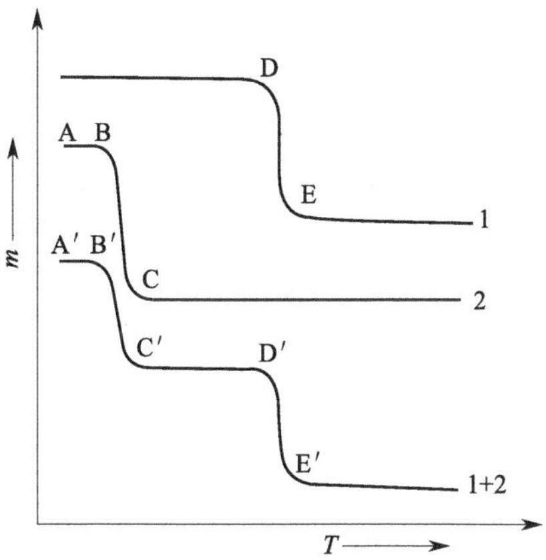

图 4-32　混合物的 TG 曲线

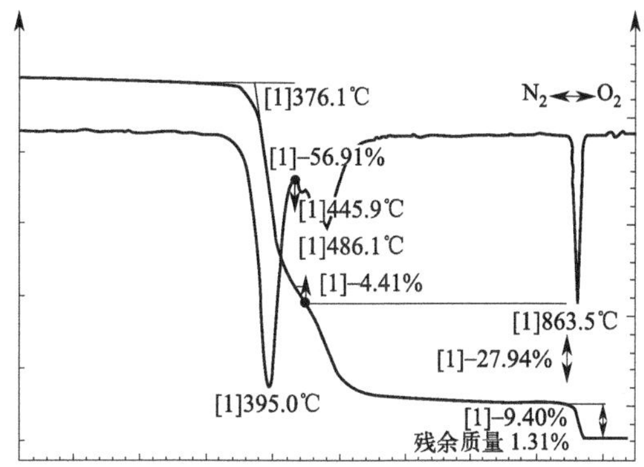

图 4-33　PC/PBT 共混材料的 TG 曲线

（Netzsch 公司测定，敞口白金坩埚，N_2 10mL/min，850℃切换 O_2 10mL/min，10K/min）

例 4-10　图 4-34 是乙烯-乙酸乙烯酯共聚物的 TG 曲线，第一阶段的失重量对应的是乙酸的分解，每摩尔乙酸乙烯酯释放 1 摩尔乙酸。在氮气中缓慢（5℃/min）升温，在乙酸逸出后能得到很好的拐点，从而能准确计算乙酸乙烯酯单元的含量，计算公式如下：

$$乙酸乙烯酯含量(\%)=\frac{乙酸乙烯酯相对分子质量}{乙酸相对分子质量}\times TG曲线第一阶段失重量 \quad (4\text{-}5)$$

例 4-11　热重分析还可以用来鉴别无规共聚物和嵌段共聚物。图 4-35 为聚苯乙烯、聚 α-甲基苯乙烯与二者的无规和嵌段共聚物的 TG 曲线。图中可见，聚苯乙烯的热稳定性优于聚 α-甲基苯乙烯，二者共聚物的热稳定性介于二者之间，嵌段共聚物由于有两个分解过程，因而由热重曲线可以很容易鉴别出来。

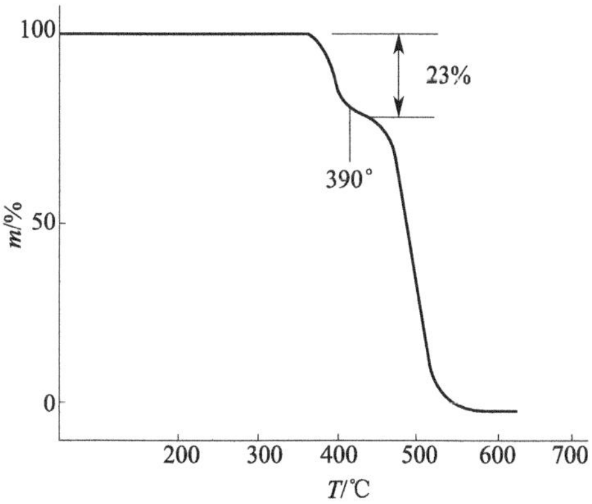

图 4-34　乙烯-乙酸乙烯酯共聚物的 TG 曲线

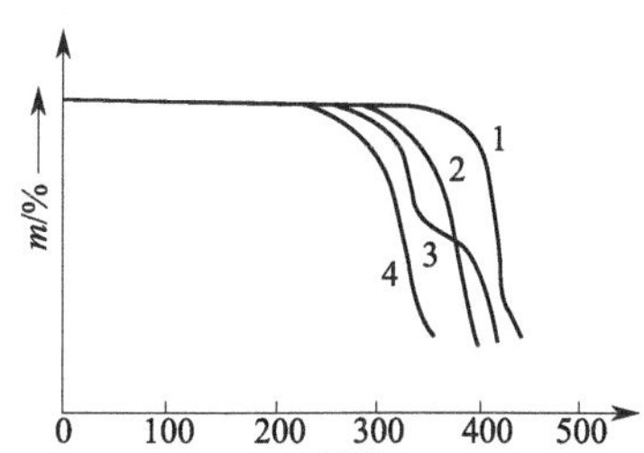

图 4-35　用热重分析鉴别共聚物的结构

1—聚苯乙烯；2—无规共聚物；3—嵌段共聚物；

4—聚 α-甲基苯乙烯

（四）高分子材料固化过程分析

对固化过程中失去低分子物的缩聚反应，可以用热重分析进行研究。酚醛树脂在固化过程中生成水，利用 TG 测定脱水失重过程，即可以研究酚醛树脂的固化。图 4-36 为某酚醛树脂一系列等温固化过程的 TG 曲线，在 140℃到 240℃的一系列等温过程中，固化程度随固化温度的提高而增加，而在 260℃时，固化程度反而下降。所以，240℃为该树脂的最佳固化温度。

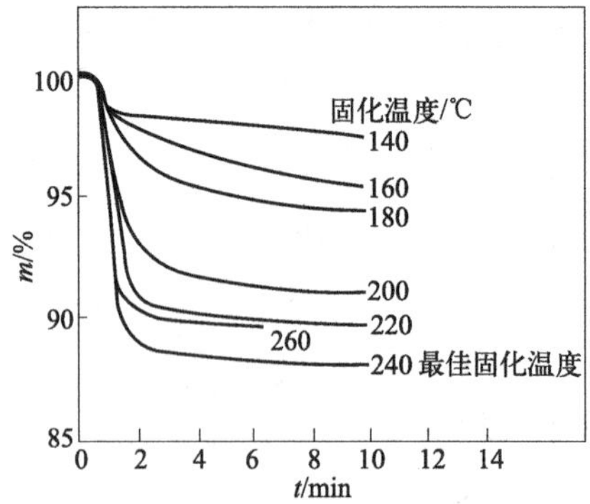

图 4-36　酚醛树脂等温固化过程的 TG 曲线

（五）高分子材料热老化寿命研究

材料的热寿命计算公式如下：

$$\ln t = a/T + b \quad (4\text{-}6)$$

式中，t 为材料的热寿命；T 为材料的使用温度。

例如在计算某化纤助剂的热老化寿命时，首先采用实验法测定任意两个温度下，如使用温度为 215℃和 236℃时，恒温失重 10%所需时间，测得的值分别为 282.4min 和 64min，代入热寿命计算公式，求出 a 和 b 的值，得到公式：

$$\ln t = 7.624 \times 103/T - 13.172 \quad (4\text{-}7)$$

由上式可得任何温度时失重 10%的热寿命。

TG 不仅能用于测定材料热寿命，还能精准获取高分子材料的分解温度，为加工条件的合理选择提供关键依据。在高分子材料加工过程中，若温度超过其分解温度，将导致材料性能劣化甚至失效，因此聚合物的加工温度必须严格控制在分解温度以下。通过热重测试，观察材料在升温过程中的质量变化曲线，能够清晰识别材料开始发生分解的温度点，以此为基准，结合加工工艺需求，可科学设定加工温度、加工时长等参数，避免材料在加工过程中发生不可逆的热降解，从而保障制品的成型质量与性能稳定性。

第三节　差示扫描量热分析（DSC）

一、DSC 的定义及测试原理

差示扫描量热法（DSC）是热分析技术的重要分支，是在程序控制温度下，测量输入到物质和参比物之间的功率差与温度关系的一种技术。测试时，DSC 实时记录样品与参比物间的热量差，并以热流率（$\mathrm{d}H/\mathrm{d}t$）为纵坐标，直观呈现吸放热变化量随温度（T）或时间（t）的函数关系，即 $\mathrm{d}H/\mathrm{d}t = f(T$ 或 $t)$。

在差示扫描量热技术测试中，参比物是一种在实验温度范围内保持热惰性的标准物质，其作用是提供稳定的热力学基准，以便准确检测样品的热效应。理想的参比物需满足以下要求：首先，在测试温度区间内不发生任何相变、分解或化学反应，确保其热容稳定；其次，其热导率和热容应尽可能与样品匹配，以减少基线漂移并提高信噪比；此外，参比物应具备良好的化学稳定性，避免与样品或测试环境发生相互作用。常用的参比物包括 α-氧化铝（Al_2O_3）、空坩埚、蓝宝石（单晶 Al_2O_3）以及高纯度金属（如铟、锌，主要用于仪器校准）等，其中 α-氧化铝因其优异的化学惰性和宽温度（室温至 1600℃）适用范围而成为常规测试的首选。对于特殊体系，如高导热样品或腐蚀性环境，需针对性选择石墨或铂金坩埚等参比物以确保测试准确性。参比物的合理选择不仅影响 DSC 曲线的可靠性，也是减少系统误差、提高数据重复性的关键因素之一。DSC 可以不用参比物，只在参比池放一个空坩埚即可。但若放些参比物（甚至只是多放几个坩埚盖）可抵消热容不平衡而引起的基线倾斜。如图 4-37 所示，仪器内部有两个位置，一个放参比物，一个放样品；二者的位置需要固定，以方便分析对比得到的系列实验结果。

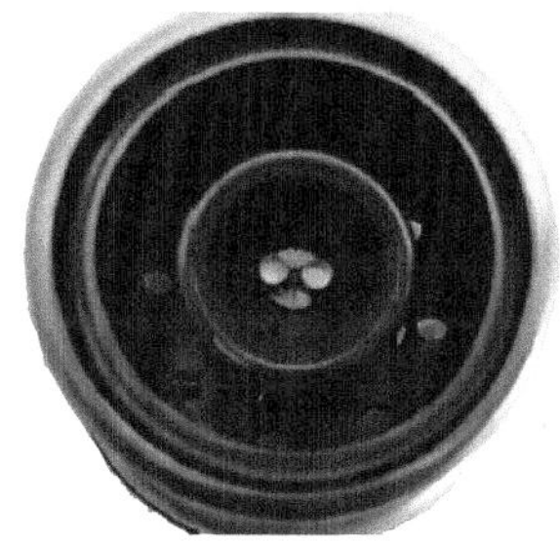

图 4-37 参比物和样品的位置

DSC 有热流型和功率补偿型两种，功率补偿型 DSC 的基本原理示意如图 4-38 所示。其测试原理为：在样品和参比物始终保持相同温度的条件下，测定为满足此条件样品和参比物两端所需的能量差，并直接作为信号输出。

功率补偿型 DSC 仪器的主要特点是：试样和参比物分别具有独立的加热器和传感器。整个仪器由两套控制电路进行监控。一套控制温度，使试样和参比物以预定的速率升温，另一套用来补偿二者之间的温度差，这个温差是由样品的吸热或放热效应产生的。无论试样产生任何热效应，试样和参比物之间的温度差等于 0。

具体测试过程为：将有物相变化的样品和在测定温度范围内不发生相变且没有任何热效应产生的参比物，在相同的条件下进行等温加热或冷却，当样品发生相变时，在样品和参比物之间就产生一个温度差。放置于它们下面的一组差示热电偶即产生温差电势 $U\Delta T$，经差热放大器放大后送入功率补偿放大器，功率补偿放大器自动调节补偿加热丝的电流，使样品和参比物之间温差趋于零，两者温度始终维持相同。此补偿热量即样品的热效应，以电功率形式显示于记录仪上。

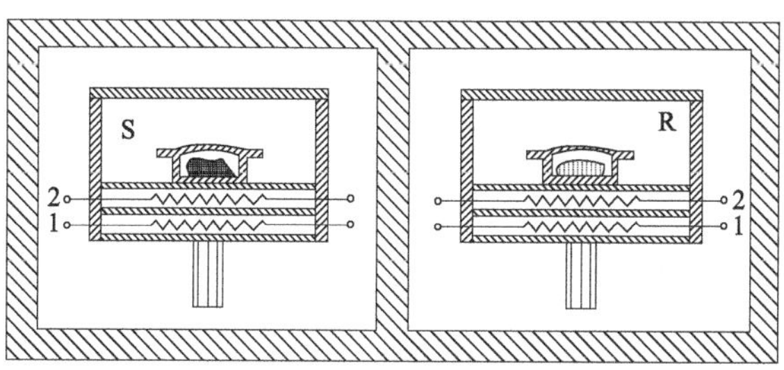

图 4-38 功率补偿型 DSC 测量系统

1—加热丝；2—电阻温度计；S—试样测量系统，包括试样坩埚、微电炉和盖子；R—参比物系统（与 S 类似），两个相互分离的测量系统置于一个均温块中

二、DSC 曲线的解析和处理

试样在受热或冷却过程中，由于发生物理变化或化学变化而产生热效应，在 DSC 曲

线上会出现吸热峰或放热峰。试样发生力学状态变化时（例如由玻璃态转变为高弹态），虽无吸热或放热现象，但比热有突变，表现在曲线上是基线的突然变动。

当试样发生吸热效应时，由补偿加热器增加热量，使试样和参比物之间保持相同温度；反之，当试样产生放热效应时，则减少热量，使试样和参比物之间仍保持相同温度。然后将此补偿的功率直接记录下来，它精确地等于吸热和放热的热量，因此可以记录热流速率（dH/dt 或 dQ/dt）对温度的关系曲线，即 DSC 曲线（图 4-39），热流速率的单位可以是 W（即 J/S）或 W/g，后者与样品量无关，又称为热流量。横坐标有时采用时间代替温度，特别是做动力学研究或恒温测定时。不同厂家生产的仪器的 DSC 曲线的吸热放热方向不同，同一仪器也可调整方向，所以曲线上必须注明吸热（endo）和/或放热（exo）的方向。DSC 的峰面积直接对应于热效应的大小，其分辨率、重复性和准确性均较好，一般测定温度范围为－170～700℃（有的仪器也可达高温），不仅可用于定性分析，还能用于定量分析。

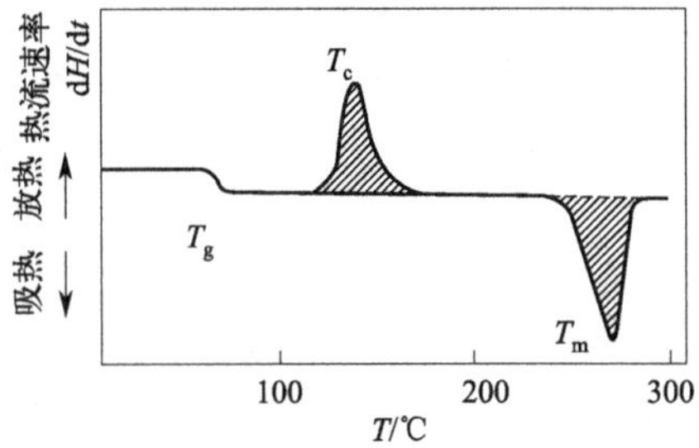

图 4-39 经典的 DSC 曲线

（聚对苯二甲酸乙二醇酯，阴影部分的面积直接对应于吸收或释放的热量）

差示扫描量热（DSC）曲线能够提供材料热性能的多种关键参数，主要包括：聚合物的玻璃化转变温度（T_g），表现为基线发生台阶式偏移的特征转变；结晶温度（T_c）和熔融温度（T_m），分别对应放热峰和吸热峰的峰位温度；比定压热容（C_p），可通过基线偏移程度计算获得；交联或固化温度，表现为放热反应峰；以及各类相转变过程的焓值（ΔH），通过峰面积积分定量测定。

在 DSC 曲线上确定 T_g 可采用中点法和外推起始温度两种方式(如图 4-40 所示)。中点法是在玻璃化转变区域的 DSC 曲线台阶变化处，分别作转变前后基线的延长线，取两条延长线垂直距离的中点所对应的温度作为 T_g 值；外推起始温度则是指 DSC 曲线开始偏离基线的切线与前基线延长线相交点所对应的温度，反映玻璃化转变的起始点。ICTA（国际热分析与量热学联合会）推荐优先采用中点法作为标准测定方法，因其具有更好的重现性和客观性，而外推起始温度可作为辅助参数用于分析转变的起始行为。

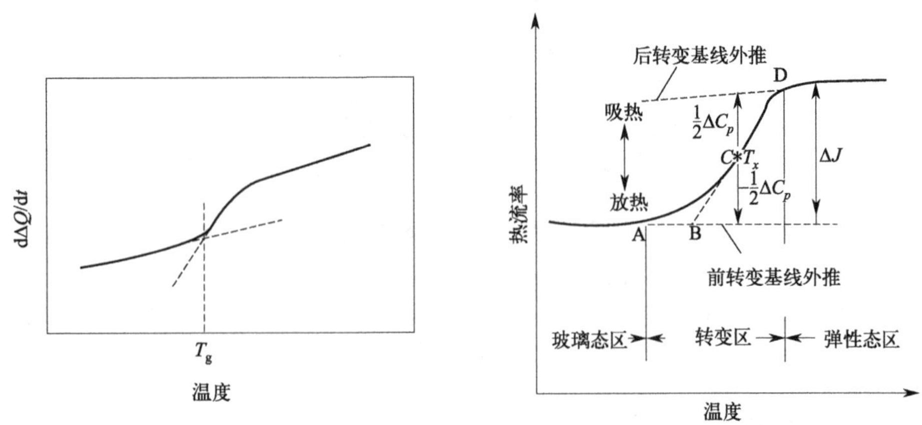

图 4-40 玻璃化转变温度（T_g）的确定方法

在 DSC 曲线上确定熔点（T_m）可采用峰顶法和外推起始温度（T_{eo}）两种方式(如图 4-41 所示)。峰顶法是以熔融吸热峰的顶点所对应的温度作为 T_m 值；T_{eo} 则是指在熔融峰上升沿的拐点处作切线与基线延长线相交点所对应的温度。由于 T_{eo} 与热力学平衡温度基本一致，且其值基本不受升温速率的影响，因此 ICTA 规定采用 T_{eo} 作为熔点。

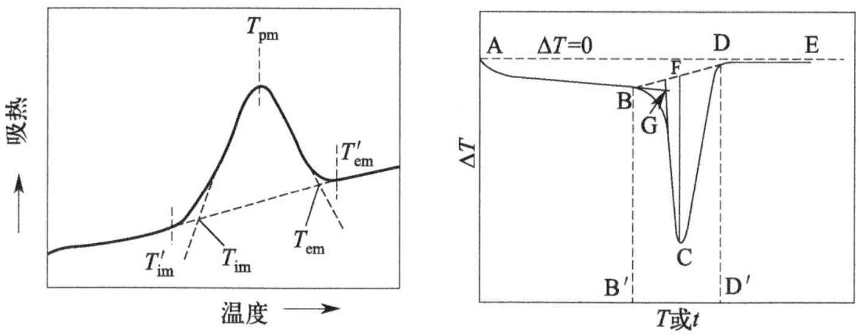

图 4-41 熔点（T_m）的确定方法

三、仪器及实验技术

（一）试样的制备

DSC 可以用于测定除气体外的固态、液态或浆状样品。装样的原则是尽可能使样品既薄又广地分布在测试坩埚内，以减少试样与坩埚之间的热阻。薄膜、纤维、片状、粒状等较大的试样都必须剪或切成小粒或片，并尽量平铺，以减小样品间的温度梯度。挥发性液体不能用普通坩埚，必须采用耐压（0.03MPa）的密封坩埚。测沸点时要用盖上留有小孔的特殊坩埚（对于铝坩埚，密封前预先在盖子上用针或尖头镊子打一小孔即可）。

常用的坩埚由铝、氧化铝、金、铂、银、石墨等不同材质组成。高分子样品一般使用铝坩埚，需要注意的是，使用铝坩埚的温度应低于 500℃，否则铝会发生冷流而变形。超过 500℃时可以用氧化铝坩埚或者铂坩埚，其中铂坩埚易与熔化的金属形成合金，也易被 P、As、S、Se、卤素、王水等侵蚀，而氧化铝也有发生化学反应的可能。

（二）实验结果的影响因素

影响 DSC 曲线的主要因素有样品因素、扫描速率、气氛、热历史等。

1. 样品因素

试样用量越多，内部传热时间越长，形成的温度梯度越大，峰形就会扩张，分辨率要下降，温度滞后会更严重。样品量少有利于气体产物的扩散和试样内温度的均衡，减小温度梯度、降低试样温度与环境线性升温的偏差，对于均一的材料，样品量以 5～10mg 为宜，不要超过坩埚体积的 1/3。对于复合材料或聚合物的共混物，因其组成的不均一性，样品量需要 10mg 左右以保证结果的代表性。一般来说，样品量较少，分辨率较高，但灵敏度下降（图 4-42）。样品量对所测转变温度值也有影响。以铟为例，随着样品量的增加，峰起始点温度基本不变，但峰顶温度升高，峰结束温度则升高更多（图 4-43）。

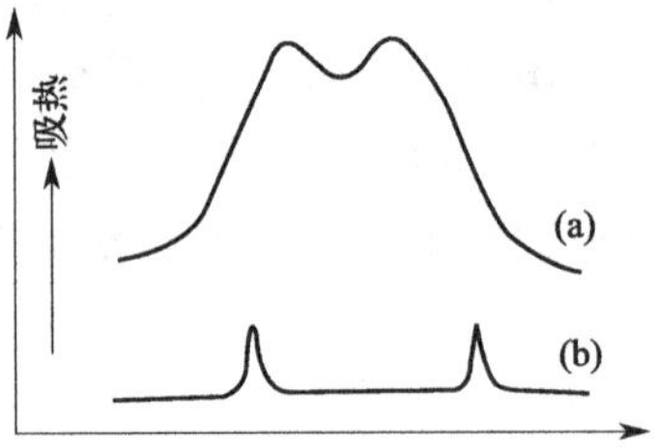

图 4-42　不同样品量对测定结果的影响示意图

(a) 样品较多；(b) 样品较少

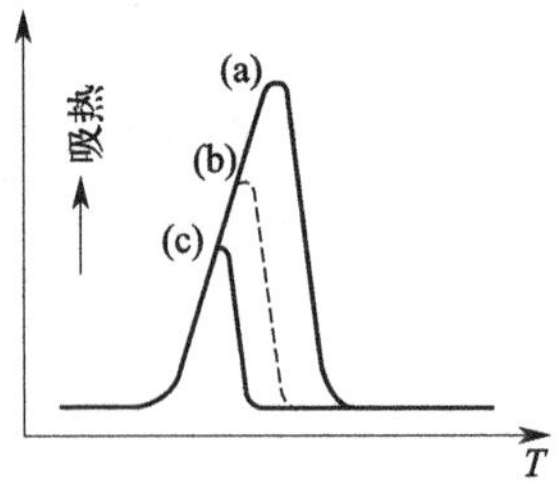

图 4-43　铟的量对峰温度的影响示意图

除了需要严格控制样品量外，样品的粒度分布同样是影响 DSC 测试结果的关键因素。粒度差异会直接影响样品的热传导效率和反应动力学过程：较细的颗粒具有更大的比表面积，能够显著改善热传导均匀性，有利于获得更尖锐的峰形和更准确的转变温度；而粒径过大会导致样品内部热传导受阻，造成温度梯度增大，使热效应峰展宽、分辨率下降。特别是对于存在固相反应的样品体系，粒度效应更为显著，较小的粒径可以缩短反应物的扩散路径，加快反应速率，使反应峰向低温方向移动。实验研究表明，为获得可靠的测试结果，建议将样品研磨至 100～200 目（75～150μm）的均匀粒度范围，并确保样品在坩埚中的堆积密度一致。因此，试样要尽量均匀，最好过筛。

此外，样品的几何形状、与坩埚的接触紧密程度、封装方式及平整度也会影响 DSC 测试结果。样品应制成薄片或均匀粉末以确保热传导一致，并需与坩埚底部紧密接触以避免热滞后；易挥发样品需密封处理，但需注意压力变化对相变温度的影响。此外，样品应平整铺展且不外露，以保证热流分布均匀，获得准确的测试数据。

2. 扫描速率

DSC 的纵坐标热流速率 $\mathrm{d}H/\mathrm{d}t$（简写为 Y）与试样的瞬间比热容 C 成正比，即

$$\frac{\mathrm{d}H}{\mathrm{d}t}=mC\,\frac{\mathrm{d}T}{\mathrm{d}t} \tag{4-8}$$

式中，m 为试样质量；$\mathrm{d}T/\mathrm{d}t$ 为升温速率。

可见升温速率对 DSC 曲线影响很大。一般来说，扫描速率快，峰形尖锐，升温过程中得到的转变温度偏高，灵敏度提高，分辨率下降，还可能造成相邻转变峰的重叠，影响峰面积的测量；扫描速率低，测试效率低，还会使高分子链的热转变与松弛缓慢，在热谱图上变化不明显，影响转变温度的确定。图 4-44 是不同升温速率下聚丙烯的 DSC 曲线。从图中可以看出，随着升温速率加快，起始温度略有增加，峰值温度和结束温度明显推后。熔融转变的灵敏度提高，分辨率下降。虽然扫描速率的变化对转变温度有影响，对峰的高低和宽窄有影响，但对谱图中吸热或放热峰的峰面积无影响，不影响 DSC 的热量的定量计算，如图 4-45 所示。

与其他分析方法一样，灵敏度和分辨率常常是一对矛盾。提高灵敏度，要采用较多的样品量和较快的升温速率；而提高分辨率则相反，需要较少的样品量和较慢的升温速率。由于增加样品量对灵敏度影响较大，对分辨率影响较小，而加快升温速率对两者影响都较大，因此，人们一般选择较慢的升温速率以保持好的分辨率，而以适当增加样品量来提高灵

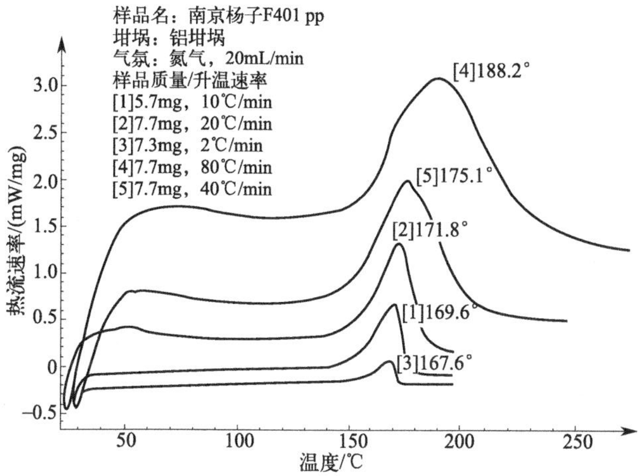

图 4-44 不同升温速率下聚丙烯的 DSC 曲线

敏度。通常实验采用 5～10℃/min 的速率，测定玻璃化转变温度（T_g）时建议使用 20℃/min（国标要求），以提高灵敏度。

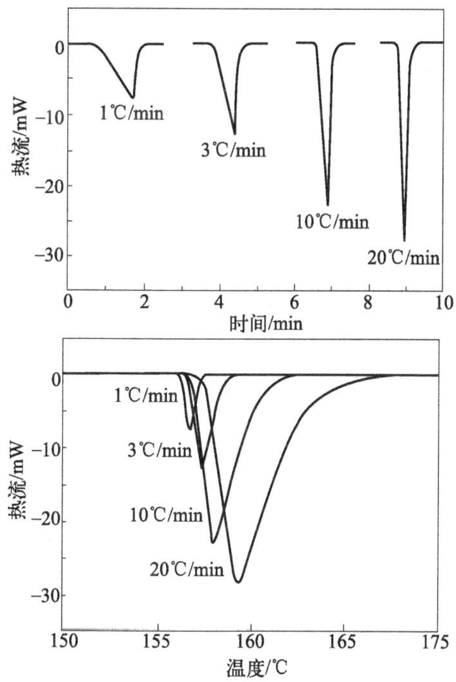

图 4-45 升温速率对标准样品 In 的 DSC 曲线的影响

3. 气氛

为了避免样品在高温下发生氧化反应，并减少挥发性组分对检测器的腐蚀，一般采用惰性气体（如 N_2、Ar、He 等）作为保护气氛。惰性气氛能够有效隔绝氧气，防止样品氧化分解，从而确保热分析数据的准确性。例如，在测定聚合物的熔融行为或热稳定性时，氮气（N_2）是最常用的保护气体，因其成本较低且化学惰性良好；而在某些特殊情况下（如高温测试或对氧化极其敏感的样品），则可能选用氩气（Ar）或氦气（He）以提供更稳定的测试环境。然而，在研究材料的氧化行为（如氧化诱导期 OIT）时，则需要使用氧气（O_2）或空气作为测试气氛。

此外，气氛的流量也会影响 DSC 测试结果。过高的气流可能导致基线漂移或样品温度分布不均，而过低的气流则可能无法有效排除挥发性产物，影响测试精度。因此，在实验过程中需优化气体流速，通常控制在 20～40mL/min 范围内，以保证测试的稳定性和可重复性。

4. 热历史

热历史是指材料在测试前经历的热处理过程（如熔融、冷却、退火、淬火等），它会显著影响 DSC 测试结果。由于材料的热历史决定了其微观结构（如结晶度、分子链排列、相态稳定性等)，不同热历史可能导致 DSC 曲线出现明显差异。例如，快速冷却（淬火）的非晶高分子通常表现出更明显的 T_g，而缓慢冷却的样品可能因部分结晶而使 T_g 变宽或略微偏移。对于半结晶聚合物（如 PET、PP)，不同的冷却速率会影响结晶度，进而改变熔融峰（T_m）的温度和形状，甚至可能引入冷结晶峰或多重熔融峰。此外，样品若经历退火或长期储存（物理老化)，可能在 DSC 升温过程中出现额外的焓松弛峰或热分解峰。

为了消除热历史对 DSC 测试结果的影响，通常需要采取标准化的预处理方法。首先，对样品进行预熔融处理，将其加热至熔融温度以上（一般高于 T_m 20～30℃）并保持 2～5min，以消除原有的热历史并使材料达到均一状态。随后以可控的冷却速率（如 10℃/min）将样品冷却至测试起始温度，确保所有样品具有一致的热历史。对于需要特定结晶结构的材料，可在适当温度下进行等温退火处理以稳定其微观结构。

5. 其他因素

通常 DSC 在开始测定时信号并不是直线，而是向上或向下大幅度偏转，一般约 2～3min 之后才会回到直线（图 4-46)。假设升温速率为 20℃/min，相当于开始后约 50℃才会正常。因而在这一段温度区间内将得不到准确的信息。产生这一现象的原因是 DSC 扫描之前加热炉内参比坩埚和样品坩埚是处于热平衡的，此时热流速率趋近于零。若令加热炉以每分钟若干摄氏度强制升温，由加热器所产生的热量经导热性非常好的金属薄板源源不断地同时涌入参比坩埚和样品坩埚，使得两者以同样的温度上升。但因两者的质量（或比热容）不同，样品坩埚内多了待测样品的质量，自然需要较多的热量流入，所以可以观察到 DSC 信号偏离基线的程度随样品量的增大而增大，或随升温速率的增大而增大。经过加热一段时间后，样品坩埚多吸收的热流量会趋于一稳定值，炉内达到另一个平衡状态，此时的热流信号会回复为直线。为了消除或减少这一现象的干扰，有两个办法：一个是提前约 50℃开始测定，但这种办法有时候行不通。另一个办法在参比坩埚内加入一些惰性参比物，提高参比坩埚的质量，或者参比坩埚多加几个盖子也能奏效。

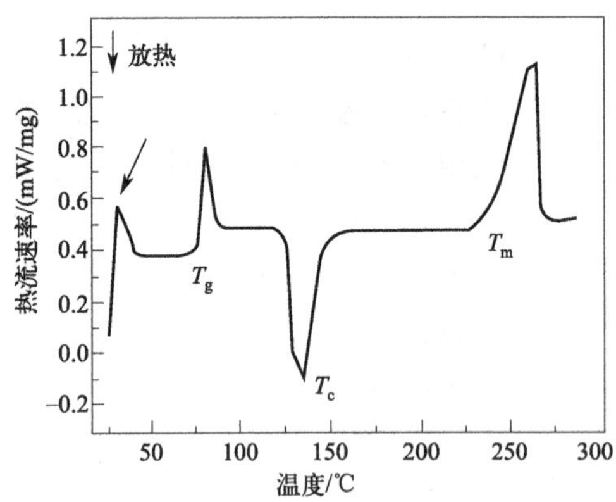

图 4-46　聚对苯二甲酸乙二醇酯纤维的 DSC 曲线

四、DSC 在高分子材料研究中的应用

（一）玻璃化转变温度的测定

T_g 是高分子的一个重要特性参数，是高分子从玻璃态转变为高弹态的温度。从应用角度，T_g 一般为塑料的使用温度上限，橡胶的使用温度下限。从分子结构上讲，玻璃化转变是高分子无定形部分从冻结状态到解冻状态的一种松弛现象，而不像相转变那样有相变热，因此它是一种二级相变（高分子的动态力学称主转变)。在玻璃化转变温度时，高分子的比热容、热膨胀系数、黏度、折射率、自由体积以及弹性模量等都

要发生一个突变。用 DSC 测定 T_g 就是基于高分子在玻璃化转变时，热容增加这一性质。在 DSC 曲线上，其表现为在升温通过玻璃化转变温度时，基线向吸热方向移动，在 DSC 曲线上体现为基线高度的变化（曲线的拐折），图 4-47 所示是某种树脂样品的玻璃化转变曲线。

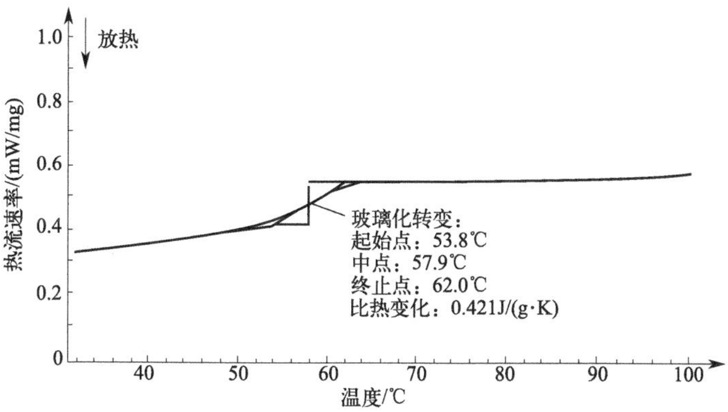

图 4-47　某种树脂样品的玻璃化转变曲线（Netzsch 公司测定）

硅橡胶的 T_g（－122℃）极低，因而具有非常优良的耐低温性能。硅橡胶在玻璃化转变之后紧接着发生二次结晶，然后在稍高的温度下发生熔融。整个转变都发生在低温（图 4-48）。

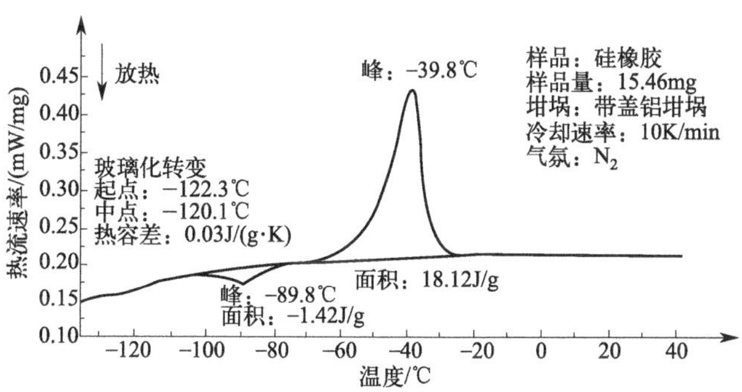

图 4-48　硅橡胶的 DSC 曲线（Netzsch 公司测定）

聚合物的玻璃化转变温度范围大致分为三个区：低于室温的是橡胶态材料，从室温到约 160℃的为一般非晶热塑性材料，而 160℃以上者为耐高温热塑性材料。利用它们的 T_g 值可以鉴别这些材料的品种。

T_g 除了取决于聚合物的结构之外，还与聚合物的分子量、增塑剂的用量、共聚物或共混物组分的比例、交联度的多少以及聚合物内相邻分子之间的作用力等有关系。

表 4-3 展示了聚苯乙烯（PS）相对分子质量与其 T_g 的关系。从数据可以看出，随着 PS 相对分子质量的增加，其 T_g 呈现逐渐升高的趋势。这一现象可以通过自由体积理论来解释：聚合物分子链的两端各有一个端基链段，这些端基链段的活动能力比中间链段更强，贡献的自由体积也更大。当分子量较小时，端基在分子链中所占比例较高，导致材料整体自由体积增大，从而使 T_g 降低；反之，当分子量增大时，端基比例相对减小，自由体积相应减少，因此 T_g 升高。

表 4-3　PS 相对分子质量与 T_g 的关系

M_n	111000	10400	5400	3630	2740	1530	650
T_g/℃	100	83	70	53	43	43	−25

增塑剂可降低硬质塑料的玻璃化转变温度，图 4-49 是聚氯乙烯的玻璃化转变温度与增塑剂邻苯二甲酸二辛酯（DOP）用量之间的关系曲线，由图可见，随增塑剂用量的增加，玻璃化转变温度下降，在增塑剂用量超过 50%以后，T_g 下降幅度减小。

聚合物共混体系的相容性通常可以通过 T_g 的测定来进行研究。当两种聚合物相容性良好时，其共混物的 DSC 曲线会表现出以下特征：原本各自独立的 T_g 会相互靠近，甚至合并为一个统一的 T_g。相反，若两种聚合物不相容，共混后仍会保持各自原有的 T_g 特征（图 4-50）。这一现象与共聚物的行为具有相似性。以 AB 型共聚物为例：对于 AB-ABAB…型的交替共聚物，由于其分子链中 A、B 单体单元均匀分布，相当于 A、B 两组分完全相容，因此仅观察到一个单一的 T_g；而对于 AAAAA…BBBBB…型的嵌段共聚物，只要两组分含量足够且链段长度适当，就会表现出两个 T_g，分别对应于 A 组分和 B 组分均聚物的特征 T_g。例如共聚物 SBS 显示了两个 T_g：一个对应于丁二烯（−87.8℃），另一个对应于苯乙烯（69.5℃）。丁二烯和苯乙烯在 SBR 中是相容的，从而只显示一个 T_g，且处于丁二烯和苯乙烯的 T_g 之间（见图 4-51）。

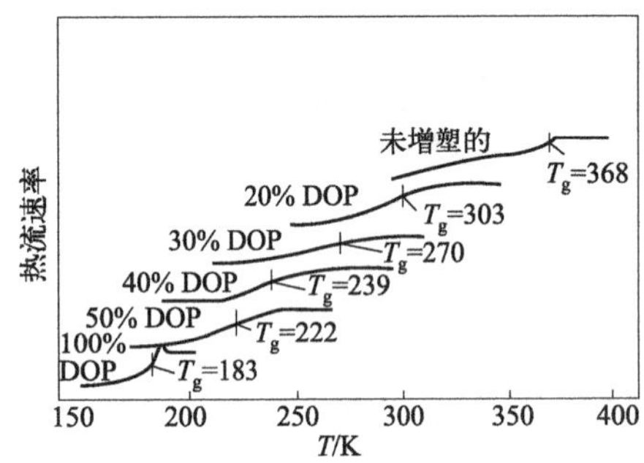

图 4-49　聚氯乙烯的玻璃化转变温度与增塑剂 DOP 用量之间的关系

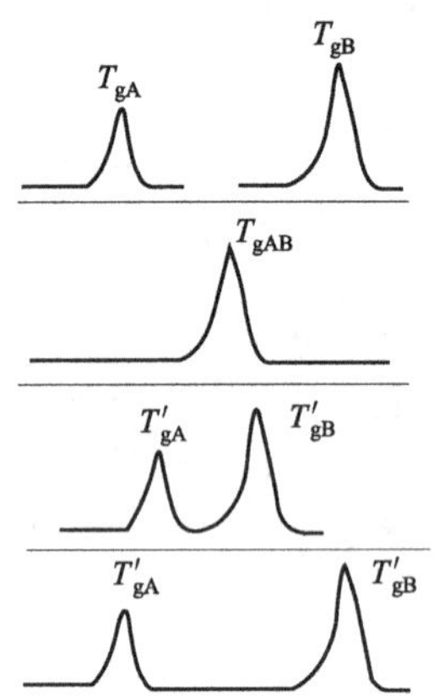

图 4-50　玻璃化转变温度与相容性的关系

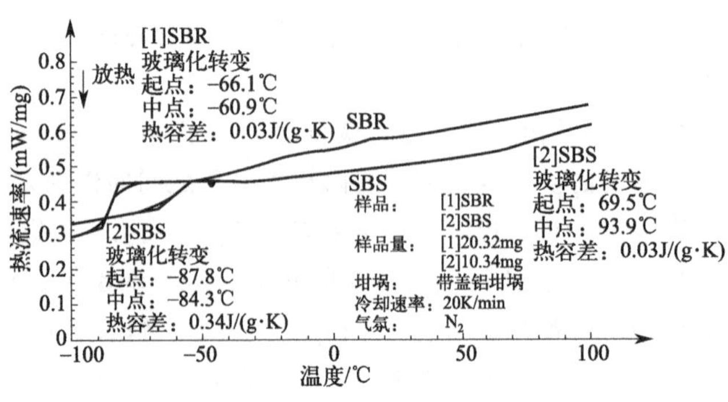

图 4-51　SBS 和 SBR 的 DSC 曲线比较

玻璃化转变还可用于研究环氧树脂的固化。环氧树脂第一次加热观察到 T_g 和固化放热峰，再次加热时没有固化放热峰，而且 T_g 向高温移动（图 4-52）。说明第一次加热时已完全固化。

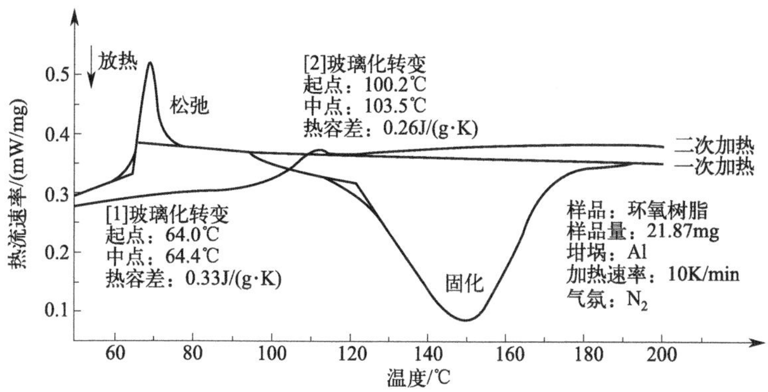

图 4-52　环氧树脂固化前后的 DSC 曲线

除上述几个因素会对玻璃化转变温度产生影响外，历史效应的影响也很重要。主要的历史效应有热历史、应力历史、形态历史、退火历史、结晶历史、物理老化历史等几种。图 4-53 是聚苯乙烯的 DSC 曲线，第一次升温由于热历史效应而有形变，第二次升温则清楚地显示了玻璃化转变结果及其他信息。这是由于市售的无规型聚苯乙烯是完全非晶的，它的 T_g 约 100℃。通常第一次加热曲线由于松弛过程，玻璃化转变区是不规则的；而第二次加热由于没有热历史，呈现正常的玻璃化转变曲线。

图 4-54 是不同储存时间（2 天至 59 个月）的 PET 纤维的 DSC 曲线，储存条件为 20℃、65％相对湿度。从图中可观察到明显的物理老化峰，该峰属于热焓松弛导致的吸热峰，反映了材料从低能量状态向高能量状态的转变。物理老化区别于热氧化或光氧化老化等化学老化，是指材料的性能随时间变化而变化的现象。这是由于非晶态聚合物的玻璃态并不处于热力学的平衡状态，而只是固化的过冷液体，因此它是不稳定的。体积松弛过程研究表明，即使在 T_g 以下，分子的运动性并不等于零，而是在继续运动，向着平衡态发展，自由体积继续变小，虽然是极其缓慢的。在 DSC 曲线上，物理老化表现为一个吸热峰（通常在 T_g 附近），这是由于储存过程中分子链构象被“冻结”，而在加热时，储存期间积累的过剩焓被释放，形成吸热峰。

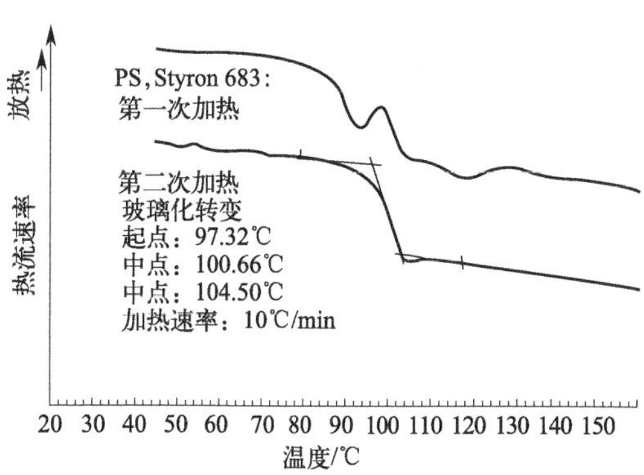

图 4-53　聚苯乙烯 DSC 曲线

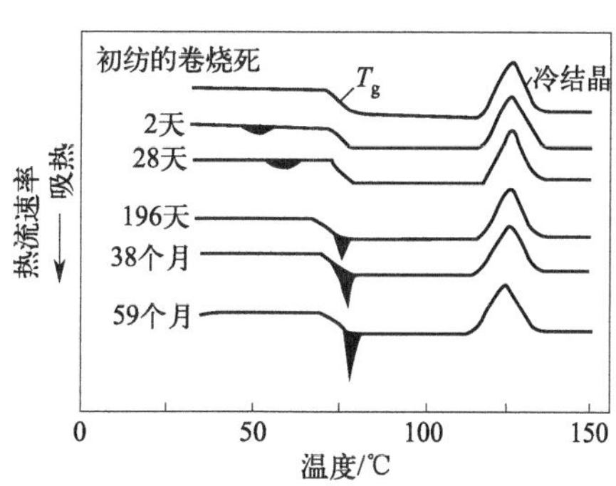

图 4-54　储存不同时间的 PET 纤维的 DSC 谱图

（二）熔点与熔融焓的测定

聚合物结晶的熔融温度（熔点）很容易从 DSC 曲线的熔融吸热峰位置得到。通常确定熔点用以下两种方法较为方便，一种是以峰前沿的切线与扫描基线的交点 *B* 为熔点，另一种是直接以峰顶 *A* 点为熔点。由于高分子的峰形复杂，常难以作切线，所以用后者更为便利，但必须注意样品量对峰温的影响。

根据熔点，可以对结晶高分子进行定性鉴别。图 4-55 所示为 LDPE、LLDPE、HDPE 三种不同聚乙烯的 DSC 曲线。三种聚乙烯的熔融峰相距较远，很容易加以区别。

图 4-56 是两种聚酰胺样品的 DSC 曲线，由于不同类型的聚酰胺的熔点不同，因此通过峰温可以很快分辨出样品 A（熔点 271.8℃）为 PA66；样品 B（熔点 231.7℃）为 PA6。

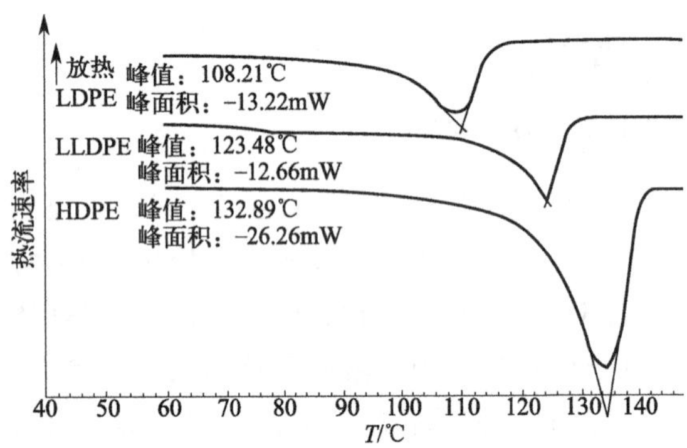

图 4-55 通过峰温来鉴别 PE

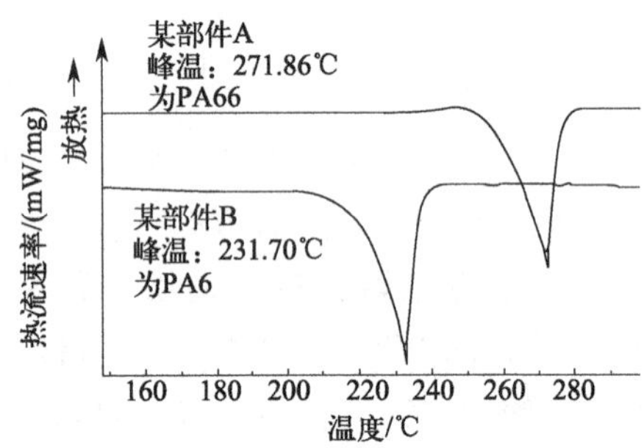

图 4-56 通过峰温来鉴别尼龙 6 和尼龙 66

图 4-57 是七种结晶高分子的混合物样品的 DSC 曲线，图上同时出现了 7 个峰，每个峰对应于一种高分子的熔融，峰的位置互不干扰。

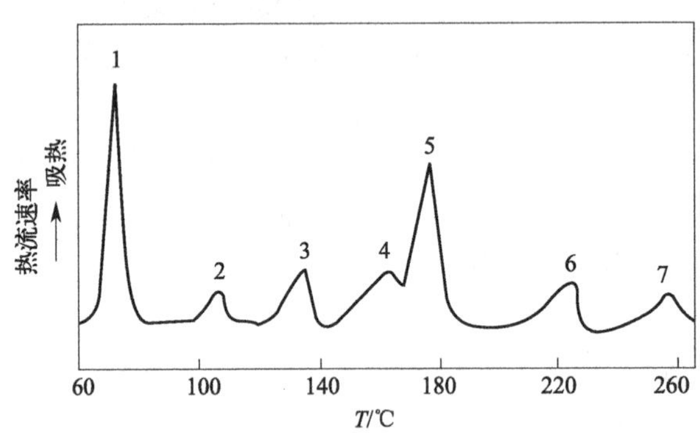

图 4-57 七种结晶高分子混合物的 DSC 曲线

1—聚乙二醇； 2—低密度聚乙烯；3—高密度聚乙烯；4—聚丙烯；5—聚甲醛；6—尼龙 6；7—PET

根据熔点，还可以判断体系是无规共聚物还是共混物，因为无规共聚物只有一个熔点，而共混物的各组分有各自的熔点，它们分别接近于均聚物的熔点。根据峰面积和物质量的关系，还能进行共混物或共聚物中组成的定量分析。图 4-58 所示为某材料的 DSC 谱图。由图中曲线表明，该材料是 HDPE（峰温 135℃）和 PP（峰温 163℃）的共混物，从测得的 PP 峰熔融热（14.3J/g）能大致计算 PP 的含量。如果取纯 PP 的熔融热为 60J/g

（聚丙烯的典型值），含量由下式给出：含量$=\Delta H/\Delta H_{PP}\times 100\%$，即23.9%。

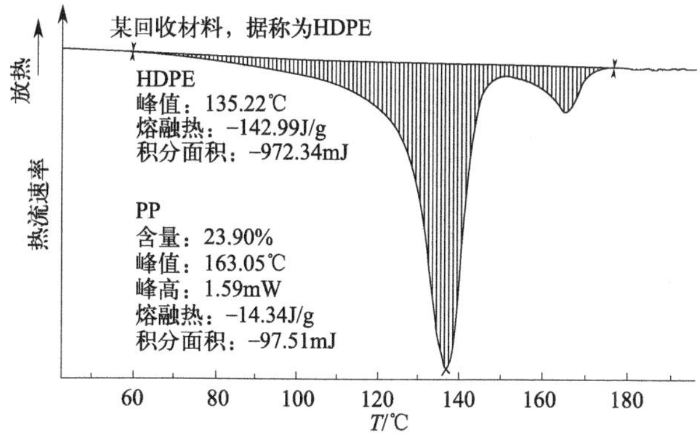

图4-58　某回收材料的DSC谱图

熔融焓也可以通过DSC曲线计算得到。熔融焓等于熔融峰的面积除以样品质量，熔融峰的面积可使用DSC仪器配套软件直接积分得到，在积分之前，需要确定熔融峰的界限。一般来讲，确定DSC峰界限有以下四种方法（如图4-59所示）：

① 若峰前后基线在一直线上，则取基线连线作为峰底线，如图4-59(a)所示。

② 当峰前后基线不一致时，取前、后基线延长线与峰前、后沿交点的连线作为峰底线，如图4-59(b)所示。

③ 当峰前后基线不一致时，也可以过峰顶作与纵坐标平行的线。与峰前、后基线延长线相交，以此台阶形折线作为峰底线，如图4-59(c)所示。

④ 当峰前后基线不一致时，还可以作峰前、后沿最大斜率点切线，分别交于前、后基线延长线，连接两交点组成峰底线，如图4-59(d)所示。此法是ICTA所推荐的方法。

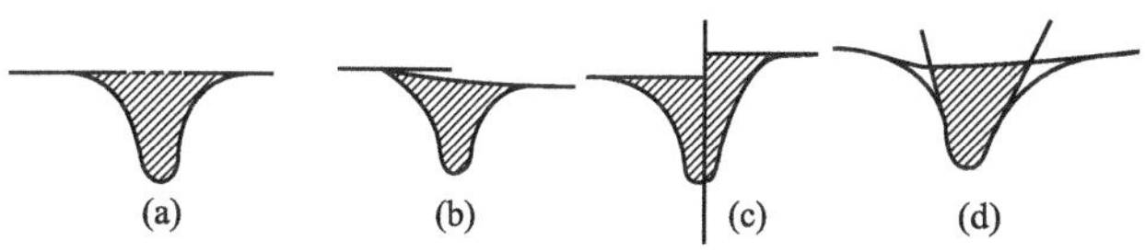

图4-59　DSC曲线峰界限的确定

（三）结晶温度与结晶度的测定

结晶温度的求法与熔融温度相似，如图4-60所示。T_{pc}为结晶峰顶温度，T_{ic}为外推结晶起始温度，T_{ec}为外推结晶终止温度。呈现两个以上的独立结晶峰时，则求出各自峰的T_{pc}、T_{ic}和T_{ec}。另外，存在两个以上重叠峰时，则求出T_{ic}，若干个T_{pc}和T_{ec}。

用DSC测量结晶热是在一定的升、降温速率和气氛下测定试样的结晶放热，并与在相同条件下标准试样的测定结果相比较，求得结晶热。

测量DSC峰面积，可以定量地计算某热事件的转变热或反应热。下面只介绍通过熔融热的测定求结晶度，以及通过结晶热的测定研究结晶动力学。这些方法也可以用于其他转变和反应的研究。

聚合物的结晶度（X_c）可由聚合物结晶部分熔融所需的热量与100%结晶的同类试样的熔融热之比而求得。即

$$X_c=\frac{\Delta H_{试样}}{\Delta H_{标样}}\times 100\% \tag{4-9}$$

式中，$\Delta H_{试样}$为试样的熔融热，J/g，与峰面积有确定的关系，一般仪器都能直接读取；$\Delta H_{标样}$为相同化学结构100%结晶材料的熔融热，J/g，可以从相关手册上查得。例如，对于完全结晶的聚乙烯的熔融热，可以用具有相同化学结构的正32碳烷的数值来代替，或取自文献的平均值290J/g。

图4-61是不同种类PE的DSC曲线，图中熔融峰的面积可以计算出各种PE的结晶度。

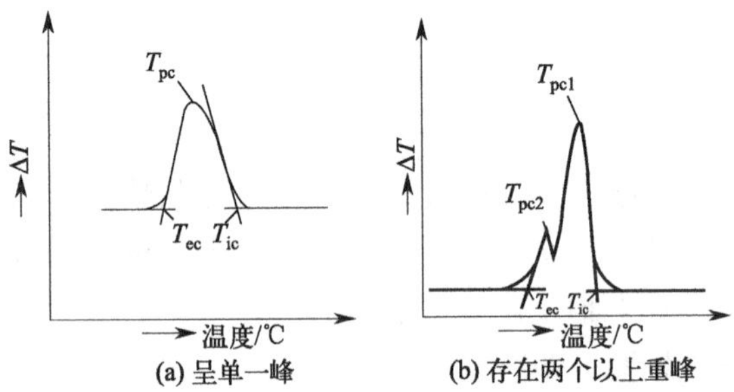

图4-60 结晶温度求法

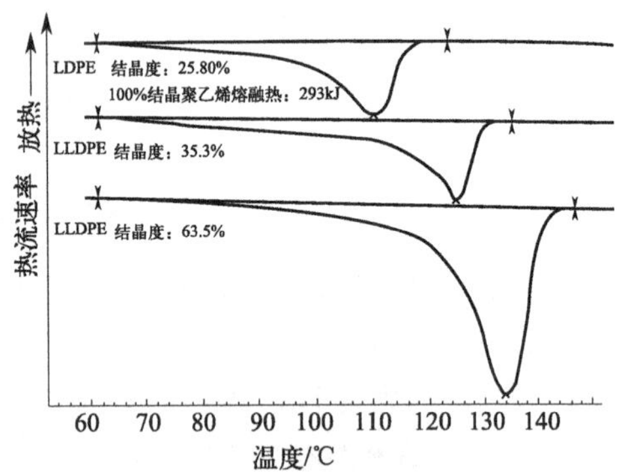

图4-61 不同种类聚乙烯的DSC曲线

实际上在对类似于PET这类存在冷结晶的聚合物进行结晶度计算时：

结晶度(%)=(熔融峰面积－冷结晶峰面积)/100%结晶材料的理论熔融热焓

如图4-62所示为PET的DSC曲线。从图中可以看出，PET在约135℃有一个冷结晶峰，因此根据上述公式计算得该PET的结晶度为12.21%。

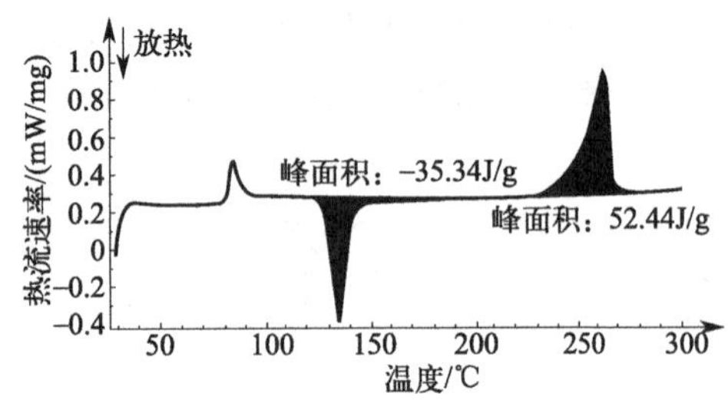

图4-62 PET的DSC曲线

图4-63为某PET样品的两次DSC升温曲线。样品在第一次熔融测试后淬冷至液氮温度，再放入130℃环境中进行等温结晶。随后将样品再次淬冷后进行第二次升温测试。结果发现：样品的玻璃化转变温度提高，同时125～145℃间的冷结晶峰消失，样品的结晶度有所提高。

(四) 结晶动力学的研究

1. 等温结晶动力学

若将高分子在DSC仪器中熔化，然后尽快降温至预定温度下，记录热流速率随时间的变化，就可得到等温结晶曲线。图4-64是聚乙烯样品在不同温度下的等温结晶曲线，结晶温度和结晶热标示于图上。

对结晶放热峰的动力学处理如图4-65所示，总面积A对应于结晶的总热效应，阴影面积a为直到t时刻，形成的结晶所释放的结晶热。因而t时间结晶度X_t可表达为：

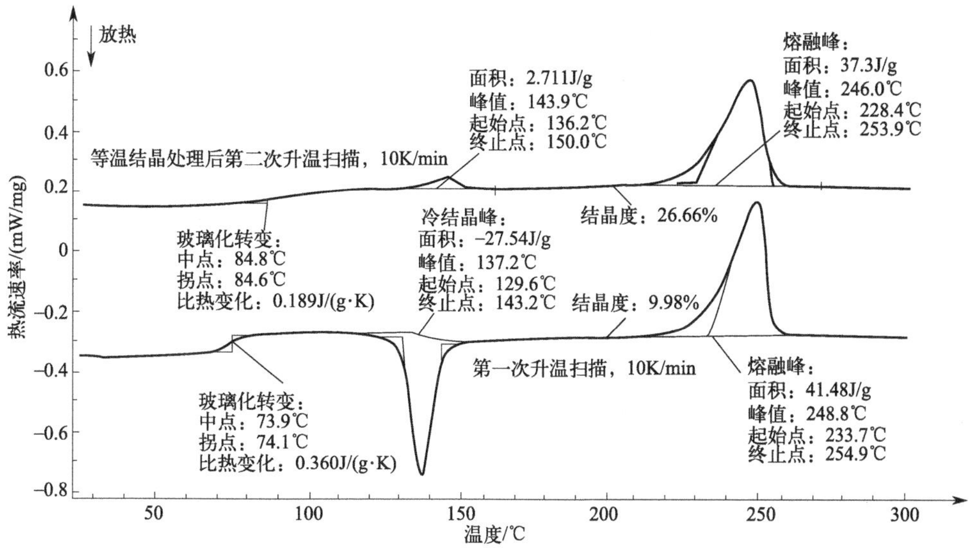

图 4-63　某 PET 样品的两次 DSC 升温曲线

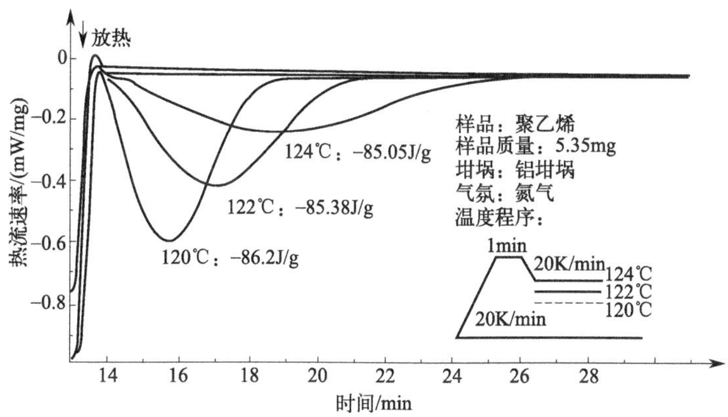

图 4-64　聚乙烯样品的等温结晶曲线

$$X_t=\frac{\int_0^t(\mathrm{d}H/\mathrm{d}t)\mathrm{d}t}{\int_0^\infty(\mathrm{d}H/\mathrm{d}t)\mathrm{d}t}=\frac{a}{A} \tag{4-10}$$

根据阿夫拉米（Avrami）方程：

$$1-X_t=\exp(-Zt^n) \tag{4-11}$$

或

$$\lg[-\ln(1-X_t)]=\lg Z+n\lg t \tag{4-12}$$

以 $\lg[-\ln(1-X_t)]$对 $\lg t$ 作图，从截距得到结晶速率常数 Z，从斜率得到阿夫拉米指数 n（与成核和生长机理有关的参数）。

2. 非等温结晶动力学

等温结晶动力学有一定局限性，例如所允许的测定温度范围很窄，曲线形状不完全（如图 4-64 所示的那些曲线）等。而且由于高分子材料在实际加工过程中是非等温结晶，以及一些高分子在某些温度下结晶热太小，所以非等温结晶动力学有重要的实用价值。但实施方法目前还很有限，主要有两种方法。一种是 Ozawa 的方法，另一种是 Jeziorny 的方法，下面介绍后者。根据降温速率 dT/dt，将非等温结晶曲线（图 4-66）中温度的变化变换成时间的变化，然后再用等温结晶同样的方法处理。

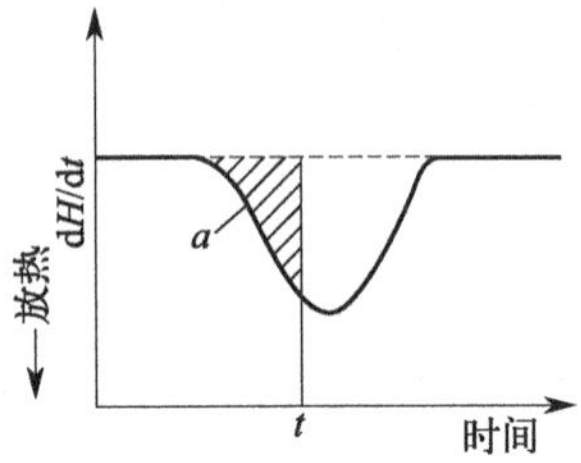

图 4-65　等温结晶的动力学处理

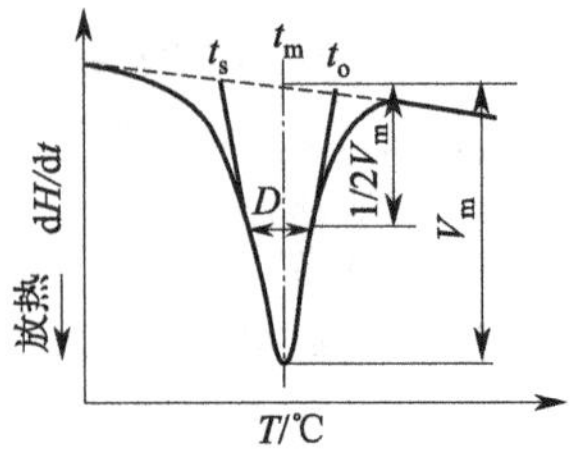

图 4-66　非等温结晶的动力学处理

等温结晶的动力学方程——Avrami 方程（4-11），经改进后，也适用于测定非等温结晶，考虑到非等温结晶的特性，最后应当用经降温速率校正的 Z，来表征非等温结晶速率，即

$$\lg Z_c = \frac{\lg Z_t}{\mathrm{d}T/\mathrm{d}t} \tag{4-13}$$

而由此法得到的 n 值与等温测定的 n 值在意义上也有差别，实际上它代表了一个温度区间内 n 的平均值。用半峰宽 D（图 4-66）也可表征结晶速率，D 越小，结晶速率越快。

（五）氧化诱导期的测定

有机材料（如高分子、润滑油等）的使用寿命往往与其氧化裂解，即热氧化稳定性有关，为防止高分子化合物的氧化降解作用，通常在高分子中都添加少量的抗氧化剂。至于用什么方法来评价抗氧化剂的效力和选择最为有效的抗氧化剂是人们关注的一个问题。目前普遍采用的方法是利用 DSC 来测定高分子的氧化诱导期。该方法是在给定的温度条件下测定聚合物开始氧化所需的时间。利用这种方法，对具有不同含量的抗氧剂的高分子作一系列的温度测定，再利用外推法可求出高分子化合物在室温下的估计寿命。

按照 ASTM 标准测试方法，首先称取 5～10mg 试样，将其均匀平铺在敞口铝坩埚中（注意避免压实样品）。测试时，先在 50mL/min 的氮气氛围中以 20℃/min 的升温速率将样品加热至设定温度（如 200℃），保持恒温 2min 使体系达到温度平衡；随后立即将气氛切换为 50mL/min 的氧气并同时开始计时；最后通过分析 DSC 曲线，以基线延长线与放热曲线切线的交点作为外推起始点，该时间点即为氧化诱导期（OIT），如图 4-67 所示。

通过氧化诱导期（OIT）测定来估算含抗氧剂高分子的使用寿命时，可采用以下方法：首先在不同温度（T，均高于室温）条件下测定试样的 OIT 值，随后建立 OIT 与温度 T 之间的线性关系曲线（图 4-68）。通过将该线性关系外推至室温条件，所得 OIT 值即可作为该高分子在室温环境下的使用寿命估计值。

图 4-69 为两种不同 PE 管材的 DSC 曲线，从图中可见，具有平滑表面的 PE 管氧化稳定性比粗糙表面的 PE 管好。

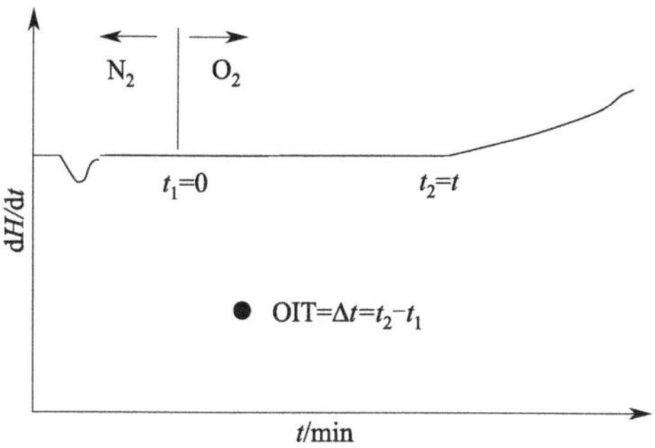

图 4-67 氧化诱导期的测定

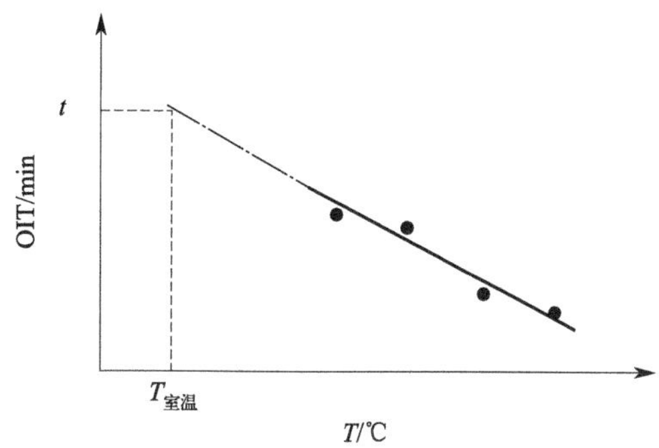

图 4-68 OIT 与温度 T 之间的线性关系曲线

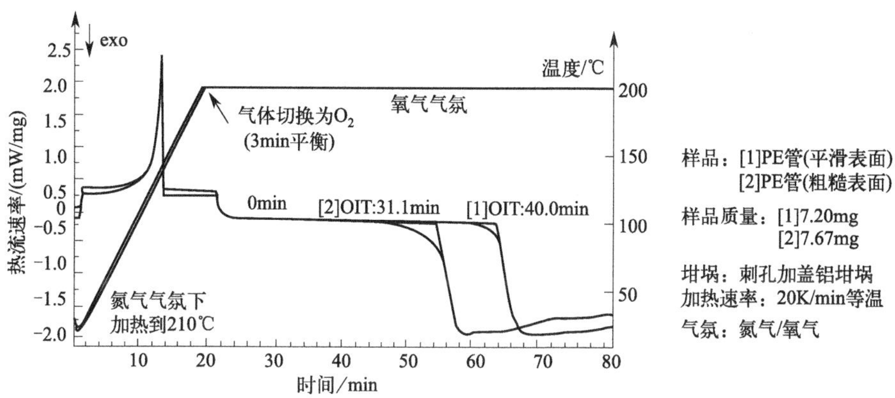

图 4-69 PE 管材的 DSC 曲线

（六）成型工艺的预测

在高分子材料成型加工过程中，其工艺参数有成型温度、成型压力和成型时间等所谓成型工艺三要素，其中以温度效果最为显著。热分析技术的发展为高分子材料成型加工提供了温度（或时间）参数的理论数据。但是，由于热分析技术在测定过程中受到很多因素的影响，因此其测量值与实际成型加工数值存在着一定的差距，为此，在实际中对热固性材料固化成型的固化温度以及热塑性材料注射成型的注射温度，通过 DSC 技术的测定研究，得出如下经验方法。

1. 热塑性材料的注射成型温度的确定

热塑性材料可分为结晶和非结晶两种类型，一般加工时要求处于黏流态（也有处于高弹态），可以通过注射或挤出工艺成型（也有真空成型）。这要求把热塑性材料加热到一定温度，这个温度就是加工温度 T。对非晶态热塑性塑料，其加工温度 T 一般处于 T_g 和 T_d（分解温度）之间，结晶型热塑性塑料的加工温度一般处于 T_m 和 T_d 之间。用 DSC（DTA）技术，可测出各种塑料的 T_g、T_m 和 T_d 值。有些研究者用尝试法找出 T_g 或 T_m 和 T_d 与 T 之间的关系如下：

对非晶态热塑性材料而言，加工温度约为：

$$T=1/2(T_g+T_d) \tag{4-14}$$

对结晶态热塑性材料而言，加工温度约为：

$$T=1/2(T_m+T_d) \tag{4-15}$$

当然对热塑性材料的实际加工温度的确定还需顾及加工中的其他工艺因素，如加工压力、时间及模具结构等影响，因此，对式(4-14) 及式(4-15) 求出的加工温度还需作适当修正。

2. 热固性材料的固化工艺温度的确定

因为 DSC 曲线峰值温度随升温速率而变，因此，在测定某一热固性材料的固化温度时，会由于升温速率不同而得出不同的固化温度，这就使热固性材料的实际固化温度难以选定，为此，提出采用 T-β 图外推法求固化工艺温度的近似值。具体方法以自力-4 胶膜固化工艺温度的确定为例说明如下：

自力-4 胶膜在四种扫描速率下固化反应放热峰的起始温度 T_i、峰顶温度 T_p 和峰终温度 T_f 等值列于表 4-4。由表 4-4 数据绘出 T-β 关系图，如图 4-70 所示。外推到 $\beta=0$ 时得到的三点温度，即固化工艺温度，分别定为近似凝胶温度 T_{gl}（165℃）、固化温度 T_{cure}（180℃）和后处理温度 T_{treat}（197℃）。

表 4-4　自力-4 胶膜在不同扫描速率下固化反应特征温度

β/(℃/min)	T_i	T_p	T_f
2	164	180	198
5	174	192	214
10	179	204	229
20	186	215	255

五、DSC 技术的新发展

1. Hyper DSC

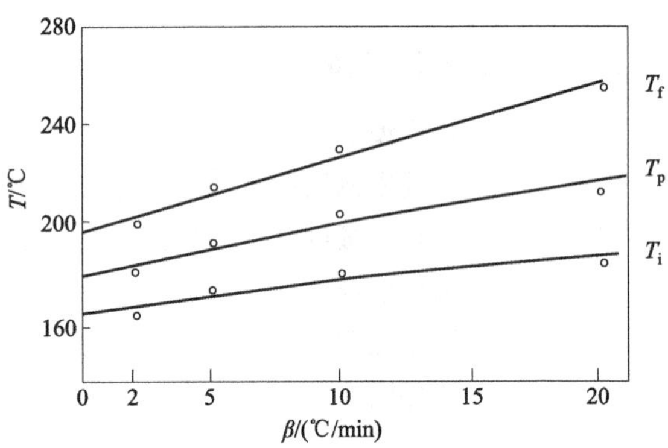

图 4-70　自力-4 胶膜的 T-β 关系

提高 DSC 分析技术的灵敏度和效率一直是从事热分析仪器研发工作者所面临的挑战。尽管对于大多数的应用而言，相对较快的扫描速率如 20℃/min 或 40℃/min 已经足够，但对于小样品而言，由于信号较弱，往往需要更快的扫描速率以提高灵敏度。另外，当样品个数较多时，又往往需要 DSC 有较高的效率。而且，在扫描速率较低时，一些材料会在熔融过程中发生再结晶现象或熔融后立即分解，从而产生一些不可预料的附加的热现象，使得分析变得困难。在此基础上，人们提出了一种快速扫描 DSC，即 Hyper DSC™ 的概念。这是一种功率补偿型的 DSC，它能在很宽的温度（−170～730℃）范围内实现快速地升降温扫描（比如 100～500℃/min)，从而具有比传统 DSC 高 10 倍以上的灵敏度和效率。由于实现了快速扫描，熔融过程中的再结晶现象和熔融后的分解现象可以基本消除，因此也消除了由此引起的未知热现象。

用传统的 DSC 进行 10℃/min 或 20℃/min 升温扫描时，由于升温速率小而使得弱小的热行为难以被发现，如图 4-71 所示的聚丙烯的升温 DSC 曲线。而如果采用 150℃/min

的升温速率，则灵敏度大大提高，其玻璃化转变过程中的台阶状变化会变得很明显。而且扫描时间小于 2min，远远少于传统 DSC 的 20min。

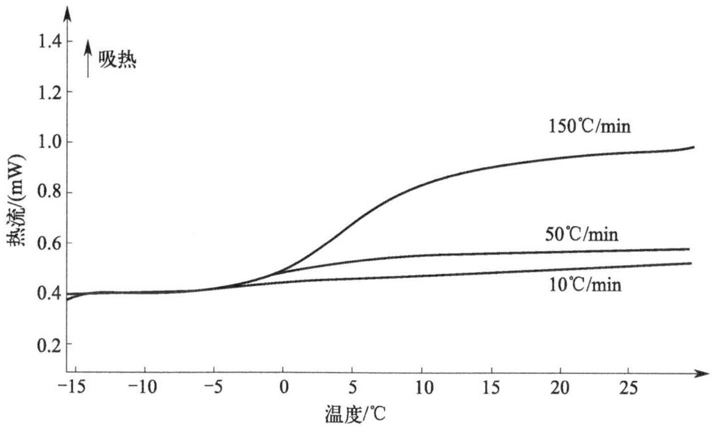

图 4-71 不同升温速率扫描的聚丙烯玻璃化转变区域

快速降温也很有用。通常将样品升温一次以消除热历史，然后采用传统 DSC 的可控的慢速降温，在接下来的已知热历史的升温阶段分析数据。然而样品在测试时经历的条件往往与实际生产过程不符，实际生产过程中降温速率往往较快。图 4-72 给出不同降温速率对结晶行为的影响。以 10℃/min 对聚丙烯混合物降温显示两个结晶峰，而以 150℃/min 降温则改变了结晶行为及降温曲线的特征。快速降温可以更好地模拟实际生产过程。

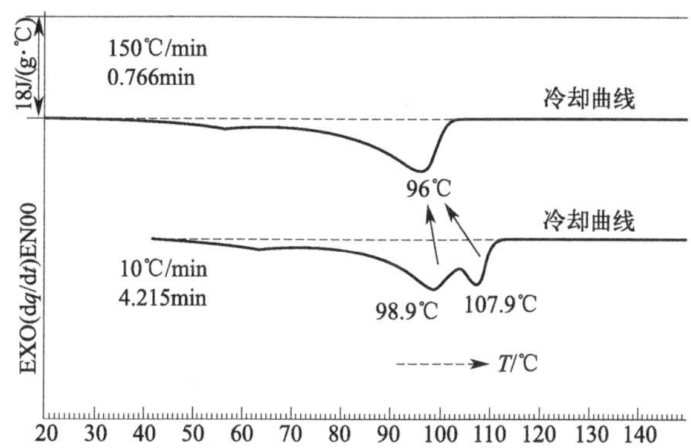

图 4-72 不同降温速率下聚丙烯的结晶行为

2. 调制 DSC（MDSC）技术

TA 公司近年来研制的调制 DSC（即 MDSC）技术，是在传统 DSC 线性升温程序上叠加一个周期性正弦变化的加热程序（调制信号），好像对试样同时进行两个实验（图 4-73）。基础升温的慢速率改善分辨率，瞬时快速升温速率用来提高灵敏度。采用傅里叶变换，热流实时被分解为热容成分和动力学成分。在 MDSC 中，DSC 的热流称为总热流，热容成分为可逆热流，动力学成分为不可逆热流。总热流信号包含所有的热转化信息，与标准 DSC 的结果一样。可逆热流中包含玻璃化转变、熔融等信息，不可逆热流中包含动力学的现象，如固化、挥发、冷结晶（再结晶）、热焓松弛和分解等。在可逆转变过程中，物质未发生本质上的变化，热流量与调制信号无相位差；在不可逆转变过程中，物质成分发生质的变化（化学变化），或随 t（如热焓松弛）或 T（如再结晶）而发生明显的状态或结构变化，这时热流量与调制信号有相位差。

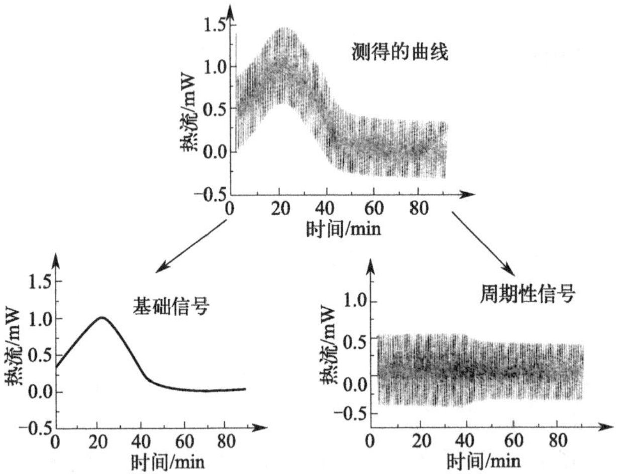

图 4-73　测得的 MDSC 曲线分离成基础和周期性信号成分

MDSC 与 DSC 的区别从原理上是加热方法的改变，从结果上是传统 DSC 只能得到单一的信号，而 MDSC 在得到该信号的同时还获得更多的信息，解释更多现象。主要表现在：将复杂转变分解为更容易理解的成分；提高检测弱转变的灵敏度；在不损失灵敏度的前提下，提高分辨率；直接测量热容；更准确的结晶度测量等。

图 4-74 为 PET/ABS 的 MDSC 图谱。总热流曲线中只含有 PET 玻璃化转变和冷结晶的信息，没有 ABS 的任何信息，因为 ABS 的 T_g 被 PET 的冷结晶峰掩盖。但可逆热流曲线清楚地显示出 PET 和 ABS 的玻璃化转变，不可逆热流曲线也不单显示出 PET 的冷结晶，还显示了由于样品热历史造成的热焓松弛。

MDSC 在检测非常微弱的转变时也有极高的灵敏度（图 4-75）。该聚合物涂料样品量仅有 2.2mg，在总的热流曲线上没有任何期望的玻璃化转变，而只有在 40℃ 的一个由于溶剂挥发造成的巨大吸热峰。但可逆热流完全没有溶剂挥发峰的干扰，在 109℃ 附近有一个非常微弱的玻璃化转变（8.5μW），从而充分显示出 MDSC 的超灵敏度。

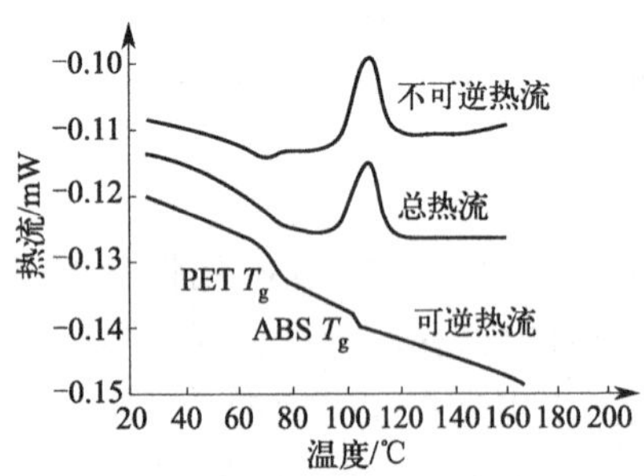

图 4-74　PET/ABS 的 MDSC 曲线（TA 公司测试）

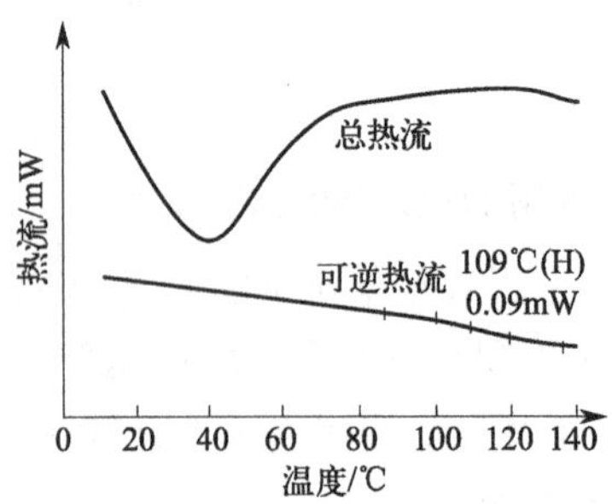

图 4-75　某聚合物涂料的 MDSC 曲线（TA 公司测试）

3. 高压 DSC 技术

在实际应用中，很多物理过程和化学反应都会受到气体压力的影响。因此，很多时候需要在保持一定压力的状态下进行 DSC 实验。目前商品化的高压 DSC 产品可以在高压下进行各种气氛下的实验，如 O_2、N_2、Ar、He、H_2、CO_2、CH_4 等。样品气氛可以是静态也可以是动态。常用于：蒸气压和蒸发热焓的测定，重叠蒸发反应的分离，吸附与解吸附过程测试（如在金属化合物表面），油类、脂肪和润滑剂的氧化稳定性，热固性材料的固化，橡胶的硫化，不饱和脂肪酸的水合反应等。

图 4-76 所示为一种人造调和油的氧化行为研究。结果表明，随着氧气压力的升高，氧化行为出现的时间提前，即在较低的温度下便开始氧化。图 4-77 所示为一定压力下两种酚醛树脂的不同固化行为。结果表明，其中一种酚醛树脂的开始固化温度比另一种低 10℃左右。

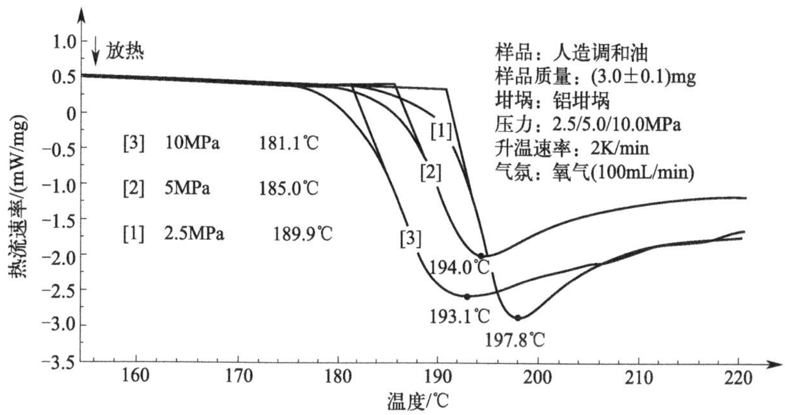

图 4-76 某种人造调和油在一定压力下的 DSC 曲线

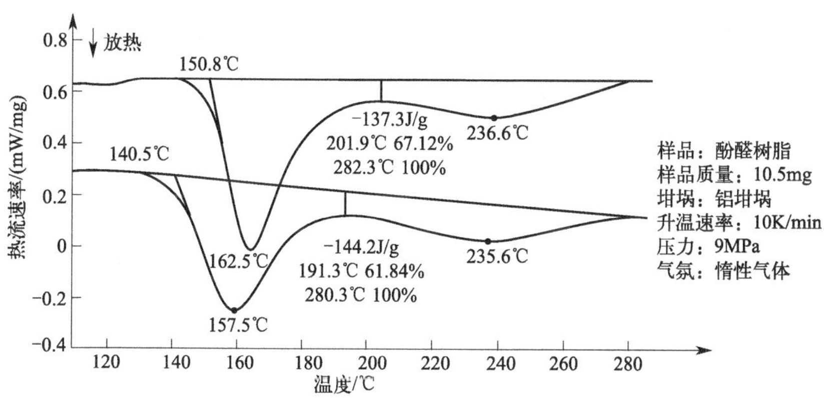

图 4-77 酚醛树脂在特定压力下固化的 DSC 曲线

第四节 热机械分析（TMA）

一、原理及装置

物质的力学性质是由其内部结构通过分子运动所决定的。高分子运动单元具有多重性，它可以是整个高分子链、链段、链节、侧基等。在不同的温度下，对应于不同的运动单元的运动，可表现出不同的力学状态。这些力学状态特点及各力学状态的转变可以在温度-形变曲线上得到体现。温度-形变曲线又称为热机械曲线，它是在程序控制温度下测量试样在恒定载荷下所产生的形变随温度变化的关系曲线。因此，通过测定聚合物的温度-形变曲线可以了解聚合物分子运动与力学性质的关系，并可分析聚合物的结构形态，如结晶、交联、增塑、分子量等，同时还可以得到聚合物的特征转变温度，如玻璃化温度、黏流温度、熔点等，对于评价聚合物的耐热性、使用温度范围及加工温度等，具有一定的实用性。

（一）TMA 原理

高分子各种运动单元运动所需克服的位垒不同，所以在不同温度下各种运动单元有不同的运动方式，在恒定外力作用下就表现出不同的力学状态。

对非晶线型高分子有三种力学状态：玻璃态、高弹态、黏流态。当温度足够低时，高分子的运动能量不足以克服整个分子链和链段运动所需克服的位垒，整个分子链和链段运动被冻结，外力作用只能引起高分子键长和键角的变化，此时试样的力学状态特点为：弹性模量大，形变与应力的关系服从虎克定律，为普弹形变，其力学性能与玻璃相似，此时的力学状态称为玻璃态。在温度-形变曲线上是一段斜率很小的直线（图 4-78）。随着温度上升达到 T_g 时，分子运动能量已经能克服链段运动所需克服的位垒。此时，虽然整个高分子链还不能运动，但链段开始运动，此时试样的力学状态特点是：弹性模量急剧下降，形变骤增，即试样受外力发生大形变，当外力去除后，形变可恢复，此时的力学状态称为高弹态，在温度-形变曲线上表现为急剧向上弯曲，随后基本上保持一平台。如温度再进一步上升至 T_f，高分子运动能量足以克服整个分子链运动所需克服的位垒，整个分子链在外力作用下发生滑移运动。此时试样的力学状态特点是：发生黏性流动，产生不可逆的永久形变，此力学状态即称为高分子的黏流态，在温度-形变曲线上表现为形变急剧增加，曲线向上弯曲。

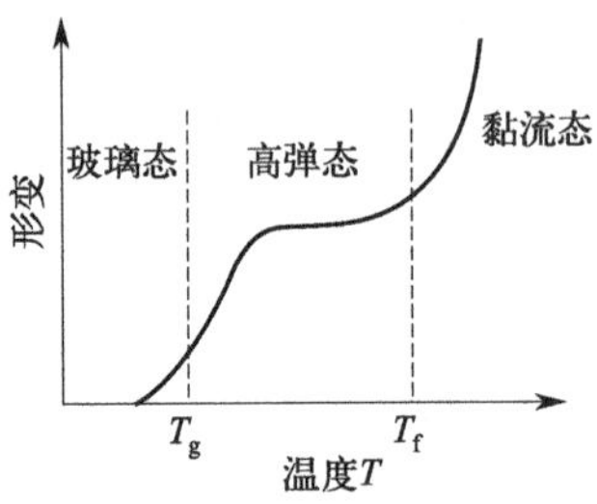

图 4-78　非晶线型高分子温度-形变曲线

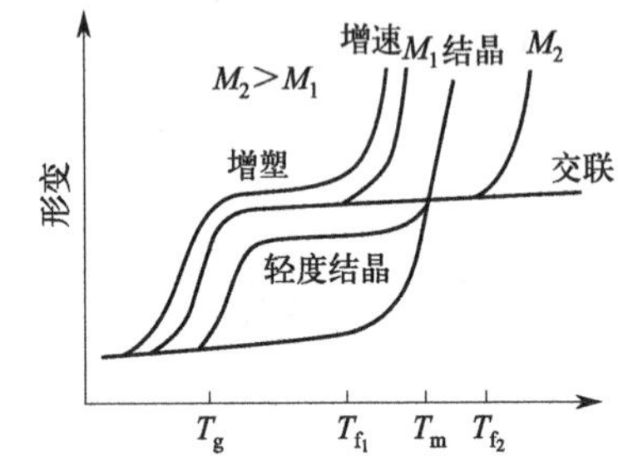

图 4-79　不同类型高分子的温度-形变曲线

温度-形变曲线上的 T_g 是高分子玻璃态与高弹态间的转变温度，称为玻璃化转变温度。T_f 是高弹态与黏流态之间的转变温度，称为黏流温度。而 T_g、T_f 是高分子材料两个重要特征温度，其中，T_g 是塑料的最高使用温度，是橡胶的最低使用温度，T_f 是高分子材料成型加工的最低温度。

非晶高分子具有三种力学状态，但并不是所有非晶高分子都一定具有三种力学状态。若聚合物的分解温度低于黏流温度，就不存在黏流态，如聚丙烯腈、纤维素就属此类高分子。聚合物的力学状态及其转变，除了与温度有关外，还与聚合物的结构有关，对结晶、交联、添加增塑剂的高分子，它们的温度-形变曲线形状及 T_g、T_f 都将发生相应的变化，如图 4-79 所示。

非晶高分子：分子量增加使整个分子链的相互滑移变得困难，松弛时间增长，在温度形变曲线上表现为高弹态平台变宽和黏流温度增高。如图 4-80 所示。

交联高分子：分子链受化学键的束缚，不能相互滑移，所以不存在黏流态。适度交联的高分子，网链间的链段尚可运动。因此仍存在高弹态、玻璃态，对交联密度很高的热固性料，如酚醛塑料，就只存在玻璃态一种力学状态。如图 4-81 所示。

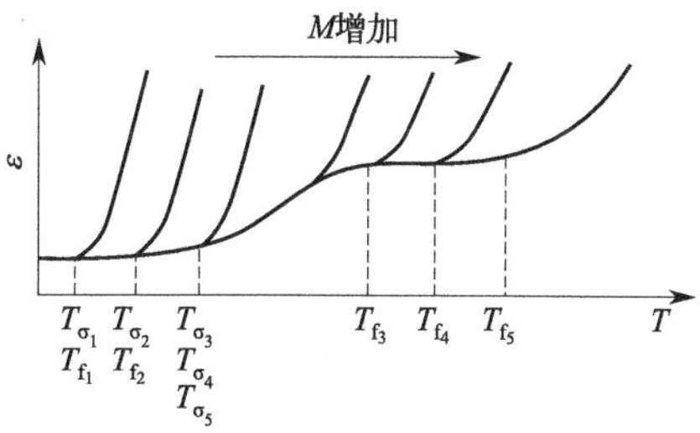

图 4-80　不同分子量非晶高分子的温度-形变曲线

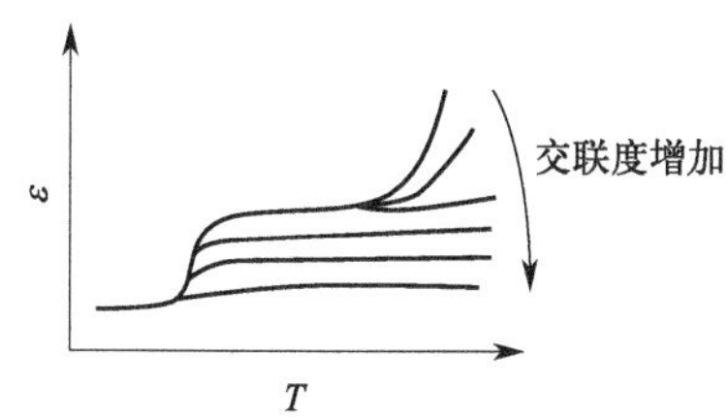

图 4-81　交联高分子的温度-形变曲线

结晶高分子：存在晶区和非晶区，非晶部分在不同温度下仍存在三种力学状态，但不同结晶度的高分子具有不同的宏观表现。在较大结晶度的高分子中，微晶体起到类似物理交联点的作用，随着温度上升，非晶部分的链段运动仍能发生，此高分子出现明显的玻璃化转变，非晶部分从玻璃态转变到高弹态。由于晶区交联作用的存在，产生的高弹形变较小，试样呈柔软的皮革状。随着结晶度的增加，高弹形变减小，试样硬度增加。如图 4-82(a) 所示，当结晶度大于 40%后，结晶相成为连续相，应力主要由结晶相承受，试样变得坚硬：宏观上观察不到明显的玻璃化转变，其温度-形变曲线在熔点前不出现明显转折。结晶高分子发生黏性流动的温度由该聚合物的分子量而定［见图 4-82(b)］，如果试样分子量不太高，非晶区聚合物的黏流温度 T_{f1} 低于晶区聚合物的熔点 T_m，则聚合物晶区熔融后，试样进入黏流态。如果分子量足够大，非晶区聚合物的黏流温度 T_{f2} 高于晶区聚合物的熔点 T_m，则聚合物晶区熔融后，试样进入高弹态，当温度继续升到 T_{f2} 后，试样才进入黏流态。黏流温度高于熔点的结晶高分子对其成型加工不利。这样会使加工温度提高，产生不利的因素。因此，在满足材料力学强度的前提下，为便于加工，提高制品质量，总希望结晶高分子的分子量适当低一些。

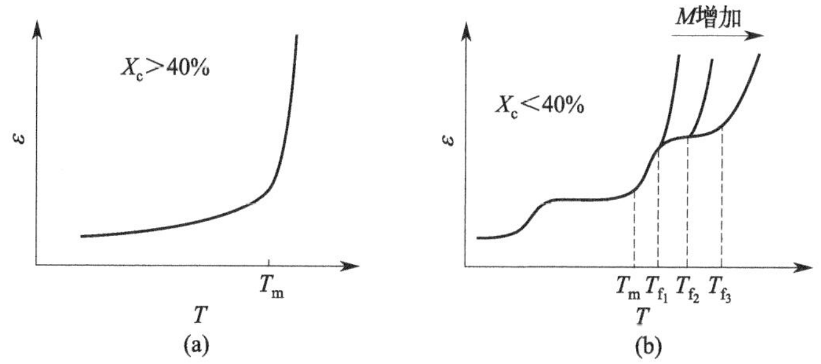

图 4-82　结晶高分子的温度-形变曲线

增塑高分子：增塑剂的加入，使高分子分子间的作用力减小，分子间运动空间增大，这样使得链段和整个分子链的运动变得容易，试样的玻璃化转变温度 T_g 和黏流温度 T_f 都下降，如图 4-83 所示。

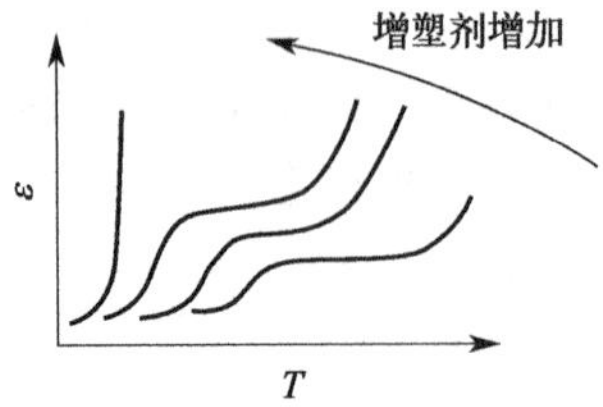

(a) 对柔性链(T_g降低不多，T_f却降低较多)

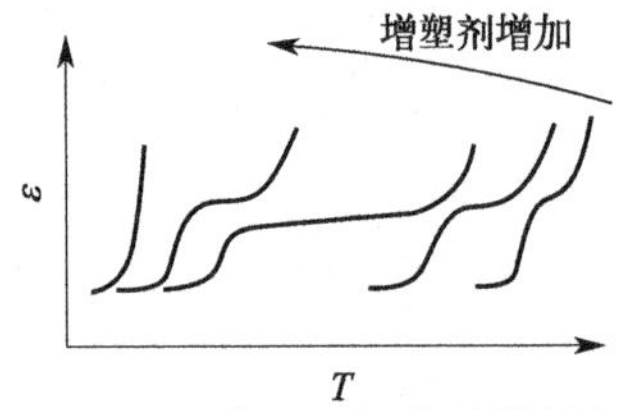

(b) 对刚性链(T_g和T_f都显著降低)

图 4-83　增塑高分子的温度-形变曲线

（二）TMA 装置

TMA 是在非振动负荷（应力）下测量物质的形变与温度或时间的关系的一种技术。测量可在各种气氛下进行，包括真空、各种气体和水溶液，试样可以是固体（不仅包括膜，也包括粉末、薄层膜、纤维）、液体和凝胶。TMA 测量模式包括线膨胀、压缩、伸长、弯曲、溶胀针入等。

1. 基本结构

TMA 一般由应力产生器、位移检测器、炉子、炉温控制器、温度程序器和温度检测器等组成。典型的 TMA 结构示于图 4-84。

2. 试样探测器

为测量试样在应力或应变下的尺寸变化，需使用各种类型的试样探测器，特定应用对应的 TMA 探测器和工作模式示于图 4-85。

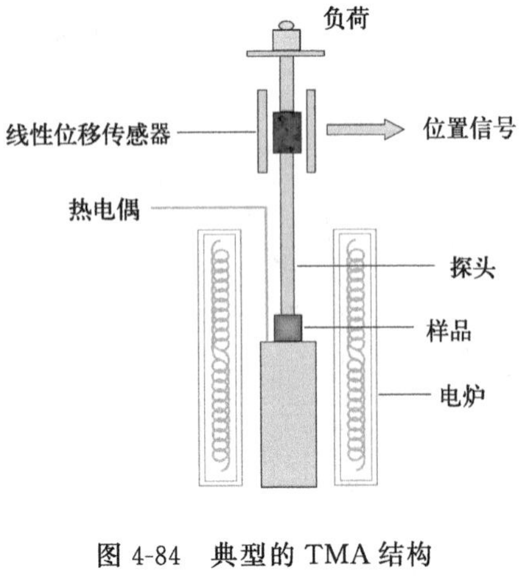

图 4-84　典型的 TMA 结构

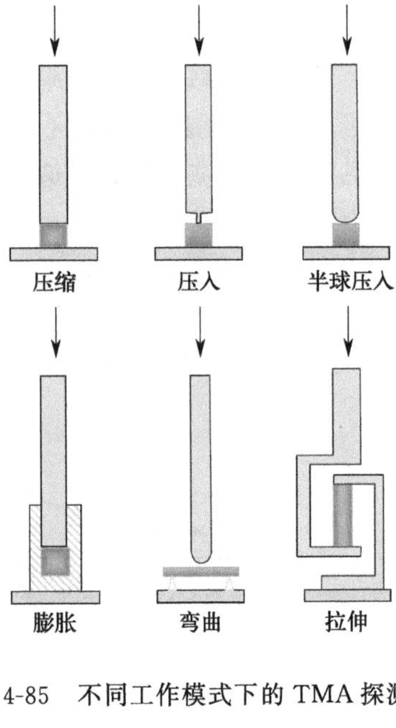

图 4-85　不同工作模式下的 TMA 探测器

3. 温度和尺寸标定

TMA 的温度和尺寸标定是用纯金属的熔化进行的。

二、TMA 在高分子材料研究中的应用

1. 玻璃化转变温度的测定

对于高交联度、高填充量或共混材料体系，由于其分子链段运动受限，采用 TMA 测定 T_g 的灵敏度显著高于 DSC。因此，利用 TMA 测定涂层的 T_g 尤为便捷。

特别地，针对涂层这类难以分离为纯物质的材料体系（例如工业导线表面的涂层），其 T_g 测定面临独特挑战：涂层本身用量极少，且常为多层复合结构。若采用 DSC 测试，首先需将涂层从基材上机械剥离。此过程对于单层涂层尚可操作，但对于多层涂层，剥离时极易混入邻近层材料，导致样品成为混合物。这不仅使得有效分离极为困难，更会导致 DSC 测试结果失真。相比之下，TMA 法则能有效规避上述分离难题，直接、准确地获取涂层的玻璃化转变温度。

图 4-86 展示了采用 TMA 测定环氧印刷线路板 T_g 的实例。其测试原理基于材料的线性热膨胀行为：在选定的膨胀法工作模式下，样品处于程序控温环境中。依据热胀冷缩规律，材料在升温过程中发生膨胀。此微小的膨胀量经由高精度的石英传导探针进行检测和记录。通过同步采集并绘制膨胀量随温度变化的曲线，可观察到一特征转折点（拐点），该点所对应的温度即为环氧印刷线路板的 T_g。

图 4-87 展示 TMA 测定刹车片 T_g 的测试图谱，此为工业领域的一项关键检测项目。依据相关标准，刹车片样品的 $T_g \geqslant 90$℃方为合格；若 $T_g < 90$℃，则判定为不合格。如图 4-87 所示，两个刹车片样品均采用 TMA 的膨胀模式进行测试，测试温度范围设定为 25℃至 150℃，并以程序控温方式匀速升温。其中，虚线代表的样品其 T_g（拐点温度）为 85℃，低于合格标准，故判定为不合格；而实线代表的样品 T_g 为 93℃，符合≥90℃的要求，因此判定为合格。

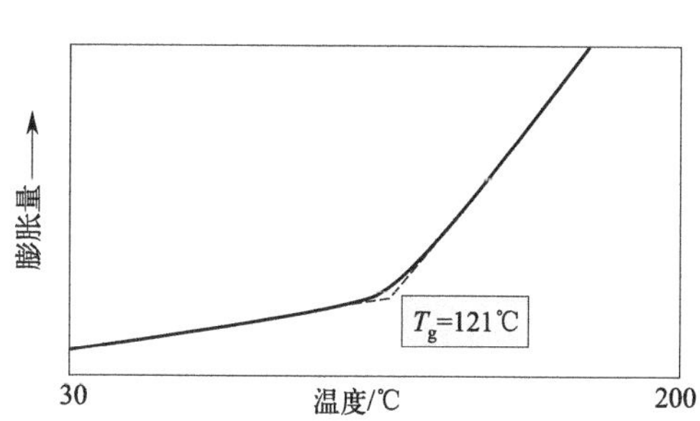

图 4-86　测定环氧印刷线路板的 T_g

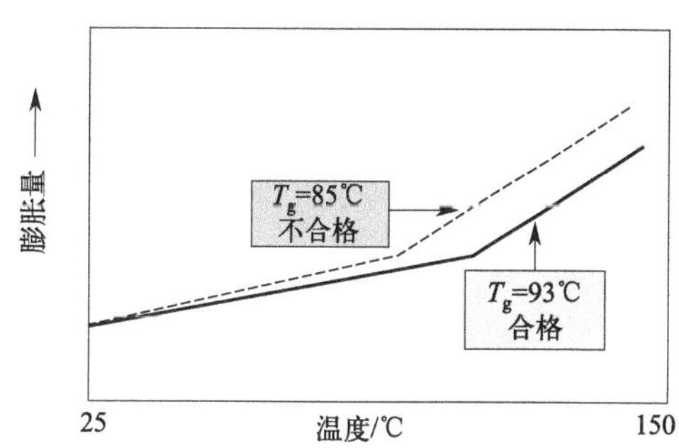

图 4-87　测定刹车片的 T_g

图 4-88 展示了应用 TMA 压入模式测定导线表面双层涂层的实例。测试在恒定负荷下进行，记录探针位移（压入量）随程序升温的变化曲线。如图 4-88 所示，该曲线呈现三个特征拐点：第一拐点位于 121℃，第二拐点位于 176℃，第三拐点则出现在接近 300℃的高温区域（此拐点为涂层材料的热分解起始温度）。前两个拐点分别对应于双层涂层的两个玻璃化转变温度（T_{g_1} 和 T_{g_2}）。

需特别注意的是，仅凭 TMA 测试结果本身，无法直接判定 121℃对应第一层涂层、176℃对应第二层涂层。测试仅能确认存在两个不同的玻璃化转变温度。要明确各 T_g 值与其对应涂层的归属，需结合导线的背景资料进行综合分析。例如，需了解各层涂层的材料类型（如树脂体系），并基于此类材料的典型 T_g 范围进行预判，从而建立对应关系。通常，双层涂层因其功能性差异（如外层侧重防氧化、防水，内层侧重导线绝缘保护）而选用不同材料，其固有的 T_g 范围亦不相同，此差异为归属判断提供了依据。

长期使用后，器皿表面常出现雾化现象，其本质即为材料内部发生的物理老化过程。物理老化的微观机制在于：高分子材料内部链段始终处于缓慢的弛豫过程中，其分子链持续向更低能态构象调整。这一弛豫过程的实质是材料内部自由体积的逐渐排出与减少。因此，随使用时间延长，样品内部的自由体积分数发生显著变化，宏观上即表现为物理老化现象（如雾化）。虽然材料微观尺寸的变化难以直接观察，但可通过 TMA 精确测定其热膨胀行为进行表征。

图 4-89 展示了利用 TMA 检测聚丙烯（PP）或聚碳酸酯（PC）材料物理老化现象的实例。此类材料广泛应用于饮用水杯、桶装水桶等透明器皿。图中，曲线 1 代表样品初始加热过程的热膨胀曲线。经物理老化的样品，其后续冷却曲线（曲线 2）与初始加热曲线不再重合。作为对比，未经老化的新鲜样品在经历相同加热-冷却循环后，其加热与冷却曲线应完全重合。两条曲线间的位移量即为物理老化导致的不可逆尺寸变化。值得注意的是，图中两条曲线分别对应不同的 T_g。此现象可归因于：物理老化过程改变了材料的自由体积状态。而 T_g 本身与自由体积分数密切相关。因此，伴随物理老化过程中自由体积的持续排出，材料的 T_g 亦会发生相应的偏移。

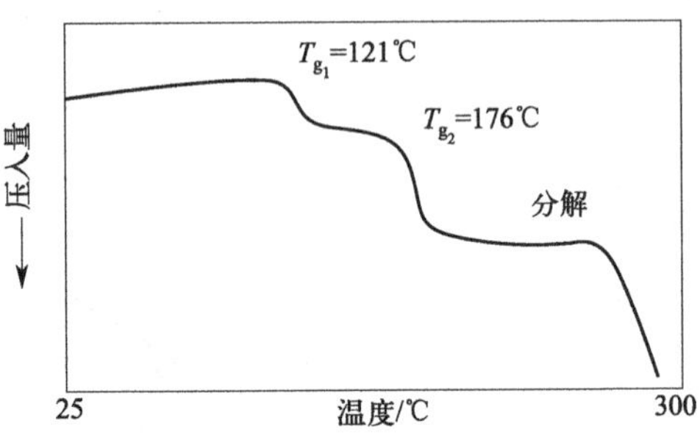

图 4-88 压入模式测定导线双层涂层的 T_g

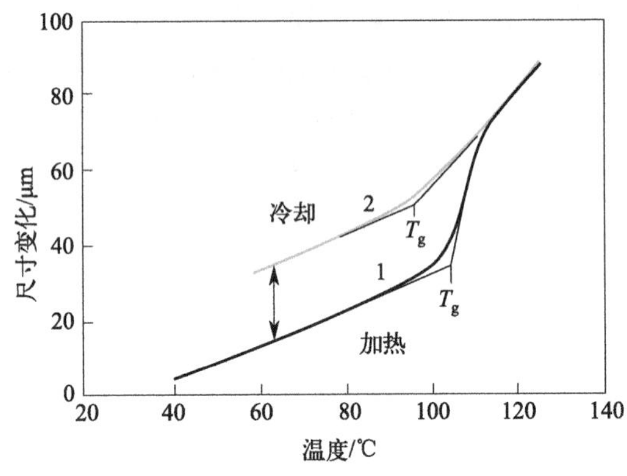

图 4-89 测定物理老化

2. 聚合物中多种行为观察

TMA 亦可用于观察聚合物的多种行为，其中之一便是软化行为的表征。如图 4-90 所示，对比未交联样品与交联聚乙烯样品的压入测试结果（恒定负荷下探针位移随温度变化曲线），可观察到显著的软化行为差异。

对于未交联样品，其探针位移（压入量）随程序升温持续增大，表明材料在升温过程中持续软化变形。相比之下，交联聚乙烯样品则表现出不同的行为：初始阶段探针位移随温度升高而增加，但当达到一定程度（对应于分子链段重排的完成）后，位移增量显著减小并趋于稳定。此现象源于交联网络对分子链运动的限制——在消耗完非交联区域的可逆形变能力后，交联点形成的三维网络有效抑制了材料的进一步宏观流动。因此，在相同测试条件下，交联结构显著改变了材料的软化特性，使其表现出更高的抗热变形能力。

TMA 同样适用于监测聚合物的熔融及发泡行为，其中发泡过程的精确表征对于基础研究及工业应用均具有重要意义。材料在密闭容器内发泡时，其起始点往往难以精确捕捉——发泡过程类似于液体沸腾，具有瞬时性与突发性。采用 TMA 的压缩模式可有效解决此问题。在恒定负荷作用下，通过程序升温并同步记录探针位移（压缩量）随温度的变化曲线，能够直观、准确地记录发泡发生的具体温度与条件。

如图 4-91 中曲线所示（以聚乙烯 PE 为例）：测试初期，材料在负荷下发生热软化/熔融，表现为压缩量显著增加（第一拐点对应熔融过程）。熔融完成后，压缩量在一定温度区间内持续变化（反映材料持续变形）。当温度继续升高至某一临界点，压缩量的变化率发生突变——其数值不再持续减小，反而趋于稳定甚至出现增大趋势。该转折点即为发泡起始点。此时，材料内部气体膨胀产生的体积效应开始抵消或超越外部负荷导致的压缩形变。因此，TMA 曲线清晰地记录了材料从熔融（尺寸减小）到发泡（尺寸潜在增大）的转变过程，从而为确定精确的发泡起始温度提供了直接、可靠的实验依据。

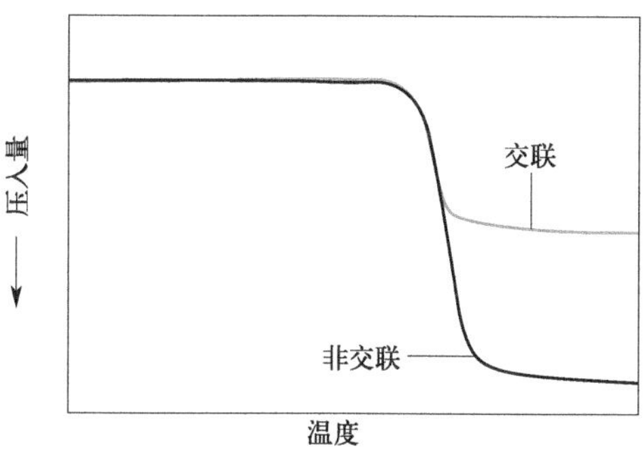

图 4-90 压入模式测定交联与非交联 PE 的软化行为

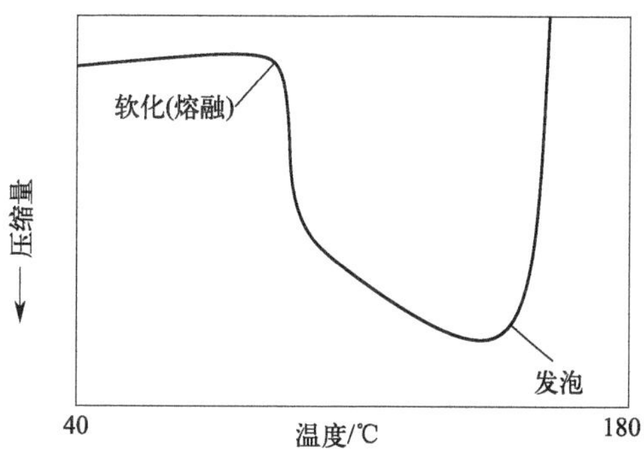

图 4-91 压缩模式观察 PE 熔点与发泡过程

TMA 同样适用于表征聚合物的冷结晶行为（DSC 也可测定）。如图 4-92 所示，采用 TMA 的拉伸模式对聚对苯二甲酸乙二醇酯（PET）样品进行程序升温测试，可清晰记录其多重热机械转变过程。测试曲线呈现三个关键转折点：

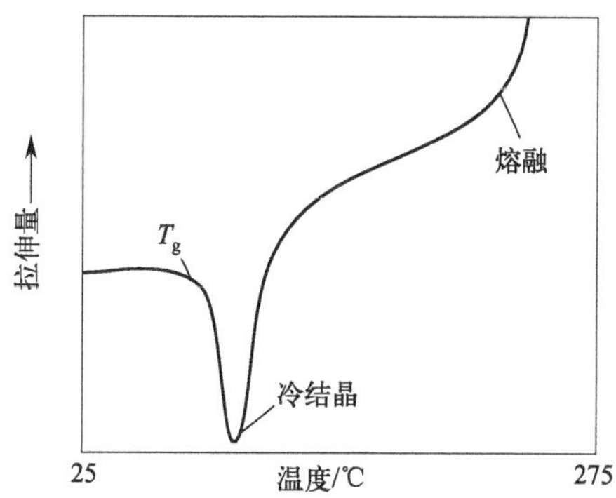

图 4-92 拉伸模式观察 PET 的冷结晶

第一转折点：对应于材料的 T_g。在此温度之上，分子链段获得足够运动能力，材料由玻璃态转变为高弹态。第二转折点（冷结晶）：紧随 T_g 之后，在恒定拉伸力作用下，探针位移（表现为试样长度或拉伸量）呈现减小趋势。此现象源于 PET 在 T_g 以上温度区间发生的冷结晶过程——分子链段重排并进入晶格，导致材料密度增加、体积收缩（宏观表现为拉伸量减小）。第三转折点（熔融）：温度继续升高至 T_m 附近，曲线斜率发生显著变化，探针位移

（拉伸量）急剧增大。此突变标志着结晶区的熔融，材料失去晶格束缚，在拉伸力作用下流动性急剧增强，形变大幅增加。因此，单次 TMA 拉伸测试即可连续、直观地记录 PET 样品的玻璃化转变、冷结晶及熔融过程，为理解其热机械行为提供重要信息。

此外，TMA 亦可用于探究水分含量变化对材料尺寸稳定性的影响。如图 4-93 所示，将聚酮样品置于恒定室温环境中，通过 TMA 持续监测其尺寸随时间的变化曲线。实验结果表明，随放置时间延长，样品尺寸呈现持续减小的趋势。此尺寸收缩现象归因于材料内部吸附水分的逐渐挥发。聚酮作为一种由一氧化碳、乙烯与少量丙烯共聚而成的聚合物材料，具有较强的吸湿性。在室温条件下长期放置过程中，水分从材料内部的逸失导致其体积发生各向同性收缩，从而在 TMA 曲线上表现为尺寸的持续减小。

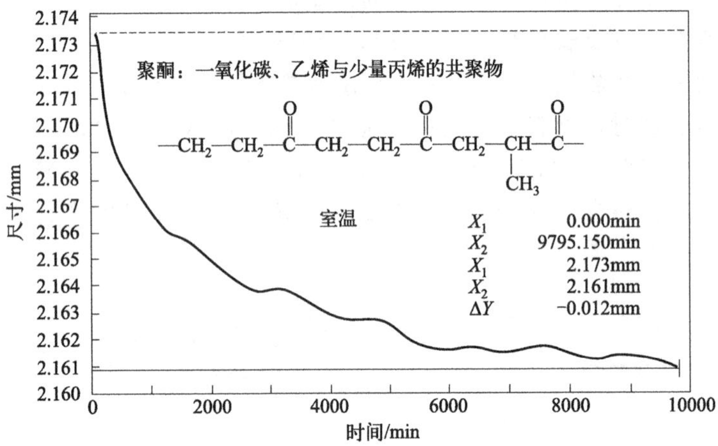

图 4-93　研究水分对尺寸的影响

如图 4-94 所示，尼龙在室温放置过程中因水分挥发导致的尺寸变化极为显著，其最终含水量降至 0.96%。相比之下，聚酮在相同条件下水分脱附程度则相对有限。初始吸湿性数据进一步印证了此差异：尼龙样品的平衡吸水量高达 6.12%，而聚酮仅为 2.35%。显然，尼龙的吸湿能力远高于聚酮。

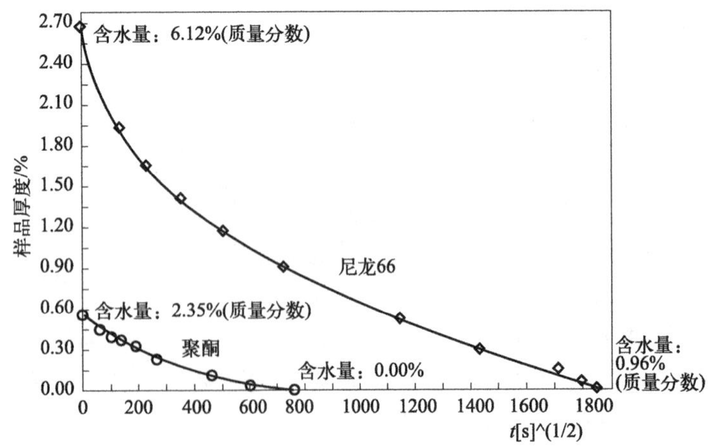

图 4-94　饱和浸水聚合物厚度与干燥时间的关系（TMA，N_2 气氛，22℃）

鉴于其高吸湿性，尼龙材料在加工前必须进行严格的预干燥处理。未经充分干燥的尼龙在加工后，其力学性能（如强度、韧性）及尺寸稳定性将显著劣化，导致其丧失作为工程塑料的核心优势。唯有通过有效的干燥工艺，方能确保材料性能满足工程应用要求。

3. 热胀系数测定

TMA 通常还被应用于热膨胀系数的测定。线膨胀系数和体膨胀系数都是描述物质在温度变化时膨胀或收缩的性质。线膨胀系数是描述物体在温度变化下的长度变化率［式(4-16)］，体膨胀系数是描述物体在温度变化下的体积变化率［式(4-17)］。

$$\alpha_L=\frac{\mathrm{d}L}{L\mathrm{d}T} \tag{4-16}$$

$$\alpha_V=\frac{\mathrm{d}V}{V\mathrm{d}T} \tag{4-17}$$

式中，L 为长度；V 为体积；T 为温度。

如图 4-95 所示，针对环氧印刷线路板的热膨胀系数测试，需采用二次升温程序以获得准确结果。图中曲线 1 代表首次升温过程，曲线 2 代表二次升温过程。首次升温曲线通常包含材料内部残余应力的影响，导致其形态与二次升温曲线存在差异（本例中两条曲线相对接近）。为消除此影响并获得材料本征的热膨胀行为，标准流程为先进行首次升温-冷却循环，随后进行二次升温。基于二次升温曲线可计算材料的线膨胀系数。需注意的是，环氧树脂基材料在 T_g 前后表现出显著不同的膨胀特性。

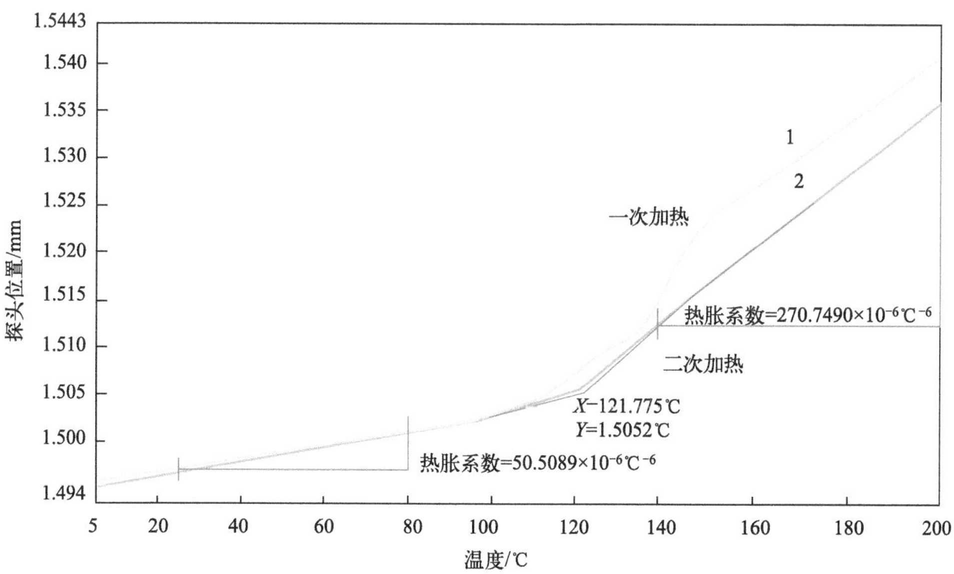

图 4-95 环氧印刷线路板

图 4-96 所示为填充聚酮的测试实例，其首次升温曲线与二次升温曲线的斜率呈现显著差异。该现象明确表明，对于此类材料，必须采用二次升温程序以获取可靠的热膨胀数据。原因在于，首次升温过程可能包含多种未知因素的干扰（如热历史、残余应力或分子取向效应），导致曲线形态复杂且难以准确解读。标准测试流程为：首先进行首次升温-冷却循环以消除上述干扰因素，随后进行二次升温。基于二次升温曲线的线性区域斜率

(dL/dT)，结合样品的原始尺寸，即可通过［式(4-16)］计算得到材料的线膨胀系数(α_L)。下面通过研究实例说明 TMA 测定热胀系数方法在实际研究中的应用。

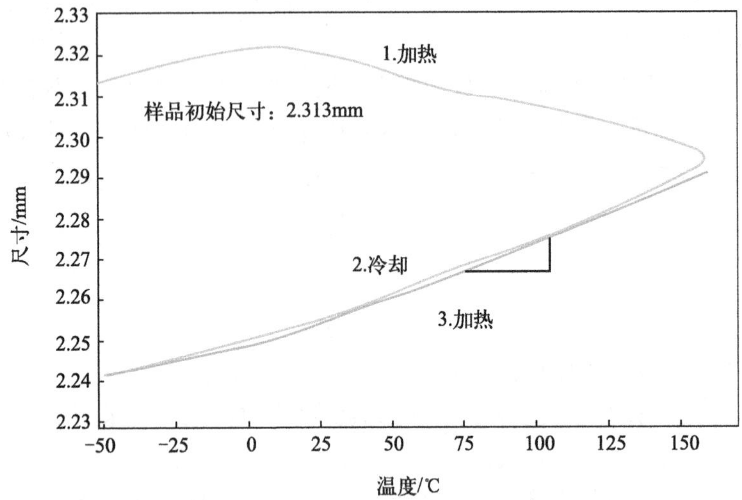

图 4-96 填充聚酮的热胀系数测定

例 4-12 利用图 4-97 数据计算含 Vectra 0%、40%、80%的共混物的体积热胀系数。

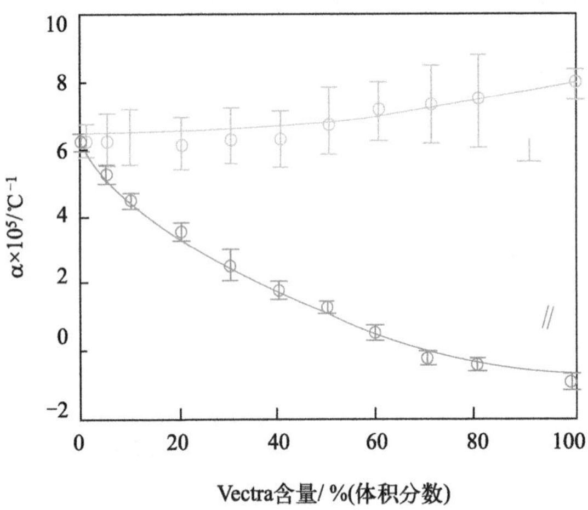

图 4-97 聚苯硫醚与 Vectra 共混物注射样品的热胀系数

解： 线性热胀系数与体积热胀系数的关系：

$$V=L_0^3(1+\alpha_{/\!/})(1+\alpha_{\perp})^2$$

$$=L_0^3(1+2\alpha_{\perp}+\alpha_{\perp}{}^2+\alpha_{/\!/}+2\alpha_{/\!/}\alpha_{\perp}+\alpha_{/\!/}\alpha_{\perp}{}^2)$$

$$\approx L_0^3\ (1+2\alpha_{\perp}+\alpha_{/\!/})\ =V_0\ (1+\alpha_V)$$

$$(1+\alpha_V)\ =1+2\alpha_{\perp}+\alpha_{/\!/}\Rightarrow\alpha_V=2\alpha_{\perp}+\alpha_{/\!/}$$

若各向同性，则 $\alpha_V=3\alpha_L$。

由此可得：

Vectra 含量/%	$\alpha_{//}$	$\alpha_{\perp}$	α_V
0	6.5×10^{-5}	6.5×10^{-5}	19.5×10^{-5}
40	2×10^{-5}	6.6×10^{-5}	15.2×10^{-5}
80	-0.2×10^{-5}	7.5×10^{-5}	14.8×10^{-5}
100	-0.1×10^{-5}	8.0×10^{-5}	15.0×10^{-5}

第五节　动态力学分析（DMA）

一、原理及装置

（一）概述

材料的动态力学行为是指材料在交变应力（或应变）作用下的应变（或应力）响应。动态力学试验中最常用的交变应力是正弦应力，以动态剪切为例，正弦交变剪切应力可表示为

$$\sigma(t)=\sigma_0\sin\omega t \tag{4-18}$$

式中，σ_0 为应力振幅；ω 为角频率，弧度。试样在正弦交变应力作用下作出的应变响应随材料的性质而变。在动态力学谱图中（图 4-98），储能模量随温度变化曲线可清晰划分出三个特征区域：玻璃态区（高模量）、橡胶态平台区（中等模量）以及黏流态区（模量急剧下降）。对应的损耗因子（$\tan\delta$）曲线呈现特征峰形，其峰值位置对应于材料的玻璃化转变温度（T_g），而后出现的拐点则标志着黏流温度（T_f）的起始。这种动态测试方法能够同时获取材料的弹性和黏性特征参数，为理解聚合物材料的转变行为提供重要依据。

（二）动态黏弹谱仪

动态力学分析常使用的仪器是动态黏弹谱仪。该仪器根据不同的样品能够采用不同的测量方法，如双悬臂梁法、单悬臂梁法、压缩、剪切、拉伸测试方法（图 4-99）。

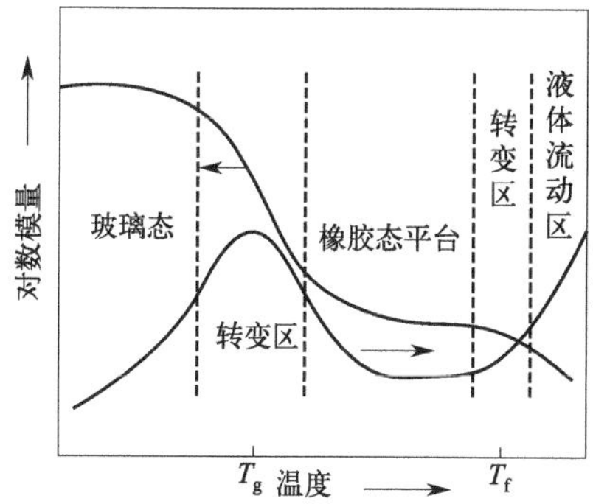

图 4-98　线型无定形聚合物的动态力学谱图

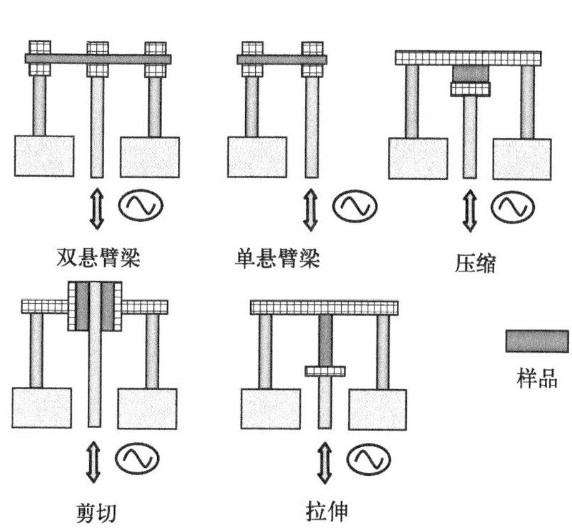

图 4-99　动态黏弹谱仪

双悬臂梁法是一种通过固定条状样品两端并施加周期性弯曲应变来测量材料动态力学

性能的技术。该方法利用正弦交变载荷使样品产生微小变形，通过检测应力-应变响应的相位差和振幅，计算出储能模量（G'）、损耗模量（G''）及损耗因子（$\tan\delta$），从而表征材料的弹性和黏性行为。其优势在于适用于薄膜、高分子等软固体材料，支持温度或频率扫描，常用于研究高分子相变、复合材料界面及阻尼特性，测试时需确保线性变形和夹具紧密贴合以保证数据准确性。

单悬臂梁法是将样品一端固定、另一端自由，通过驱动装置对自由端施加小幅正弦振荡弯曲应变，同时测量样品的应力响应。该方法通过分析应变与应力的相位差和振幅变化，计算出储能模量、损耗模量和损耗因子，以表征材料的黏弹性行为。其特点是适用于较硬或脆性材料（如某些高分子、陶瓷或金属薄膜），测试时需确保样品刚性足以维持悬臂结构，且应变范围在线性黏弹性区内，常用于研究材料在不同温度或频率下的动态力学性能变化。

压缩测试方法是将样品置于上下平行夹具之间，通过施加周期性压缩应变（通常为小幅正弦振荡），同时测量材料在压缩状态下的动态应力响应。该方法通过分析应力-应变曲线的相位差和振幅变化，计算出压缩模式下的储能模量、损耗模量和损耗因子，特别适用于泡沫材料、凝胶、软质橡胶等高压缩性材料的研究。测试过程中需严格控制应变幅度以确保线性黏弹性响应，并可通过温度或频率扫描分析材料在不同条件下的力学性能变化，适用于表征材料的抗压弹性、能量耗散特性以及相变行为。

剪切测试方法是将样品夹在两个平行板或锥板夹具之间，通过施加小幅振荡剪切应变，同时测量材料产生的剪切应力响应。该方法通过分析应力与应变的相位差和振幅，计算出剪切储能模量、损耗模量及损耗因子，从而表征材料在剪切变形下的弹性和黏性行为。这种模式特别适用于液体、熔融高分子、软凝胶等流变特性显著的材料，能够有效研究材料的剪切稀化、松弛行为以及温度/频率依赖性，测试时需确保应变处于线性黏弹性区并防止样品滑移。

拉伸测试方法是将条状或薄膜样品两端固定在夹具上，通过施加周期性单向拉伸应变（通常为小幅正弦振荡），同时实时测量样品在拉伸方向上的动态应力响应。该方法通过分析应力-应变曲线的相位差和振幅变化，计算出拉伸模式下的储能模量、损耗模量及损耗因子，特别适用于研究纤维、弹性体、薄膜材料等在拉伸状态下的动态力学性能。测试过程中需精确控制应变幅度以保持线性黏弹性响应，并可通过温度或频率扫描分析材料的分子取向、结晶行为及黏弹特性变化，广泛应用于高分子材料的结构-性能关系研究。

（三）动态力学分析原理

对于理想的弹性体，由于应变对应力的响应是瞬间的，所以对正弦交变应力的应变响应必定是与应力同相位的正弦函数［如图 4-100(b) 中实线所示］。

$$\gamma(t)=\gamma_0\sin\omega t \tag{4-19}$$

式中，γ_0 为应变。

对于理想的黏性体，如果将方程(4-19) 代入方程 $\gamma=\frac{\sigma}{\eta}t$，经整理、积分，可得到：

$$\gamma(t)=\gamma_0\sin(\omega t-90°) \tag{4-20}$$

即应变落后于应力 90°［如图 4-100(b) 中点划线所示］。

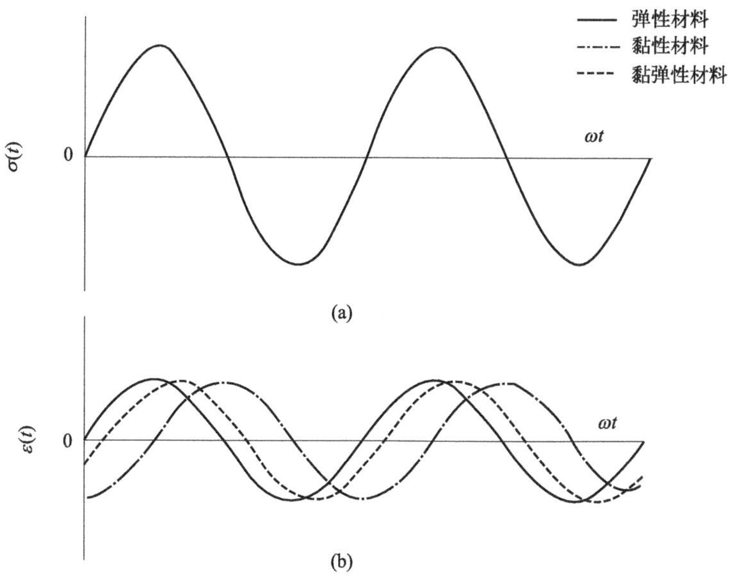

图 4-100　各种材料对动态交变应力（a）的应变响应（b）

对于黏弹性材料，应变将滞后于应力一个相位角 $\delta(0° < \delta < 90°)$[如图 4-100(b) 中虚线所示]。

$$\gamma(t) = \gamma_0 \sin(\omega t - \delta) \tag{4-21}$$

展开式(4-21)，得到：

$$\gamma(t) = \gamma_0 (\cos\delta \sin\omega t - \sin\delta \cos\omega t) \tag{4-22}$$

可见，应变响应包括两项：第一项与应力同相位，体现材料的弹性；第二项比应力落后 90°，体现材料的黏性。

同理，如果对黏弹性试样施加一个正弦交变应变：

$$\gamma(t) = \gamma_0 \sin\omega t \tag{4-23}$$

$$\dot{\gamma}(t) = \omega \gamma_0 \cos\omega t \tag{4-24}$$

则该试样做出的应力响应就会超前于应变一个相位角 δ：

$$\sigma(t) = \sigma_0 \sin(\omega t + \delta) \tag{4-25}$$

进一步展开式(4-25) 得到：

$$\begin{aligned}
\sigma(t) &= \sigma_0 (\sin\omega t \cos\delta + \cos\omega t \sin\delta) \\
&= \left(\frac{\sigma_0}{\gamma_0}\right) \cos\delta \cdot \gamma_0 \sin\omega t + \left(\frac{\sigma_0}{\gamma_0}\right) \sin\delta \cdot \gamma_0 \cos\omega t \\
&= \left(\frac{\sigma_0}{\gamma_0}\right) \cos\delta \cdot \gamma + \left(\frac{\sigma_0}{\gamma_0}\right) \sin\delta / \omega \cdot \dot{\gamma} \\
&= G'\gamma + (G''/\omega)\dot{\gamma}
\end{aligned} \tag{4-26}$$

其中

$$G' = |G^*| \cos\delta = \frac{\sigma_0}{\gamma_0} \cos\delta \tag{4-27}$$

$$G''=|G^*|\sin\delta=\frac{\sigma_0}{\gamma_0}\sin\delta \tag{4-28}$$

复数模量：

$$G^*=G'+iG'' \tag{4-29}$$

$$|G^*|=\sqrt{G'^2+G''^2} \tag{4-30}$$

$$\tan\delta=\frac{G''}{G'} \tag{4-31}$$

式中，复数模量（图 4-101）的实数部分 G' 表征材料在形变过程中由于弹性形变而储存的能量，叫作储能模量；虚数部分 G''表征材料在形变过程中因黏性形变而以热的形式损耗的能量，叫作损耗模量；$|G^*|$ 称为绝对模量。$\tan\delta$ 也称为损耗因子。

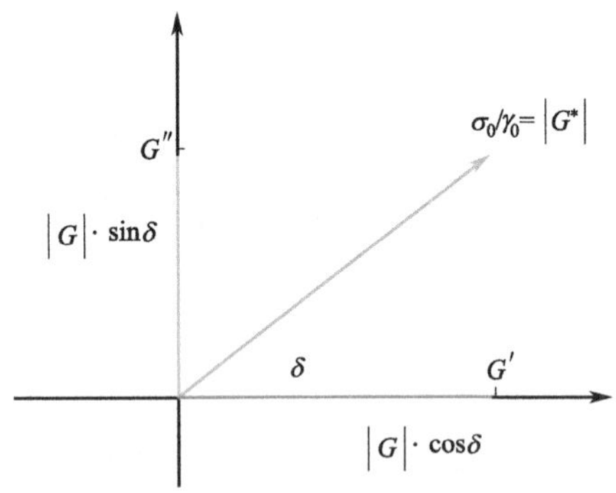

图 4-101　复数模量关系图解

上述复数模量的各分量（G'、G''、$|G^*|$ 及 $\tan\delta$）为解析材料黏弹性行为提供了完备参数体系。在实际测试中，通过温度扫描模式可直观观测这些参数随温度的变化规律：储能模量的下降反映材料弹性减弱，损耗因子的峰位指示玻璃化转变过程。如图 4-102 所示的苯乙烯-丁二烯嵌段共聚物（SBS）动态力学谱图，通过固定频率（通常为 1Hz）下的温度扫描测试，系统表征了储能模量和损耗因子随温度的演变规律。谱图中 $\tan\delta$ 曲线呈现明显的峰值特征，其对应的温度即为材料的玻璃化转变温度，该现象标志着高分子链段运动的激活，此时储能模量出现数量级下降，材料从玻璃态进入橡胶态平台区。随着温度继续升高，分子链运动能力进一步增强，储能模量持续降低并最终向黏流态转变，这一过程反映了材料从弹性固体逐渐发展为黏性流体的动态力学行为演变。该典型谱图清晰地展示了热塑性弹性体在升温过程中“玻璃态-高弹态-黏流态”的三阶段转变特征。

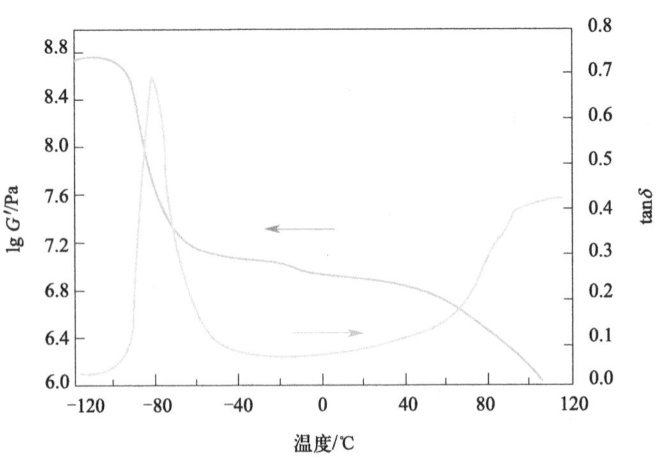

图 4-102　SBS 动态力学谱图

二、DMA 在高分子材料研究中的应用

动态力学分析通过施加周期性力学载荷并监测材料的应力-应变响应，解析复数模量（$G^* = G' + iG''$）与损耗因子的演变规律，从分子运动尺度揭示了材料的黏弹性本质。基于这一原理，DMA 技术被广泛应用于高分子材料的多尺度结构表征，如聚合物的多重转变、聚合物组成对性能的影响、高分子材料的阻尼特性、高分子材料的交联密度等。

（一）聚合物的多重转变

动态黏弹谱法最重要的应用之一是研究聚合物的多重转变行为。以聚苯乙烯为例，其动态力学谱图 4-103 中 α 转变峰对应玻璃化转变温度（T_g），表征高分子链段运动的激活；而在更低温度区域存在的 β 等次级转变，则反映了侧链苯基的局部旋转运动。尽管这些次级转变（如 β 转变）可通过动态黏弹曲线的损耗角正切（tanδ）峰位进行表征，但由于其通常需要特定研究条件，在常规分析中往往不作为重点关注对象。其中，α 转变作为主转变直接关联材料宏观性能的变化，而 β 转变等次级过程则与分子尺度的局部运动相关，这些不同尺度的分子运动行为共同构成了聚合物复杂的动态力学响应谱系。

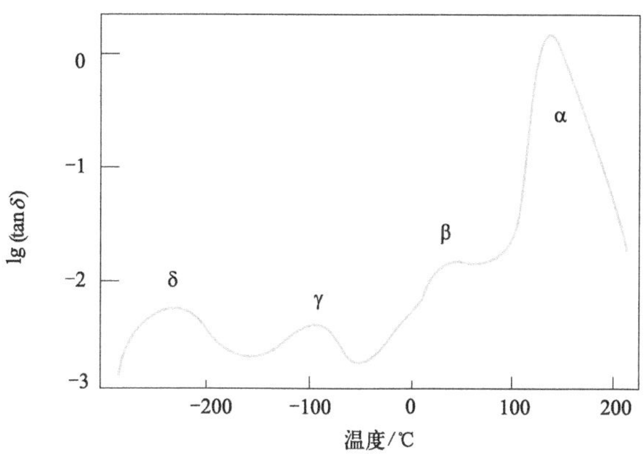

图 4-103　聚苯乙烯的动态力学谱图

（二）聚合物组成对性能的影响

动态力学分析可有效研究聚合物组分变化对材料性能的影响规律。以硬段含量分别为 35%、46%、60%、73%的 1～4 号聚醚氨酯试样为例（图 4-104），随着硬段含量的增加，材料表现出显著的性能变化：首先，在高温区域，储能模量随硬段含量增加而明显提升，这主要归因于交联结构的增多；其次，玻璃化转变行为发生系统性变化，表现为损耗峰向高温方向偏移且峰形展宽，这表明硬段的增加限制了分子链段运动，使链段活化需要更高的能量和更长的松弛时间。此外，模量-温度曲线的下降趋势随硬段含量增加而逐渐平缓，进一步证实了硬段对材料热机械性能的增强作用。这些结果清晰地揭示了组分调控对聚合物动态力学性能的影响机制。

以超高分子量 PP 熔体的动态模量为例，为探究超高分子量聚丙烯（UHMWPP，M_n = 5000000）及其填充、共混体系的熔体强度，测定了四种样品的动态模量（图 4-105）。在共混体系中，UHMWPP 与普通 PP 的比例对材料性能影响显著：纯 PP 及添加 20%云母的普通 PP 在 170℃后模量急剧下降，而 UHMWPP 及其云母填充体系即使在 250℃仍能维持较高模量（约 10^5 Pa）。

通过对不同 UHMWPP 含量（20%、40%、60%）共混体系进行动态力学分析（图

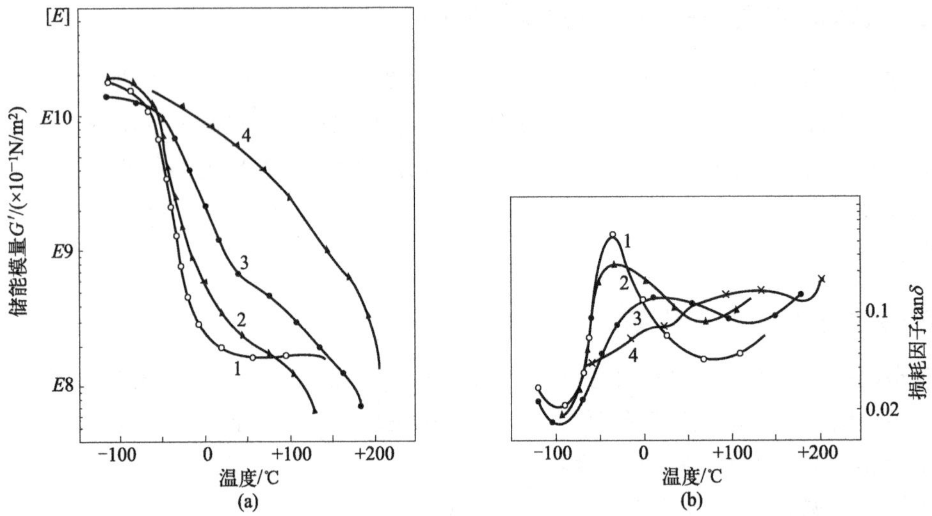

图 4-104　硬段含量 35%、46%、60%、73%的聚醚氨酯试样

4-106)，进一步揭示材料高温性能与组成的定量关系。当 UHMWPP 含量达到 60%时，共混体在 170℃以上仍能维持稳定的模量，完全满足高温加工工艺的要求。然而，当 UHMWPP 含量降至 60%以下时，材料的高温模量出现显著下降，这一性能拐点对于实际应用具有重要指导意义。特别是在聚丙烯发泡工艺中，材料在加工温度下必须保持足够的熔体强度以支撑气泡结构。60%（质量分数）UHMWPP 添加量，既保证了材料在高温下的性能要求，又实现了成本与性能的最佳平衡，为工业应用提供了可靠的配方设计依据。

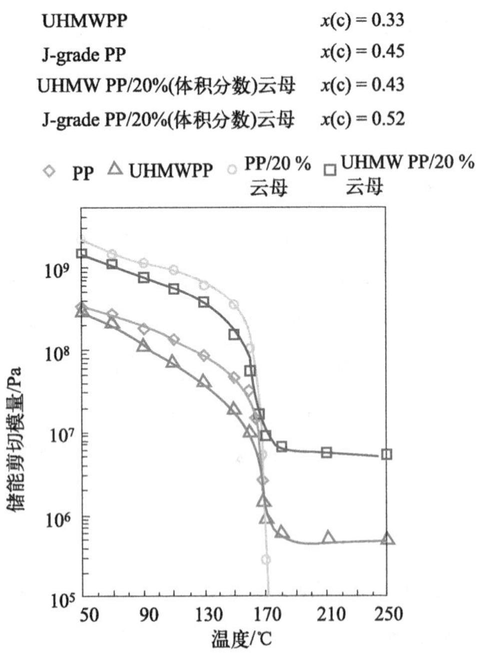

图 4-105　PP、UHMWPP 及其云母填充体系的动态模量曲线

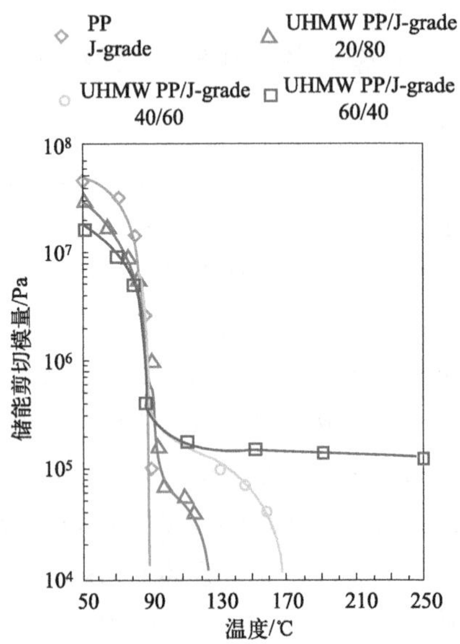

图 4-106　PP/UHMWPP 不同比例共混体系的动态模量曲线

(三) 高分子材料的阻尼特性

如果一种材料在某个使用温度或频率范围内有较高的损耗模量或损耗因子，那么这种材料就可以用作此条件下的阻尼材料。它将外加的机械能等通过分子内摩擦转变成热能耗散而表现出阻尼特性。

对于阻尼材料，要求它们在使用温度与频率范围内具有较高的力学内耗。阻尼材料的品种很多，橡胶、塑料、复合材料和金属等都可能通过适当的途径制成阻尼材料。

作为弹性材料使用的橡胶，在常温下阻尼一般都不大，因为伴随其玻璃化转变而出现阻尼高峰的温度范围远远低于室温。为了把橡胶制成阻尼材料，最常用的办法是加入第二组分，使复合体系在使用温度范围内，或因其中某一组分出现转变而呈高阻尼，或因第二组分与第一组分之间的摩擦作用而提高阻尼。这类设计思想，也适用于阻尼合金材料，图 4-107(a) 和 (b) 分别给出了一种高温阻尼橡胶和一种高温阻尼合金的 DMA 谱图。

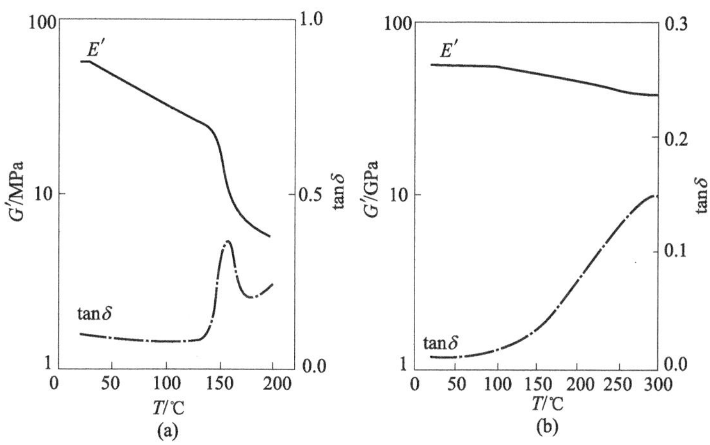

图 4-107 一种高温阻尼橡胶 (a) 和一种高温阻尼合金 (b) 的 DMA 谱图

(四) 高分子材料的交联密度

动态力学分析还可以通过测定材料在橡胶态的储能模量 (G') 来定量表征交联密度 (υ)，基于橡胶弹性理论，其计算公式为

$$\upsilon = G'/(3RT) \tag{4-32}$$

式中，R 为气体常数；T 为 T_g+40K 的绝对温度；G' 为 T_g+40K 时的储能模量。交联密度增加会显著提高橡胶态平台模量，降低损耗因子 (tanδ) 峰值，并使玻璃化转变区模量下降趋于平缓。该方法适用于弹性体、热固性树脂等交联聚合物体系的网络结构表征，测试时注意温度需高于 T_g (通常取 T_g+50K)，且对高度交联或填充体系需结合其他方法进行验证。

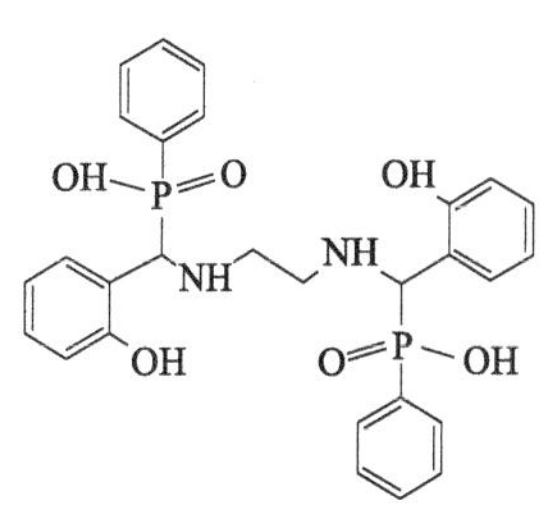

图 4-108 SMAE 结构式

例如，将阻燃固化剂 SMAE (结构式如图 4-108 所示) 加入环氧树脂 (EP) 中，用 DMA 测试其动态力学性能，从图 4-109 和表 4-5 的测试结果来看，SMAE 的引入会与固化剂 4,4′-二氨基二苯甲烷 (DDM) 产生竞争反应，从而降低体系的整体交联密度。值得注意的是，随着 SMAE 含量的增加，交

联密度呈现先升高后降低的趋势，5%添加量时达到最大值 2049mol/m^3，此时的冲击强度最高，这主要归因于互穿聚合物网络（IPN）结构的形成。然而，当 SMAE 含量超过 10%后，交联密度开始显著下降（10%添加量时仅为 332mol/m^3），材料的冲击强度也随之下降，这源于 SMAE 加速固化过程导致的交联网络结构缺陷：SMAE 优先与环氧基团反应形成的初级网络会阻碍后续 DDM 交联反应的充分进行，最终产生结构不完整的交联网络。这种交联密度的非线性变化规律，为理解 SMAE/EP 复合材料力学性能的变化提供了基础。

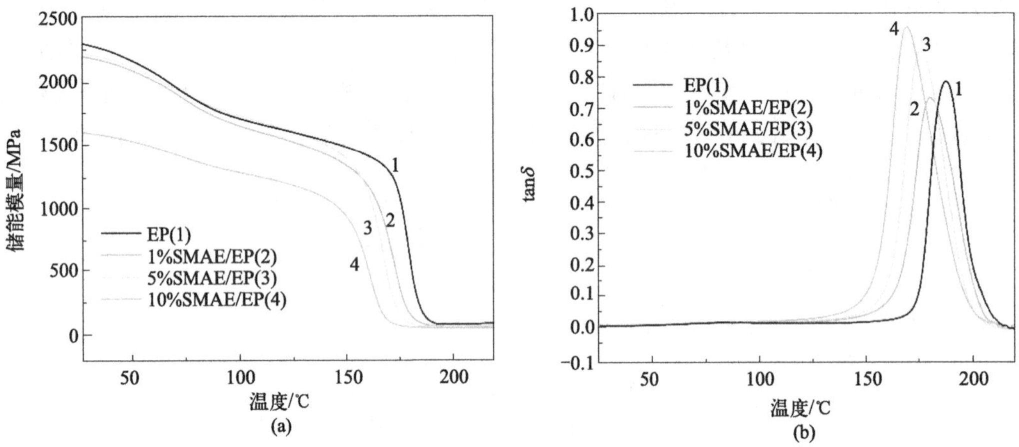

图 4-109 SMAE/EP 材料的储能模量及损耗因子曲线

表 4-5 SMAE/EP 材料 DMA 测试典型数据

样品	T_g/℃	G'/MPa	υ/(mol/m^3)	冲击强度/(kJ/m^2)
EP	188	48	3840	11.35
1%SMAE/EP	181	20	1623	8.25
5%SMAE/EP	176	25	2049	14.35
10%SMAE/EP	170	4	330	12.80

习题

1. 请简要说明 TG 的测试原理。
2. 在 TG 和 DTG 的谱图中，横坐标和纵坐标各代表什么？
3. TG 在高分子材料研究中有哪些应用？
4. 应用 TG 或 DTG 如何研究聚合物的共聚物与共混物？
5. 请简要说明 DSC 的原理。
6. DSC 的测试结果能够提供哪些信息？
7. 升温速率对 DSC 测试结果会有怎样的影响？
8. DSC 在高分子材料研究中有哪些应用？
9. 应用 DSC 如何评价有抗氧剂的高分子材料中抗氧剂效能的好坏？
10. 如何用热力分析的方法测试材料的玻璃化转变温度？

11. 简述 TMA 的测试原理。

12. 结晶高分子结晶程度的不同对形变-温度曲线有什么影响?

13. 简述 DMA 的测试原理。

参考文献

[1] 闫红强，程捷，金玉顺．高分子物理实验［M］．北京：化学工业出版社，2012.

[2] 曾幸荣，吴振耀，侯有军，等．高分子近代测试分析技术［M］．广州：华南理工大学出版社，2007.

[3] 汪昆华，罗传秋，周啸．聚合物近代仪器分析［M］.2 版．北京：清华大学出版社，2000.

[4] 董炎明，熊晓鹏，杨柳林，等．高分子研究方法［M］．北京：中国石化出版社，2011.

[5] 刘振海，张洪林．分析化学手册：第 8 册 热分析与量热学［M］．3 版．北京：化学工业出版社，2016.

[6] 过丽梅．高聚物与复合材料的动态力学热分析［M］．北京：化学工业出版社，2002.

[7] Han L, Hao F, Chen Y, et al. Schiff base derivative flame-retardant endowing epoxy resin with toughness, transparency, and high flame retardancy［J］. European Polymer Journal, 2024, 214: 113-114.

第五章　显微分析

第一节　光学显微镜

一、光学显微镜的结构与原理

1. 光学凸透镜的聚焦与放大作用

在光学显微镜中起聚焦作用和放大成像的主要元件是凸透镜。它的几何形状是由两个球冠在底面处重叠而成的（图 5-1）。该圆形底面的中心 c 称为透镜中心。如果球冠的高比球面的半径小得多，这种透镜就称为薄透镜。通过透镜中心的各条直线叫作光轴。其中通过透镜球面两球心的那条光轴称为主轴。余下的光轴都称为副轴。通过透镜中心并与主轴垂直的平面叫作透镜主平面，它实际上就是球冠的底面。为了简化作图，在以下的插图中仅画出薄的凸透镜的主平面，不再画出两侧的球面。也就是仅用一段直线来表示图 5-1 所示的透镜。这种透镜有下面一些特性：

① 通过透镜中心的所有光线都不发生折射。正因为具有这一特性，才把这些方向称为光轴。

② 平行于主轴的平行光束通过凸透镜后会聚在主轴上的一个点［图 5-2(a)］。凸透镜的这种作用称为聚焦，主轴上的这个点称为透镜的焦点，或后焦点，记作 F。透镜中心至焦点的距离称为焦距，用 f 表示。

③ 主轴上某一点散射出来的光线通过透镜后成为一束平行于主轴的平行光［图 5-2(b)］。该点称为前焦点。它到透镜中心的距离也称为焦距。这种作用实际上是一种逆聚焦。当凸透镜两侧球面的曲率半径相同，而且两侧的介质也相同时，透镜两侧的焦距相等。通过焦点并与主轴垂直的平面称为焦平面。包含前焦点的焦平面称为前焦面，另一个则称为后焦面。

④ 一束平行于任一副轴的平行光通过透镜后也将会聚在副轴与后焦面的交点上［图 5-2(c)］。

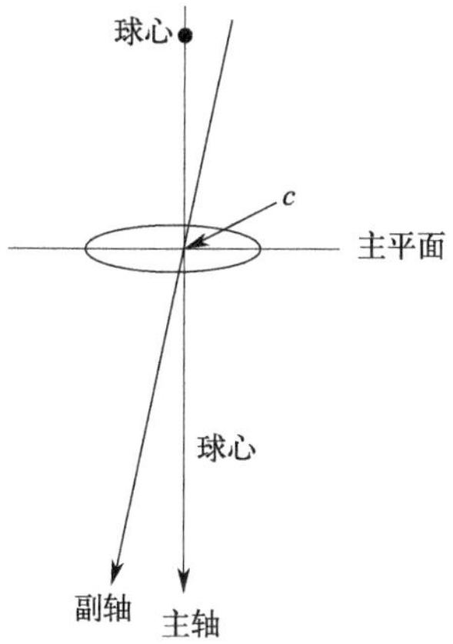

图 5-1　光学凸透镜

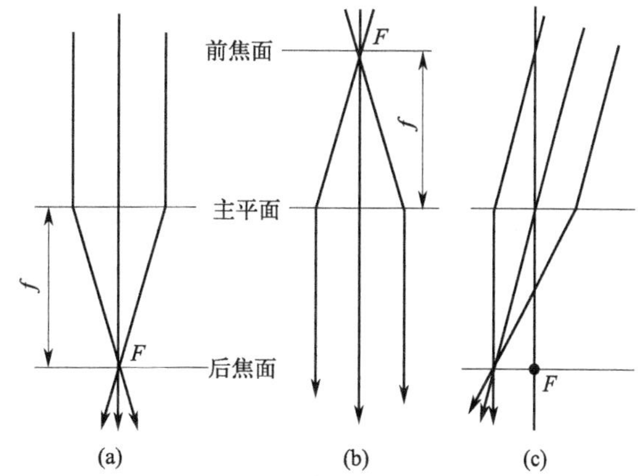

图 5-2　凸透镜的聚焦作用

⑤ 在理想情况下，如果物平面到主平面的距离（即物距 L_1）大于凸透镜的焦距，则入射光被试样上任何一个物点（例如 A）散射以后的散射光经过透镜后，将会聚在像平面的相应的像点（A'）上（图 5-3）。

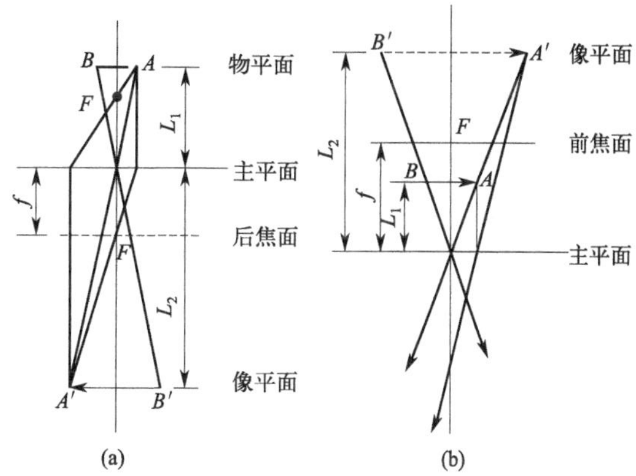

图 5-3　凸透镜的放大成像

通过像点并与主轴垂直的平面称为像平面。像平面与主平面间的距离称为像距，用 L_2 表示。图 5-3(a) 中像点 A' 的位置可以根据上述列举的凸透镜特性①②③找到。在理想情况下，根据其中任意两条特殊的光线就可以由物点找到对应的像点。如果物点 A、B 同处于一个物平面上，那么像点 B' 也和像点 A' 同处于一个像平面上。照此作图，可以把一个物体的像的位置和大小确定下来。这里所讨论的成像都是以光的折射规律为基础的。

⑥ 薄透镜成像时，物距、焦距和像距三者之间遵循以下的定量关系：

$$\frac{1}{L_1}+\frac{1}{L_2}=\frac{1}{f} \tag{5-1}$$

在讨论透镜成像时，总是把物体相对于透镜的位置作为考察的出发点，所以物距 L 恒为正，而像距 L_2 则可正可负。当 $L_2>0$ 时，表示在透镜的另一侧呈现倒立的实像。$L_2<0$ 时，表示在透镜的另一侧得不到物体的实像，只能从另一侧并面向透镜时，看到一个正立的放大像［图 5-3(b)］。这个像与平面镜成像相似，并不是由物体上各点散射出的光线实际会聚而成的，所以是虚像。

⑦ 通常把像和物的长度比称为透镜像的放大倍率。它在数值上正好等于像距和物距之比：

$$M=\frac{A'B'}{AB}=\frac{L_2}{L_1} \tag{5-2}$$

当 $f<L_1<2f$ 时，由式(5-2) 可知像距 $L_2>2f$，因此 $M>1$，说明像是放大的；当

物距 $L_1>2f$ 时，由式(5-1) 解出 $f<L_2<2f$，因此 $M<1$，说明像是缩小的。

2. 显微镜的成像原理

显微镜的基本放大原理如图 5-4 所示。其放大作用主要由焦距很短的物镜和焦距较长的目镜来完成。为了减少像差，显微镜的目镜和物镜都是由透镜组构成的复杂的光学系统，其中物镜的构造尤为复杂。为了便于说明，图中的物镜和目镜都简化为单透镜。物体 AB 位于物镜的前焦点外但很靠近焦点的位置上，经过物镜形成一个倒立的放大实像 $A'B'$，这个像位于目镜的物方焦距内但很靠近焦点的位置上，作为目镜的物体。目镜将物镜放大的实像再放大成虚像 $A''B''$，位于观察者的明视距离（距人眼 250mm）处，供眼睛观察。在视网膜上形成的是实像 $A''B''$。

以上用几何光学原理对显微镜的成像过程进行了分析。但是实际上光学显微镜所观察的显微组织往往几何尺寸很小，可与光波的波长相比较；根据光的电磁波理论，此时不能再近似地把光线看成是直线传播，而要考虑衍射的影响。另外，显微镜中的光线总是部分相干的，因此显微镜的成像过程是个比较复杂的衍射相干过程。事实上，由于衍射等因素的影响，显微镜的分辨能力和放大能力都受到一定限制。目前光学显微镜可观察的最小尺寸一般是 0.2μm 左右，有效放大率最大约为 1000 倍。一百年前，德国物理学家阿贝（E. Abbé）最先用光的衍射和干涉理论解释了透射光显微镜的成像过程，现简要介绍如下。

图 5-5 表示一个物镜成像系统，入射光是一束准平行相干光，物体是一个二维周期性组织（比如细的金属网格），图中仅显示一维的情况。光线通过细小的网孔时要发生衍射，衍射光线向各个方向传播，同一方向的衍射光则成为平行光束，通过物镜在后焦面上会聚并发生干涉。其中凡是光程差满足 $\delta=\frac{\lambda}{2}(2n+1)$，$n=0, 1, 2, \cdots$的，互相抵消；凡是光程差满足 $\delta=k\lambda$，$k=0, 1, 2, \cdots$的，互相加强。这样在物镜的后焦面上就产生了一个

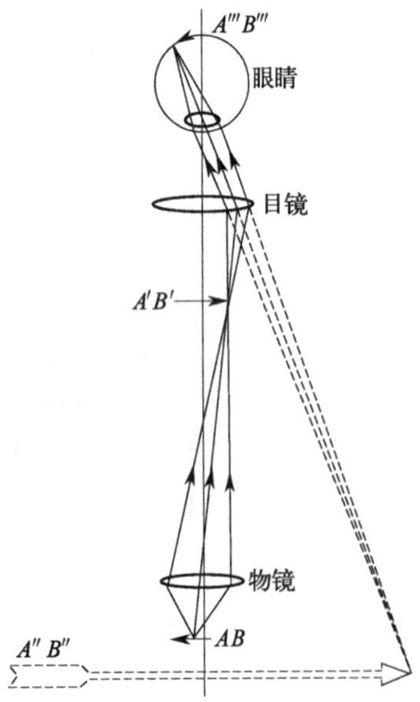

图 5-4　显微镜的基本放大原理

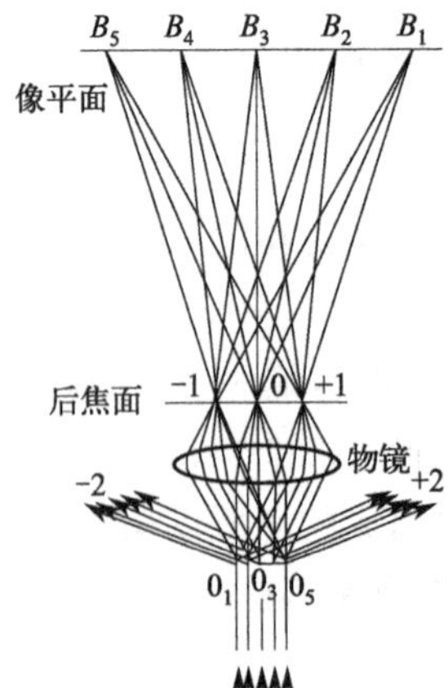

图 5-5　物镜成像系统

衍射相干图样，在波动光学中称为夫琅禾费衍射图样。当 $k=0$ 时，光程差为 0，这部分光未发生衍射偏转，称为直射光，其相干图样称为 0 级最大值；$k=1，2，\cdots$的，相干图样分别称为 1 级、2 级等最大值。这里需要注意，衍射光干涉图样上的某个亮点是由不同物点的同级衍射光相干加强形成的；同一物点上的光由于衍射分解，对衍射图样上的许多光点有贡献。同一物点上满足相干加强的各级衍射光，在产生相应的衍射亮点后继续传播，在像平面上又相互干涉，形成图像，这个图像就是物像。

那么物与像之间的相似性是由什么决定的呢？物像是由直射光和衍射光互相干涉形成的，不让衍射光通过就不能成像；参与成像的初级干涉花样中亮点数愈多，相对于中心亮点面对称性愈好，也就是说，允许参与成像的衍射光级次愈高，则物像与物体的相似性愈好。

阿贝还研究了影响初级干涉图像中最大值亮点数目的各种因素，并提出了增加亮点数提高成像质量的相应措施：

① 光波波长越短，则各级衍射角越小，最大亮点数越多，故要采用波长较短的光源；

② 在物体与物镜之间充以高折射率的透明介质，这样衍射光通过透镜时总的折射角变小，同样有利于增大最大值亮点数；

③ 增加物镜的数值孔径。

实践表明，这些措施都是行之有效的。此外，阿贝学说也解释了细密性结构难以获得真实图像的原因：结构越细密，衍射角就越大，这样较高级次的衍射光就难以通过透镜参与成像。

3. 光学仪器的分辨率

人眼的分辨本领约为 0.2mm。借助于光学显微镜可以得到放大了的像，使可分辨的间距进一步减小。但是由于光的衍射效应的存在，不能无止境地提高光学显微镜的分辨本领。衍射现象是由于光波通过透镜时，被透镜各部分折射到像平面上的像点和其周围区域的光波发生干涉作用而产生的。即使是一个理想的点光源，由它发出的光线通过透镜成像以后，也会因衍射效应的存在，在像平面上得到一个艾里（Airy）斑，而不是一个理想的像点。艾里斑由一定大小的中央亮斑和一系列同心的明暗交替圆环所组成，如图 5-6(a) 所示。由相应的光强度分布曲线可以看出，其光强度主要集中在中央亮斑处，所以艾里斑的大小可以用第一暗环的半径来衡量。

由光的衍射理论可以导出艾里斑半径 R_d 的表达式为：

$$R_\mathrm{d}=\frac{0.61\lambda}{n\sin\alpha}M \tag{5-3}$$

式中，λ 为点光源发出的光的波长；n 为透镜物方介质的折射率；α 为透镜的孔径半角，即透镜所能容纳的来自物上某点的最大光锥的半顶角；$n\sin\alpha$ 称为数值孔径；M 为透镜像的放大倍率。

由式(5-3) 可以看出艾里斑半径与照明光源的波长成正比，而与透镜的数值孔径成反比。

试样由许多物点构成，它们既是分离的，又是聚集在一起的。当入射光照射到试样上时，光线被各个物点所散射。因此每一个物点都可视为一个次级“点光源”。光线通过透镜成像后，在像平面上形成相应的艾里斑像。如果物点间相距较远，艾里斑彼此分开，并

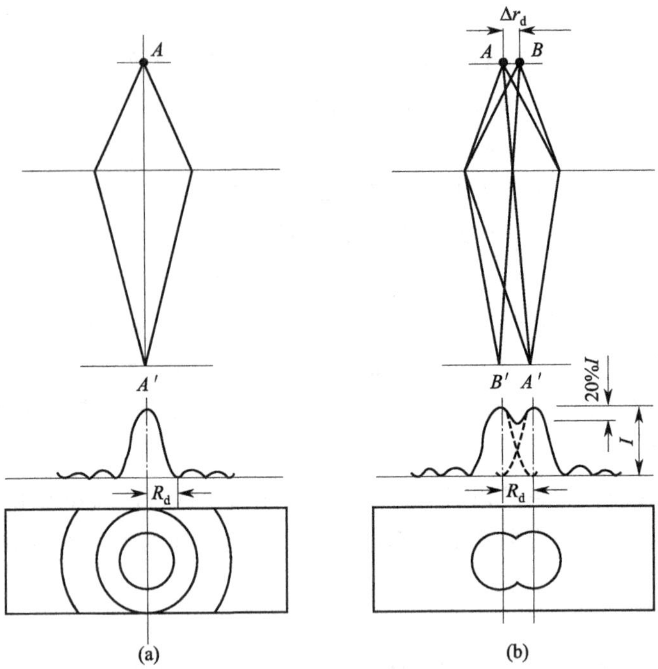

图 5-6　艾里斑和光学透镜的分辨本领

(a) 一个物点通过透镜后形成的艾里斑像；(b) 由艾里斑确定的透镜的分辨本领

无重叠；如果物点间相距很近，艾里斑就会部分重叠。当两个大小相同的艾里斑中心间距等于第一暗环半径 R_d 时，两像斑重叠处的光强度要比各像斑中心部位的光强度约低 20%［图 5-6(b)］。通常认为人眼或照相底版足以分辨约 20%的光强度差。因此，瑞利（Rayleigh）建议将上述 R_d 规定为两个大小相同的埃利斑像能被分辨的最小中心距。通常把这种情况下在试样上相应的两个物点间距 Δr_d 定为透镜的分辨本领，或称分辨率。根据式(5-2) 可知：

$$\Delta r_d = \frac{R_d}{M} \tag{5-4}$$

代入式(5-3) 后可得：

$$\Delta r_d = \frac{0.61\lambda}{n\sin\alpha} \tag{5-5}$$

对于光学透镜来说，可以采用的最大孔径半角 $\alpha = 70° \sim 75°$。如果物方介质为油，$n \approx 1.5$，这时数值孔径 $n\sin\alpha \approx 1.25 \sim 1.35$。代入式(5-5) 可得：

$$\Delta r_d = \frac{1}{2}\lambda \tag{5-6}$$

这就是说，光学透镜分辨本领的理论极限是照明光波长的一半。可见光的波长范围为 390～760nm，因此在最好的情况下，光学透镜分辨本领的极限值也只有 200nm。

二、偏光显微镜

1. 偏光显微镜的结构

偏光显微镜（图 5-7）比普通光学显微镜多一对偏振片（起偏镜及检偏镜），因而能观察具有双折射的各种现象。一般偏光显微镜的结构如图 5-7 所示。目镜和物镜使物像得到放大，其总放大倍率为目镜放大倍率与物镜放大倍率的乘积。起偏镜（下偏光片）和检偏镜（上偏光片）都是偏振片，检偏镜是固定的，不可旋转，起偏镜可旋转，以调节两个偏振光互相垂直（正交），因此这种显微镜就称为正交偏光显微镜（polarized optical microscope，POM）。旋转工作台是可以水平旋转 360°的圆形平台，旁边附有标尺，可以直接读出转动的角度。工作台可放置显微加热台，研究在加热或冷却过程中聚合物结构的变化。微调手轮及粗调手轮用来调焦距。

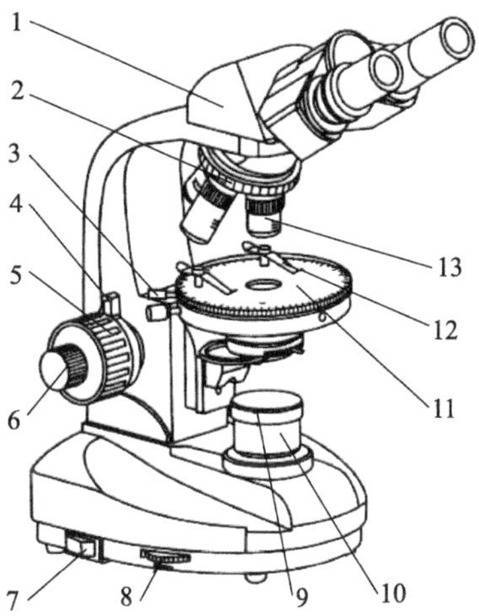

图 5-7 偏光显微镜结构

1—双目头；2—转换器；3—旋转台面固紧螺钉；4—限位手轮；5—粗动调焦手轮；6—微动调焦手轮；7—电源开关；8—亮度调节旋钮；9—起偏镜；10—下聚光镜；11—载物台；12—标本片夹持器；13—物镜

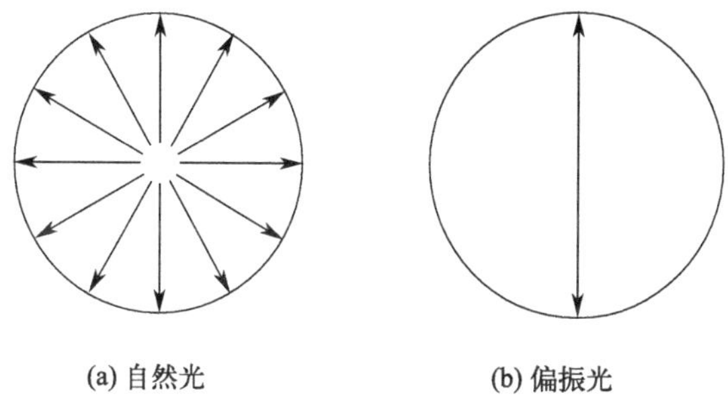

图 5-8 自然光和偏振光振动特点

（光波在与纸面垂直的方向上传播）

根据振动的特点不同，光有自然光和偏振光之分。自然光的光振动（电场强度 E 的振动）均匀地分布在垂直于光波传播方向的平面内，如图 5-8(a) 所示。自然光经过反射、折射、双折射或选择吸收等作用后，可以转变为只在一个固定方向上振动的光波，这种光称为平面偏光或偏振光，如图 5-8(b) 所示。所谓正交偏光镜，就是上、下偏光镜的振动方向互相垂直(图 5-9)。由于入射光波是近于平行的光束，因而又称为平行光下的正交偏光镜。一般以目镜十字丝代表上、下偏光镜的振动方向。其中，符号“PP”代表下偏光镜的振动方向，符号“AA”代表上偏光镜的振动方向。

在正交偏光镜下不放任何样品时，视域应该是完全黑暗的。因为自然光波通过下偏光镜之后，即变成振动方向平行 PP 的偏光（图 5-9），到达上偏光镜时，与上偏光镜允许透过的振动方向 AA 垂直，被吸收而不能透出上偏光镜，故视域黑暗。在正交偏光镜下的物台上放置样品时，由于样品性质不同，会显示不同的光学现象。在正交偏光镜下观察样品光学性质，首先必须检查上、下偏光镜振动方向是否正交，目镜十字丝是否严格与上、下偏光镜振动方向一致。如果上、下偏光镜不正交，或目镜十字丝不严格与上、下偏光镜振动方向一致，则需要校正。

2. 偏光显微镜的原理

偏光显微镜常用于观察聚合物的结构形态。聚合物在熔融态或非晶态时呈光学各向同性，即各方向折射率相同。只有一束与起偏片振动方向相同的光通过试样，而这束光完全不能通过检偏片，此时视野全暗。当聚合物存在晶态或有取向时，光学性质随方向而异，当光线通过它时，就会分解成振动平面互相垂直的两束光。它们的传播速度一般是不相等的，于是就产生两条折射率不同的光线，这种现象称为双折射。若晶体的振动方向与上下偏振片方向不一致，视野明亮，可以观察到结构形态。

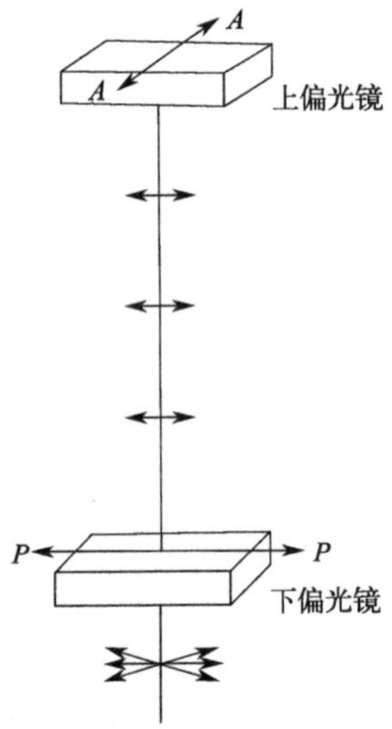

图 5-9　正交偏光镜的装置及其光学特点

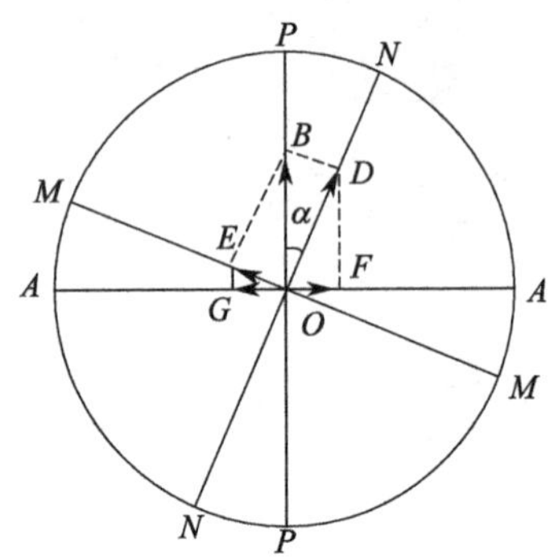

图 5-10　在偏光显微镜正交场中穿过晶体的光矢量分解

进一步可以用数学式来表达这一关系。图 5-10 中用 $P—P$ 代表起偏片的振动方向，用 $A—A$ 代表检偏片的振动方向。N、M 是晶体内某一切面内的两个振动方向，如果它们与 $P—P$ 不一致，设 $N—N$ 与 $P—P$ 的夹角为 α。光进入起偏片后透出的平面偏振光的振幅为 OB。光继续射到晶体上，由于 $M—M$、$N—N$ 与 $P—P$ 都不一致，因而要将矢量分解到这两振动面上。N 方向和 M 方向的光矢量分别为 OD 和 OE。自晶体透出的平面偏光继续射到检偏片上，由于 $A—A$ 与 $M—M$、$N—N$ 也不一致，故再次将每一平面偏光一分为二。最后在 $A—A$ 面上的光为方向相反、振幅相同的 OG、OF。最终透过检偏片的合成波为：

$$y = OF - OG = OD\sin\alpha - OE\cos\alpha \tag{5-7}$$

由于这两束光速度不等，会存在相位差 δ。

$$OD = OB\cos\alpha = A\sin\omega t\cos\alpha \tag{5-8}$$

$$OE = OB\sin\alpha = A\sin(\omega t - \delta)\sin\alpha \tag{5-9}$$

所以

$$y = A\sin 2\alpha \cdot \sin\frac{\delta}{2} \cdot \cos\left(\omega t - \frac{\delta}{2}\right) \tag{5-10}$$

光的强度与振幅的平方成正比，所以合成光的强度 I 为：

$$I=A^2\sin^2 2\alpha \cdot \sin^2 \frac{\delta}{2} \cdot \cos^2(\omega t-\frac{\delta}{2}) \tag{5-11}$$

当 $\alpha=\pi/4$、$3\pi/4$、$5\pi/4$ 和 $7\pi/4$ 时，I 最大，光的强度最大，视场最亮，即如果晶体切面内的两振动方向与起偏镜、检偏镜的振动方向成 45°角，即 $\alpha=45°$，此时晶体的亮度最大，当 $\alpha=0$、$\pi/2$、π、$3\pi/2$ 时，$I=0$，视场全黑，这就是球晶黑十字消光图像的由来。当试样随载物台旋转时，黑十字保持不动，消光图像不改变，加一级红补色器时，球晶的颜色分布不变。这是因为球晶具有半径等效的结构单元，即球晶中沿任一半径方向结构的排列方式与任何其他半径方向都是等同的。

三、偏光显微镜的制样技术

由于高分子材料的品种繁多，成品形状各异，化学和物理性质有很大差别（如有的硬，有的软；有的易熔，有的不熔等），所以必须掌握多种多样的制样技术来适应不同的材料。

1. 热压制膜

热塑性高分子的薄膜显微样品可用下法制得。把少许材料放在载玻片上，盖上一块盖玻片，整个置于热台上加热至材料可以流动。用事先预热的砝码或用镊子轻轻施压使熔体展开成膜，然后冷却至室温。

热压制品的膜往往比较厚，一般为 80～100μm。厚度大会产生结构重叠，较适宜的厚度为 20 ～40μm。可采用以下方法获得较薄的膜：

① 减少高分子量到只有针尖那么大小，和/或适当提高温度（但要注意降解）。

② 在高分子熔化后将整个样品翻个身，让盖玻片朝下而压力加在较结实的载玻片上，这样可施加较大压力而不会压破盖玻片。加压工具可以自制，先将玻璃棒一端熔化，然后在一个低热导的平面上压成大钉子形，用它的大平面加压就不易把玻片压碎。

③ 利用样品中的气泡。通常在稍高的温度下，气泡会长大，气泡内壁要比高分子膜薄得多，可利用这个局部区域来观察。

2. 溶液浇注制膜

用适当的溶剂将试样溶解，将干净的玻片插入溶液后迅速取出，或滴数滴溶液于玻片上，干燥后即得薄膜。干燥方法可以是在空气中自然干燥，或在干燥器中利用干燥剂或真空干燥。但为了减少表面张力效应产生的内应力而导致的形变和结构变化，应先放在有溶剂蒸气气氛的密闭容器中缓慢均匀地干燥，最后再置于真空中彻底除去剩余溶剂。

3. 切片

切片首先要选用适当的切片机。比如对韧性的高分子或大面积切片应使用滑板型切片机，对较易切的高分子用旋转型切片机即可。通常使用钢刀，刀刃有碳化钨更好。切片虽是个简单的机械操作，但由于聚合物性质的多样性，只有充分了解以下四方面问题才能得到高质量切片。

（1）切片方法

各种高分子的硬度和韧性相差很大，因而必须采用不同的切片方法。图 5-11 将某些常见高分子根据力学性质划成三个区。中间区的硬度和韧性适中，在室温下易于切片；左下方的高分子由于太易于形变而须低温切片；右上方的高分子质地坚硬难以切片，只能升温切片或像金属那样研磨加工。理想的无定形高分子的最佳切片温度稍低于 T_g，但结晶、交联、添加剂会改变切片温度。聚乙烯是结晶度影响切片温度的典型例子。LDPE 在室温下切片易发生形变，切片会留有应力而报废，只有冷冻至－120℃附近才能切片；而 HDPE 由于结晶度高在室温下就较硬而能切片，实际上 HDPE 冷冻（－50℃）切片更为有利。如果切片机没有冷冻装置，用干冰冷却切片机样品台是可行的办法。

颜料、稳定剂、润滑剂等一般并不大影响切片性能，但填料如 $CaCO_3$、TiO_2、玻璃纤维等会使材料变硬而有利于切片；相反增塑剂可使聚氯乙烯的 T_g 从 80℃降至室温以下而必须冷冻切片。

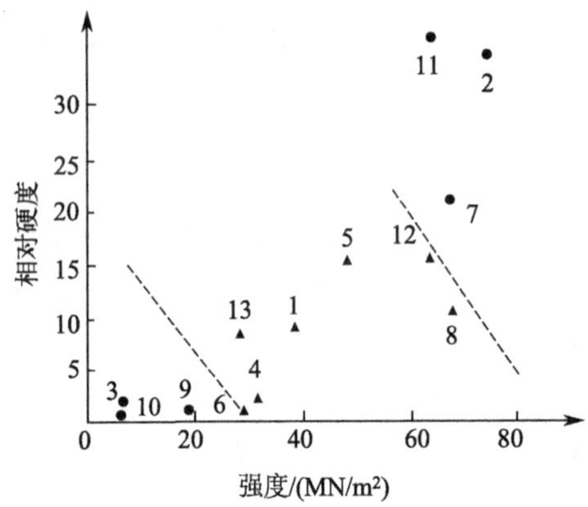

图 5-11　某些高分子的相对硬度和强度

▲易切片；●须冷冻切片；

1—聚苯乙烯；2—聚酰亚胺；3—低密度聚乙烯；4—高密度聚乙烯；5—硬聚氯乙烯；6—软聚氯乙烯；7—聚甲基丙烯酸甲酯；8—尼龙 6；9—丁基橡胶；10—丁腈橡胶；11—酚醛树脂；12—聚缩醛；13—聚丙烯

图 5-11 中间区内的高分子可切成约 10μm 厚的切片，如需要更薄的切片也需冷冻。而且如果允许切片面积减小到最大限度，则可能得到更薄的切片。与冷冻切片相反，对于太硬或太韧的材料，适当升温则利于切片，较便利的方法是用吹风机给样品吹热风。

（2）样品的夹持

普通样品可直接夹在切片机的夹具齿内，但很小或很薄的样品如粉末、颗粒、薄膜和纤维状样品就须用包埋法。即事先固化在环氧树脂或丙烯酸系树脂中，再一起切片。须注意固化放热可能引起包埋物的结构变化。薄膜还可以夹在两片约 3mm 厚的聚乙烯片材之间切片。开孔型泡沫塑料可以通过浸渍某种与高分子样品无作用的液体介质而使切片得以进行，用冰冷却样品有助于减少切片的损坏。

（3）切片的质量

好的切片要求没有由于刀刃缺陷的刮痕（沿切片长度方向）和高矮的波动（沿垂直方向）；要求没有应力，有残余应力的切片会卷曲或发皱，从而在样品台上很难铺平，无法得到好的照片。

切片缺陷主要是钝刀片引起的，因而提高切片质量的最好办法是仔细打磨刀片。先将刀具经砂轮粗磨，再用 0.25μm 的膏状金刚砂研磨剂，在平板玻璃上打磨至无缺陷。刀刃的平整性可以用显微镜直接观察。另一种方法是减小切片厚度，可以减少由于分子取向梯度引起的切片卷曲。

如果切片已经翘曲，使应力松弛的补救办法是热处理或化学处理。例如令切片浮在热的甘油表面，或用沾有溶剂的小刷子刷切片表面。但这些处理均可能引起结构变化，要小心使用。

（4）切片的安装

切片须安装在玻片之间才能在显微镜下观察。若切片表面不平整，会导致光的反射和散射，用浸液可以减少这种作用。选择浸液的主要原则：一是对高分子样品不能有溶胀溶解或其他作用；二是其折射率必须尽可能与高分子样品的折射率相匹配，当样品各向异性时，要求与高分子样品的平均折射率相匹配。此外浸液的沸点应较高，以免挥发。

四、偏光显微镜在高分子材料研究中的应用

1. 聚合物球晶

（1）球晶形态

高分子球晶由从中心往外辐射排列的晶片组成。各晶片中半径方向与切线方向的折射率差是一样的，即 δ 是常数。因而决定光强的是 α，当 $\alpha=0°$、90°、180°和 270°时，$\sin2\alpha$ 为零，这几个角度没有光通过。当 $\alpha=45°$的奇数倍时，$\sin2\alpha$ 有极大值，因而视野最亮。于是，球晶在正交偏光下呈现特有的马耳他（Maltese）消光十字图像（图 5-12）。如果由晶片组成的微纤从中心往外生长时出现了周期性扭转，则产生零双折射的环［图 5-12(c)］。球晶只有在孤立的情况下才是圆形的［图 5-12(a)］，而一般情况下观察到的球晶是多边形的。这是由于球晶生长到一定阶段必然要互相碰撞截顶［图 5-12(b)和(c)］。

(a)全同聚苯乙烯的球晶　(b)截顶的聚丙烯球晶　(c)具消光环的截顶聚乙烯球晶

图 5-12　典型球晶的正交偏光显微照片

有时球晶中的微纤结构清晰可见，这是由于微纤中晶片的双折射较大，与球晶内部的非晶区的差别较大导致的。有意让偏振片一定程度偏离正交时，会更加突出球晶中的微纤的形态，因为此时消光十字不明显。

并非所有的球晶都能在偏光显微镜下观察到，由于其晶体的分子中原子排列结构恰巧使晶片为光学各向同性，从而其球晶没有双折射而观察不到。另外在显微镜下可观察到消光十字的，有时可能只是一种假象而并没有球晶。杂质或气泡有时会在材料中造成辐射状的局部应力分布，而引起双折射。这种应力造成的图形边界模糊，因而双折射存在一个变化的梯度，可以通过观察边界来识别。

（2）球晶的成核

球晶的均相核最初的形状是稻草束状，然后向四周呈树枝状生长（图 5-13）。均相核是以分子的相关涨落产生的分子链局部有序体为核，由于核是相继产生的，所以球晶边界呈双曲线形［图 5-14(a)］。如果从预先存在的均相核开始生长，由于是同时生长，最终球晶是边缘笔直的多边形，边界线应是相邻两个球晶中心的连线的垂直等分线［图 5-14(b)］。通过观察球晶的形态就可以判断成核类型。图 5-14(b) 中背底的小球晶是从结晶温度冷却下来时进一步长出的。聚丙烯和尼龙常有意添加商品成核剂，以减小球晶尺寸，提高材料的性能。

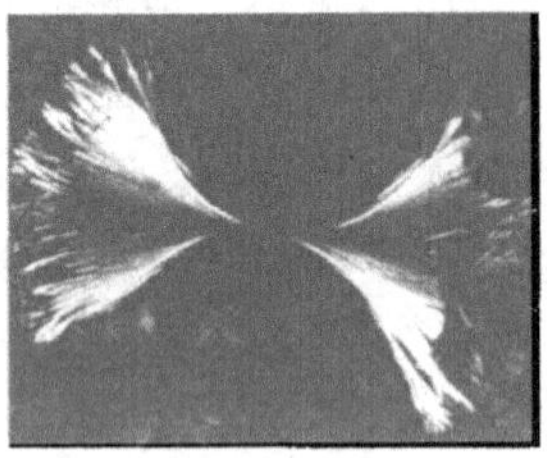

图 5-13　稻草束状晶核的 POM 照片

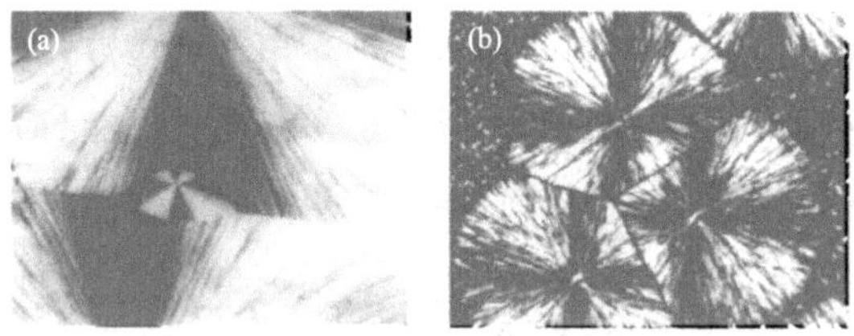

图 5-14　非均相核（a）和均相核（b）的典型球晶形态

不同填料的加入会对高分子的球晶产生不同的影响。如图 5-15 所示不同填料加入对 PP 结晶的影响，其中：未改性纯 PP 中可观察到典型的大尺寸球晶结构，部分球晶因空间堆叠导致马耳他十字消光图案的十字特征模糊化；滑石粉填充 PP 的球晶尺寸显著减小，但仍存在边界清晰的小型球晶；热塑性弹性体共混 PP 的球晶尺寸与滑石粉体系相近，但统计平均尺寸略大于后者；成核剂改性 PP 在同等观测尺度下球晶结构不可分辨，表明球晶尺寸已降至亚微米级（超出偏光显微镜分辨率极限）。

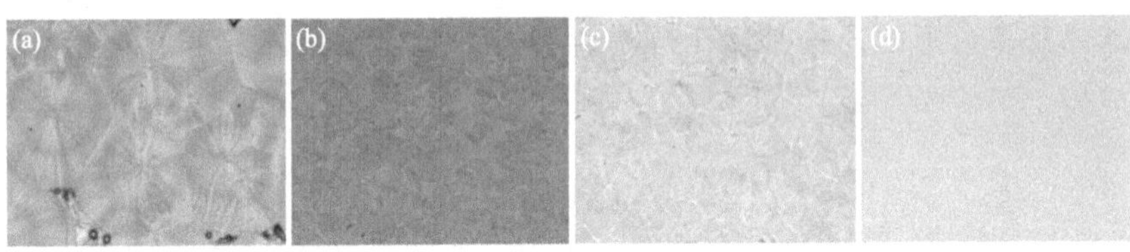

图 5-15　(a)PP，(b)PP/滑石粉，(c)PP/热塑性弹性体以及（d)PP/成核剂的球晶形态 POM 照片

（3）球晶的生长

球晶是一个三维生长、球形对称、包含结晶与非晶部分的聚集体，其生长过程可分为成核和生长两个阶段。球晶的成核又分为均相成核和异相成核两种。以溶液中的杂质、添加剂、容器壁或其他第三组分为晶核生长的球晶为异相成核球晶，球晶从中心一点向外呈发散状生长。均相成核及球晶生长过程如图 5-16 所示。成核初始只是多层片晶（a)，逐渐向外张开生长（b)、(c)，不断分叉，经捆束形成（d)，最后形

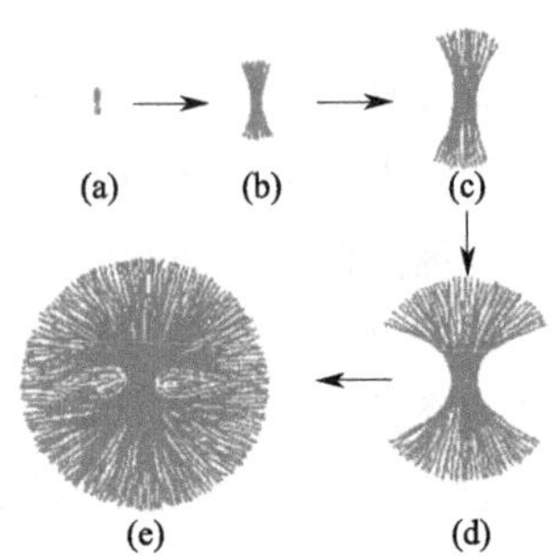

图 5-16　球晶各生长阶段形象示意图

成填满空间的球状外形（e）。球晶在生长过程中，晶片平行排列，连续产生非结晶学上的小角度分叉，形成径向发射生长，使条状晶片总是保持与半径方向平行，从而得以填满球状空间。

在固定温度下，球晶的生长是等速的，用带热台的偏光显微镜可以进行等温结晶动力学研究，方法是测定球晶平均半径随时间的变化关系。例如用录像机记录聚丙烯在 140℃ 下等温结晶的过程（图 5-17），测量不同时间球晶直径，绘制球晶径向生长速率图（图 5-18），直线斜率即为球晶的线生长速率，为 0.5μm/min。

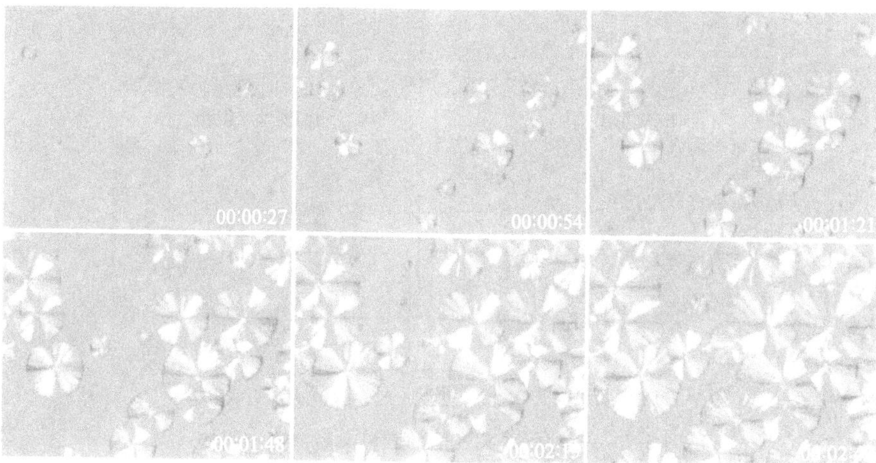

图 5-17　聚丙烯在 140℃下等温结晶过程的 POM 照片

右下角标的是结晶时间（时：分：秒）

在模塑制品中常看到靠近表面的球晶较小，内部球晶较大，这是由于冷却速率不同导致实际结晶温度不同。对于大球晶，常能观察到球晶间有明显的非晶物（生长过程中的排斥物）聚集甚至出现裂缝（图 5-19），从而使力学强度下降。

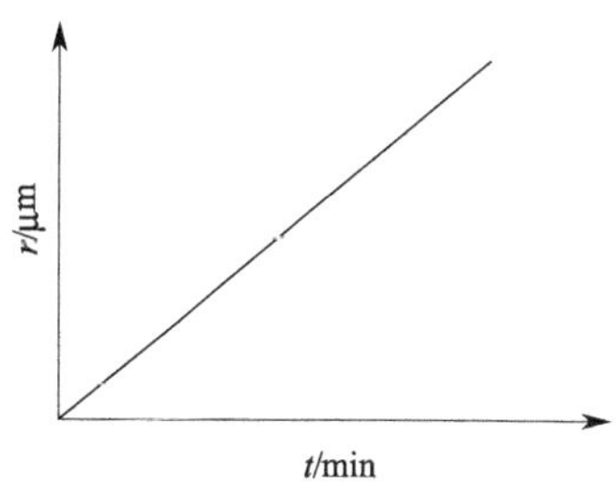

图 5-18　球晶径向生长速率

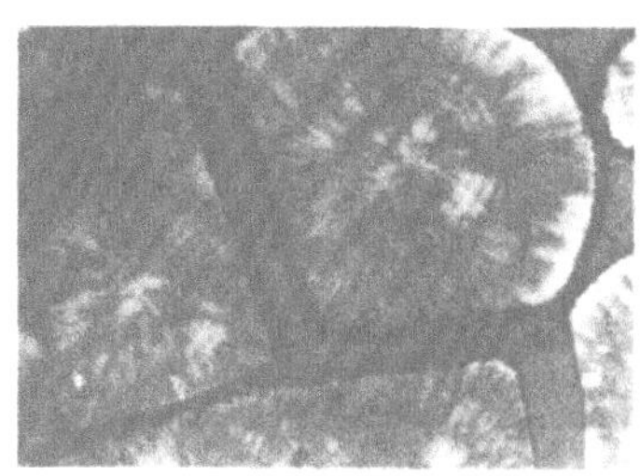

图 5-19　某聚丙烯大球晶的 POM 照片（137×）

2. 高分子液晶

偏光显微镜也可用于高分子液晶的观察，如高分子液晶的向列相织构、胆甾相织构、近晶相织构、两相共存的液晶相织构以及柱状相织构等。

高分子由于体系黏度大，形成典型织构较难，从一种高分子能观察到的织构种类也有限，难于同时观察到一种高分子液晶的所有织构。但从一种芳香共聚酯可得到多种不同的向列相织构（图 5-20），在这里作为介绍偏光显微镜观察高分子液晶的实例。该热致液晶共聚酯（聚合度为 25）的结构如下：

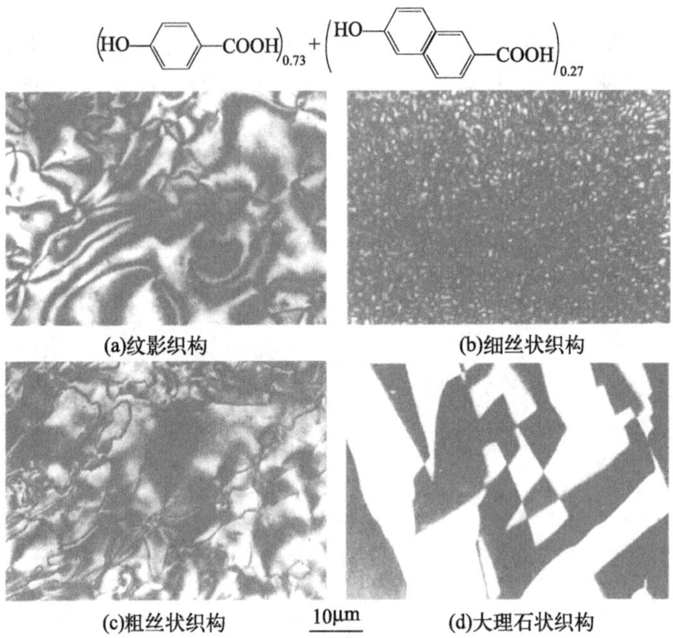

图 5-20　一种芳香共聚酯的四种典型向列相织构

第二节　透射电子显微镜

一、透射电子显微镜的构造

透射电子显微镜是一种大型的电子光学仪器。它主要包括电子光学系统、真空系统和电器三部分。

1. 电子光学系统（镜筒）

电子显微镜的电子光学系统放置在电镜的镜筒内，其核心是磁透镜。光学显微镜是以玻璃透镜使光束聚焦，而电子显微镜则是以磁透镜使电子束聚焦。由于电子显微镜的放大倍数很高，所以对磁透镜的要求很高，一是要短焦距，二是高放大倍率。

电子光学系统是电子显微镜的主体，它可以说是一个透镜组。电镜的上端是电子枪部分，下端是观察和照相部分，中间则为成像系统，还有样品室。

图 5-21(a) 是近代电镜电子光学部分结构示意图，图 5-21(b) 是与之相似的透射式光学显微镜的结构图。在电子显微镜的电子光学系统中，它的上部是由电子枪和第Ⅰ会聚镜、第Ⅱ会聚镜组成的电子照明系统。它的作用是提供一个亮度高、尺寸小的电子束。电子束的亮度取决于电子枪，电子束的直径尺寸则取决于会聚镜。电子枪发射电子，是电镜的照明光源，它在电镜中是十分重要的。电子枪又分为灯丝阴极、栅极、加速阳极三部

分。灯丝通过电流后发射出电子，栅极电压比灯丝负几百伏，作用是使电子束会聚，改变栅极电压可以改变电子束尺寸，加速阳极系统可以具有比灯丝高 5 万伏甚至数 10 万伏的高压，其作用是使电子加速，从而形成一个高速运动的电子束。

会聚镜将电子枪发出的电子束聚焦到所观察的试样上，通过调节会聚镜的激励电流，可以改变会聚镜的磁场强度，从而控制照明强度及照则孔径角大小。现代电镜一般采用两个会聚镜，以便获得一个尺寸小的电子束。

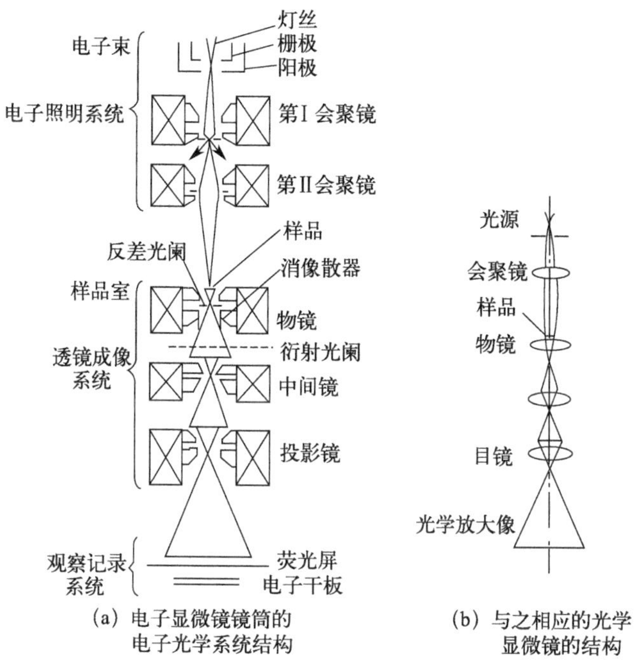

图 5-21　光学结构示意图

样品室在电子照明系统下面，样品室是放置观察样品的，可以使样品沿 x、y 方向移动，也可沿 z 方向升降，现代电镜在样品室有防污染装置。此外，为了应多方面应用的需要，还专门配有低温样品台、加热样品台、拉伸样品台以及双倾样品台等。

样品室下面是透镜成像系统。它是由物镜、中间镜、投影镜组成。物镜是电镜的重要部分，它的作用是形成样品的第一级放大像，穿过试样的电子束包含了反映试样特征的信息，经过物镜的作用，即在物镜后的像平面上形成放大了的一次电子图像。此外，物镜还对像进行聚焦。透射电镜的分辨率主要取决于物镜，一般要求物镜的焦距应尽量短，通常用强磁透镜作物镜，其焦距为 2mm 左右，放大倍率为 100～200 倍。物镜中还有一个反差光阑和物镜消像散器，它们的作用是减少物镜像散，提高分辨率。

中间镜和投影镜的作用是把物镜形成的第一级放大像再进行二级或三级放大，从而产生最终放大像。中间像一般用弱磁透镜，其激励电流的改变可以改变中间镜磁场的强度，从而改变中间的放大倍率。在电镜设计中，往往通过调节中间镜的放大倍数来改变整个成像系统的总放大倍率。投影镜除了要将物镜和中间镜形成的电子图像或电子衍射谱进一步放大外，还要把图像投射到荧光屏上。投影镜一般用强磁透镜，通常要求投影镜有较高的放大倍率。

简单的电子显微镜由物镜、一个中间镜和一个投影镜组成三级成像系统。图5-22是三级成像系统的电子光路图。这种三级成像系统的总放大倍率 M 为

$$M=M_0 \cdot M_1 \cdot M_2 \tag{5-12}$$

式中，M_0、M_1 和 M_2 分别为物镜、中间镜和投影镜的放大倍率。现代高性能的电镜具有多级成像系统，它们有两个或两个以上的中间镜和投影镜。多级成像系统可以大大提高放大倍率，以适应高分辨率的需要。

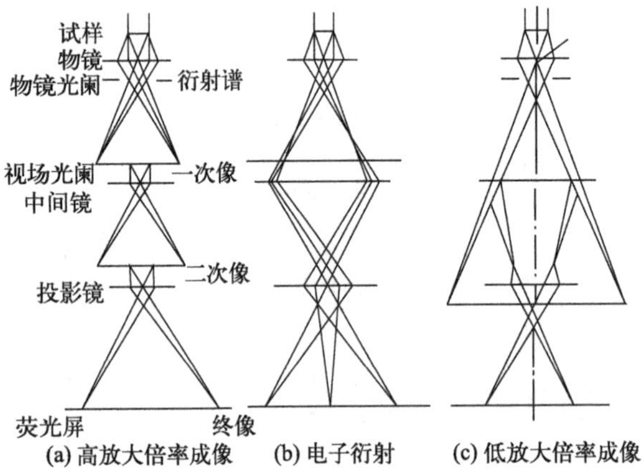

图5-22 三级成像系统的电子光路示意图

电镜的下端是观察系统与记录系统，把最终像投影在荧光屏上进行观察，下面有自动摄像系统，记录放大像。

2. 真空系统

要求电镜的镜筒内部处于高真空，因为：①在空气中，运动的电子与气体分子碰撞而散射，使得电子的平均自由路程减小，在电镜中，从灯丝到荧光屏的距离约为1m，为了使电子的平均自由路程大小达到这个距离，需要优于 10^{-2}Pa的真空度；②电子枪的高压需要处于高真空中，以免引起放电；③高真空可以延长电子枪中灯丝的寿命；④试样处于高真空中可以减小污染等。透射电镜的真空度是标志其质量的关键问题之一，普通透射电镜的真空度要求达到 $10^{-2}\sim10^{-3}$Pa，现代高性能的电镜要求将真空度提高到 $10^{-5}\sim10^{-7}$Pa。

电子显微镜的真空系统由机械泵（前级真空泵）、扩散泵（高真空泵）、真空管道和阀门以及空气干燥器、冷却装置、真空指示器等组成。现代电镜的真空系统都是自动控制的，带有保护装置，可防止由于突然停水、停电所造成的事故。

3. 电器

电镜的电器主要包括以下几部分：

① 电子枪的高压电源　为减小色差，要求加速电压有很高的稳定度，如要达到0.2～0.3nm的分辨率，高压的稳定度必须优于 2×10^{-6}/min。

② 磁透镜激磁电流的电源　磁透镜激磁电流的波动将使透镜焦距发生变化，图像变得模糊。分辨率为0.3nm的电镜要求物镜电流的稳定度为 1×10^{-6}/min，中间镜

和投影镜电流的稳定度为 5×10^{-6}/min。

③ 各种操作、调整设备的电器 包括电对中系统的电源、消像散器的电源及自动真空阀门、自动照相及其他自动控制系统的电器等。

④ 真空系统电源。

⑤ 安全保护用电器 如缺水时，自动切断电源，自动关闭真空阀门；真空度不够或高压部件外露时，高压电源接不上，等等。

现代电镜采用了晶体管和集成电路等电子新技术，大大提高了电源的稳定性，而且使操作更为方便，自动化程度很高，一般都采用了电子计算机控制系统。

二、透射电子显微镜的分辨率

提高显微镜分辨本领的关键是缩短照明光的波长。我们知道运动着的电子不但具有粒子性，而且能显示出波动性。一束作匀速直线运动的电子所具有的波长 λ 与电子运动速度 v 和电子质量 m 之间存在以下的关系

$$\lambda=\frac{h}{mv} \tag{5-13}$$

式中，$h=6.63\times10^{-34}\text{J}\cdot\text{s}$，称为普朗克常数。

当初速为零的电子在加速电压 U 的作用下达到速度 v 时，其动能与加速电压之间的关系为

$$\frac{1}{2}mv^2=eU \tag{5-14}$$

于是电子的速度为

$$v=\sqrt{\frac{2eU}{m}} \tag{5-15}$$

式中，$e=1.60\times10^{-19}\text{C}$，是电子的电荷；$m$ 是电子的质量，把式(5-15)代入式(5-13)，就可求得以速度 v 做匀速直线运动电子束的波长

$$\lambda=\frac{h}{\sqrt{2eUm}} \tag{5-16}$$

当加速电压较低时，电子运动速度比光速小得多，它的质量近似等于电子的静止质量 $m_0=9.11\times10^{-31}\text{kg}$。以这个数值代入式(5-16) 可求得

$$\lambda=\sqrt{\frac{1.5}{U}}=\frac{1.225}{\sqrt{U}} \tag{5-17}$$

式中，U 以伏为单位。可以看出电子束的波长随加速电压的增高而缩短。在电子显微镜中，加速电压相当高，目前常规透射电子显微镜的加速电压一般为 100kV 或 200kV。在这种情况下，电子的运动速度很高。在计算这种高能电子的波长时，必须引用相对论加以校正。经校正后，式(5-17) 变为

$$\lambda=\frac{1.225}{\sqrt{U(1+0.9788\times10^{-6}U)}}(\text{nm}) \tag{5-18}$$

由此而求得的电子波长如表 5-1 所示。

表 5-1　不同加速电压下的电子波长

加速电压/kV	20	30	50	100	200	500	1000
电子波长/($\times10^{-1}$nm)	8.59	6.98	5.36	3.70	2.51	1.42	0.687

当加速电压为100kV时，电子束的波长约为可见光波长的十万分之一。由衍射效应导出的光学透镜的分辨本领表达式原则上也适用于电磁透镜。而电磁透镜的孔径半角的典型值为$10^{-2}\sim10^{-3}$rad，$n=1$，代入式(5-5) 后得

$$\Delta r_{d}\approx0.61\lambda/\alpha \tag{5-19}$$

当电镜的加速电压一定时，电子束的波长就确定了。这时电磁透镜的孔径半角α越大，衍射效应产生的艾里斑半径越小，透镜的分辨本领便越高。如果加速电压为100kV，孔径半角为10^{-2}rad，那么分辨本领为

$$\Delta r_{d}=0.61\times\frac{3.7\times10^{-3}}{10^{-2}}=0.225(\text{nm})$$

透镜的实际分辨本领除了与衍射效应有关以外，还与透镜的像差有关。对于光学透镜，已经可以采用凸透镜和凹透镜的组合等办法来矫正像差，使之对分辨本领的影响远远小于衍射效应的影响。但是电磁透镜只有会聚透镜，没有发散透镜，所以至今还没有找到一种能矫正球差的办法。这样，球差对电磁透镜分辨本领的限制就不允许忽略了。

球差又称球面像差。在电磁透镜的同一横截面上，旁轴磁场对电子的折射能力要比远轴磁场的效应差一些。所以，一个物点上散射出的大孔径角的电子会聚得快一些，小孔径角的电子会聚得慢一些。这样就使所形成的像不再是一个清晰的点，而是一个弥散的区域。这种像差就称为球差（图 5-23）。球差的大小，可以用球差散射圆斑半径R_{s}和纵向球差ΔZ_{s}两个参量来衡量。前者是指在旁轴电子束形成的像平面（也称高斯像平面）上的散射圆斑的半径。后者是指旁轴电子束形成的像点和远轴电子束形成的像点间的纵向偏离距离。从图 5-23 可以看出，即使是轴线上的物点，也不可避免地要产生球差，因而这种像差的影响最为严重。

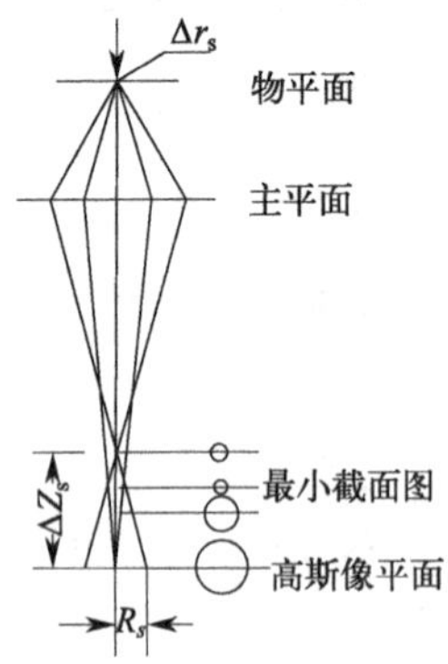

图 5-23　电磁透镜的球差

计算表明，在球差范围内距高斯像平面$3/4\Delta Z_{s}$处的散射圆斑的半径最小，只有$R_{s}/4$。习惯上称它为最小截面圆。球差对透镜分辨本领的影响与埃利斑很相似。为此，我们也可以像考察埃利斑像对透镜分辨本领的影响那样来考察球差对分辨本领的影响。如果计算分辨本领所在的平面为高斯像平面，就把R_{s}定为两个大小相同的球差散射圆斑能被分辨的最小中心距。这时在试样上相应的两个物点间距为

$$\Delta r_{s}=R_{s}/M=C_{s}\alpha^{3} \tag{5-20}$$

式中，C_{s}为电磁透镜的球差系数；α为电磁透镜的孔径半角。

如果计算分辨本领的平面为最小截面圆所在平面，则

$$\Delta r_{s}'=\frac{1}{4}C_{s}\alpha^{3} \tag{5-21}$$

从以上两式可以得知$\Delta r_{s}'$或Δr_{s}，与球差系数C_{s}成正比，与孔径半角的立方成正比。

也就是说球差系数越大，由球差决定的分辨本领越差；随着 α 的增大，分辨本领也急剧地下降。

由球差和衍射同时起作用的电磁透镜的理论分辨本领可以由这两个效应的线性叠加求得，即

$$\Delta r=\Delta r_s+\Delta r_d=C_s\alpha^3+\frac{0.61\lambda}{\alpha} \tag{5-22}$$

Δr 随孔径半角 α 的变化关系如图 5-24 所示。于是最佳孔径半角 α_p 为

$$\alpha_p=\left(\frac{0.2\lambda}{C_s}\right)^{\frac{1}{4}}=0.67\left(\frac{\lambda}{C_s}\right)^{\frac{1}{4}} \tag{5-23}$$

相应的最小分辨距离 Δr_{th} 为

$$\Delta r_{th}=1.2C_s^{\frac{1}{4}}\lambda^{\frac{3}{4}} \tag{5-24}$$

这就是由球差和衍射所决定的理论分辨本领。

在不同的理论假设下，式(5-23) 和式(5-24) 两式中的系数有所不同。因此这两个式子可用更普遍的形式来表示：

$$\begin{cases}\Delta r_{th}=AC_s^{\frac{1}{4}}\lambda^{\frac{3}{4}}\\ \alpha_p=B\left(\frac{\lambda}{C_s}\right)^{\frac{1}{4}}\end{cases} \tag{5-25}$$

而且可得

$$\Delta r_{th}\alpha_p=AB\lambda \tag{5-26}$$

当加速电压为 100kV 及轴上磁场最大值 $H_0=1.6\times10^6$ A/m 时，根据不同的假设求得的透射电镜理论分辨本领约为 0.2～0.3nm（表 5-2），目前实际透射电镜的点分辨率已接近于这个理论值。

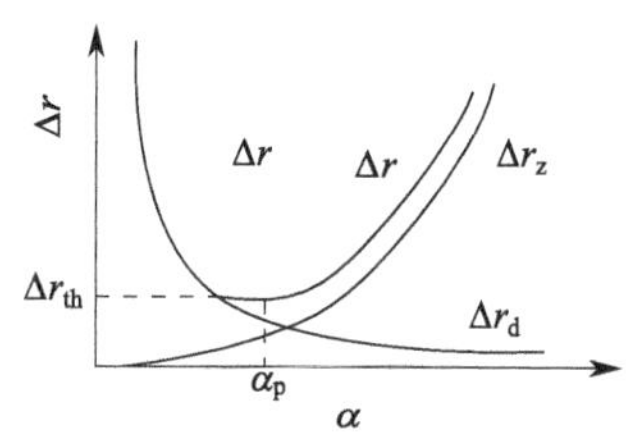

图 5-24　由球差和衍射所决定的电磁透镜的分辨本领 Δr 对孔径半角 α 的依赖性

表 5-2　透射电镜的理论分辨本领

计算分辨本领所在的平面	试样发出电子的角分布	A	B	Δr_{th}/nm	$\alpha_p/10^{-1}$rad
高斯像平面	高斯分布	0.78	0.92	0.32	0.82
高斯像平面	朗伯分布	0.56	1.13	0.24	1
最小板面圆平面	朗伯分布	0.43	1.4	0.18	1.24

从以上讨论可以看出，减小电镜的球差和提高加速电压，有助于提高透射电镜的分辨本领。

三、透射电子显微镜的衬度

人眼之所以能看清物体是由于人对光强度的差异和光波长的差异很敏感。这种差异称为“反差”或“衬度”。前者称为振幅反差或振幅衬度，后者称为色反差。电子显微像的衬度取决于投射到荧光屏或感光底片上不同区域的电子强度的差别。由电子感光底片只能够印出黑白照片来。这些图像的形成是由电子与试样作用的结果。

在透射电子显微镜中，当电子束穿透试样时，产生 4 种基本物理过程：散射、吸收、干涉和衍射。这 4 种物理过程原则上都是电镜成像的因素，而其中以散射对成像的影响最大。

1. 电子散射和散射衬度

当一个高速电子打到薄试样上时，会和试样中的原子碰撞一次、几次或许多次。第一种情况称一次散射，这时电子的运动受到原子核的静电场的散射作用；第二种情况称为多次散射，这时电子的运动可由各次散射作用叠加而求出；第三种情况称为累次散射，此时电子的运动规律需由统计平均求得。对于实际的试样，入射电子的散射形式取决于试样的厚度 t。更确切地说，取决于 ρt，这里 ρ 是试样的密度。因此 ρt 又称为质量厚度。平均地说，对于质量厚度小的试样，主要是一次散射。而质量厚度大的试样，则主要是多次或累次散射。本节仅讨论一次散射的情形。入射电子在试样中的散射有两类：弹性散射和非弹性散射。弹性散射是指当入射电子与试样中单个孤立的原子发生碰撞时，电子的运动方向和动量发生变化，但能量损失很小，故可忽略不计。非弹性散射是指当入射电子与试样中单个孤立原子的核外电子发生碰撞时，两者发生能量交换，使入射电子能量损失。但此时入射电子的散射角度要比弹性散射时的小。由无定形或非晶高分子材料制成的试样，其中的原子排列是相当无规的，在像平面上其电子束的强度可以借助于独立地考察各个原子的散射并将结果相加而成。

设 I_0 是没有试样时像平面上的电子束强度，I 是当受到厚度为 t 的试样散射时像平面上电子束的强度。可以证明，在电镜的通常使用条件下，有如下关系：

$$I=I_0e^{-Qt} \tag{5-27}$$

式中，Q 为 $1cm^3$ 试样中 N 个原子的散射总截面，即

$$Q=N\sigma_1 \tag{5-28}$$

式中，σ_1 为原子散射截面，其值等于电子被散射到等于或大于 α 角的概率除以垂直于入射电子方向上每单位面积上的原子数。

若聚合物试样的密度为 ρ，平均原子量为 $\overline{M}$，阿伏伽德罗常数为 N_A，则 $N=\dfrac{N_A\rho}{\overline{M}}$。代入式(5-28) 得

$$Q=\frac{N_A\sigma_1\rho}{\overline{M}} \tag{5-29}$$

对于厚度为 t 的试样，则有

$$Q_t=\frac{N_A\sigma_1}{\overline{M}}\rho t \tag{5-30}$$

式中，ρt 称为试样的质量厚度。

如果试样上有一个厚度起伏 Δt，则在 Δt 范围以外，像平面上电子束的强度 $\overline{I}$（即背景的强度）为

$$\overline{I}=I_0e^{-Qt} \tag{5-31}$$

在 Δt 范围以内像平面的强度 I 为

$$I=I_0e^{-Q(t+t\Delta t)} \tag{5-32}$$

两者的强度差为

$$\Delta I=\overline{I}-I=I_0e^{-Qt}(1-e^{-Q\Delta t}) \tag{5-33}$$

散射衬度 C 就定义为上述强度起伏 ΔI 与背景强度 $\overline{I}$ 的比值，即

$$C=\frac{\Delta I}{\overline{I}}=1-e^{-Q\Delta t} \tag{5-34}$$

在透射光学显微镜中，衬度主要由各部分试样对光的吸收不同所产生，而电镜成像时质量厚度衬度的形成主要在于入射电子的散射。

如果在试样的某些区域，所含物质的原子序数较大（如图 5-25 中的 A 点附近）或厚度较大（如图 5-25 中的 C 点附近），那么当入射电子束通过时，散射就强，因而有较多的电子被散射到光阑孔以外，到达像平面的电子数便减少了，图像中所对应的这些区域的亮度也就降低了。如图 5-25 中 A'和 C'点附近的亮度要比 B'点附近的低。因此该光阑也称衬度光阑（在某些情况下，衬度光阑放在物镜极靴中央平面处）。

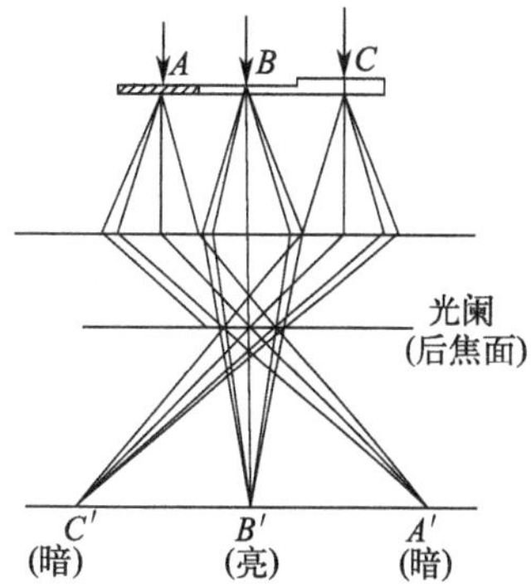

图 5-25 质量厚度衬度的形成

为了改善质量厚度衬度，在电镜技术方面可以采用空心束暗场成像法。即在后焦面上放置一个环形光阑，此光阑的中心是一个电子不能穿透的小圆挡板。它阻挡了穿过试样后仍平行于轴的几乎没有被散射的电子束。由于这些电子并不传递信息而只形成像的背景，所以把它们挡住以后，不但可使衬度显著增大（例如增加 6～7 倍），而且在这样的暗场像中可以看到明场像中被背景光强掩盖掉的那些试样细节。

也可以在制样技术上采取一些措施以改善质量厚度衬度，例如常用重金属对高分子试样进行染色或者投影以增加其某些部位的质量，还可以用蚀刻法使试样中结构不同或成分不同的区域被蚀刻掉的程度不同，从而形成厚度上的差异。

2. 电子衍射和衍射衬度

运动电子具有波粒二相性，在一定的加速电压作用下，电子束具有一定的波长，电子束与晶体物质作用，可以发生衍射现象。与 X 射线的衍射类似，电子衍射也遵循布拉格定律，见图 5-26。波长为 λ 的电子束照射到晶体上，当电子束的入射方向与晶面距离为 d 的一组晶面之间的夹角 θ 满足关系式

$$2d\sin\theta=n\lambda \tag{5-35}$$

时，就在与入射束或 2θ 的方向上产生衍射束，样品对电子的衍射产生的衬度称为衍射衬度，它是晶体样品形成衬度的主要原因。

式中，d 为晶面间距；λ 为入射电子束的波长；$n=0,1,2,3,\cdots$称为衍射级数。

有关衍射衬度的理论比较复杂，需要较多的物理和数学知识，因此，这里只能讲一下衍射衬度成像的特点。当入射电子束通过一个厚度均匀的薄样品后，由于样品中包含不同方向的晶粒，或者存在缺陷，入射电子束对一个晶粒的某一组晶面满足布拉格衍射条件，电子将与晶面按一定角度发生反射，这样就使发生反射的晶粒的透射电子较少，荧光屏上相应位置的亮度较小；而另外一个晶粒不满足布拉格条件，没有反射电子，因而透射电子较多，荧光屏上相应位置的亮度就较大。这样，就产生了衍射衬度，如图 5-26 所示。图 5-27 是晶体的衍射衬度像。可以发现，衍衬像完全不像物，但它能证明物的存在。

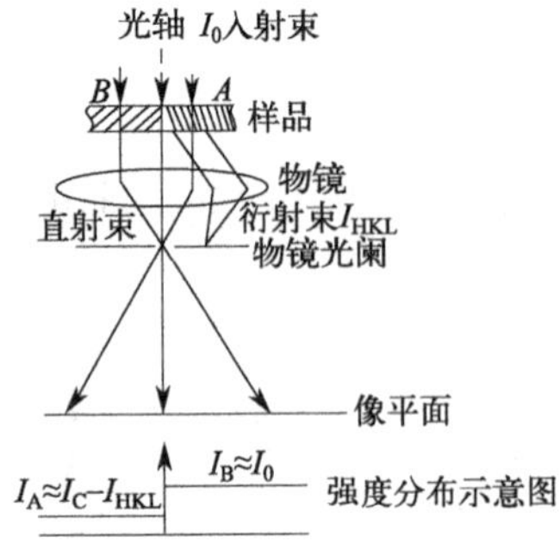

图 5-26　形成衍射衬度的原理示意图

图 5-27　投射电镜的衍射衬度像

四、透射电子显微镜试样的制备技术

透射电镜（TEM）是利用样品对入射电子的散射能力的差异而形成衬度的，这要求制备出对电子束“透明”的样品，并要求保持高的分辨率和不失真。

电子束穿透固体样品的能力主要取决于加速电压、样品的厚度以及物质的原子序数。一般来说，加速电压愈高，原子序数愈低，电子束可穿透的样品厚度就愈大。对于 100～200kV 的透射电镜，要求样品的厚度为 50～100nm；对高分辨透射电镜，样品厚度要求约 150Å。总之，试样越薄，薄区范围越大，对电镜观察越有利。

透射电镜样品制备是一项较复杂的技术，它对能否得到好的透射电镜像或衍射谱至关重要，不同种类的透射电镜样品采用不同的制备手段。

1. 超薄切片

用于 TEM 的样品必须用超薄切片机切片。切片厚度为 50nm 左右，最薄可到 30nm。普通的厚切片（100nm 以上）在 TEM 下是不能用的，因为 50kV 加速电压的电子束，仅有 50％能穿过密度为 $1g/cm^3$、厚度为 100nm 的切片。

超薄切片法与浇铸、复型等其他方法相比其优点在于，它所得到的是高分子材料的真实结构，制样过程不改变结构形态。图 5-28 是超薄切片的过程示意图。

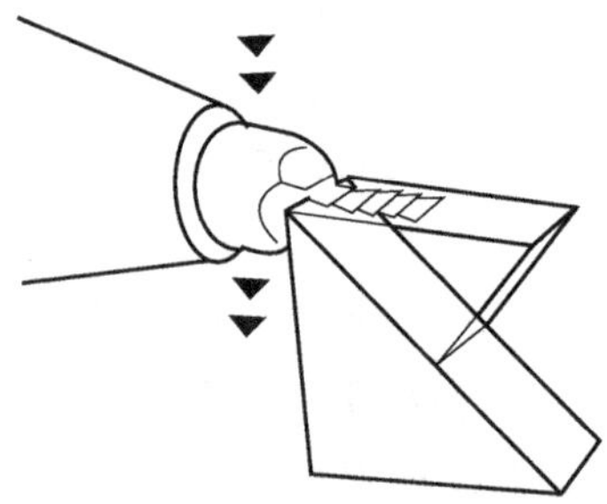

图 5-28　超薄切片示意图

下面叙述制备超薄切片的一系列步骤。

（1）干燥

由于电镜是在高真空度下操作，所以样品必须经充分干燥，以除去水分。为克服用一般的空气或真空干燥方法使表面产生张应力的问题，可采取如下三种方法：冷冻干燥、临界点干燥、用低表面张力的有机溶剂（如乙醇或醋酸异戊酯）置换出水，然后再干燥。

（2）包埋

对于柔性高分子，必须预先用某种树脂包埋才能切片。所用树脂有环氧树脂、不饱和聚酯、丙烯酸类树脂等，树脂的硬度要与试样硬度匹配才能切出好的切片。例如环氧树脂，对不同试样应选用不同配方，可调节固化剂、增塑剂和稀释剂的用量以得到适当的硬度。典型的树脂配方为：618 环氧树脂 100 份，十二烷基琥珀酸酐 40 份，邻苯二甲酸二丁酯 2 份，2,4,6 三（二甲氨基甲基）苯酚 1 份。用丙酮做稀释剂，按以下渗透配方依次从稀到浓进行渗透才能得到较好的效果，树脂与丙酮的比例分别是 1∶2，1∶1，2∶1，2∶0。

（3）固化

对于柔性较大的高分子（如橡胶），必须先用化学固化剂固化，如四氧化锇。

（4）修边

对于包埋块要先修成锥形，方法如图 5-29 所示。注意对于取向的纤维和薄膜，刀的方向不可与取向轴平行或垂直，而应略倾斜才能得到好的切片。

（5）切片

超薄切片机的刀可以用钻石刀或玻璃刀。前者硬度大、耐用，可以再磨但价高；后者可以自制，也相当锋利（比钢刀锋利），但它很容易钝，所以最好新制。三角玻璃刀的制法如下：预先切一块 25mm×25mm×5mm 的方形玻璃，在稍偏离对角线的方向用金刚刀划线，用改装的虎钳夹紧划痕处将玻璃分裂成两部分即得。用胶带或薄金属片围成刀槽并用蜡封好，槽内装水（或油），这样的刀叫湿刀（图 5-30）。切好的切片将漂在槽中的水面上可避免切片崩掉，还可减少应力引起的卷曲甚至损坏。

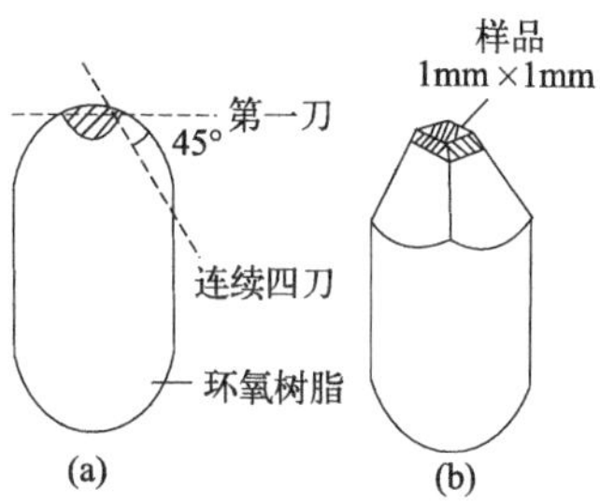

图 5-29　对包埋块的修边方法

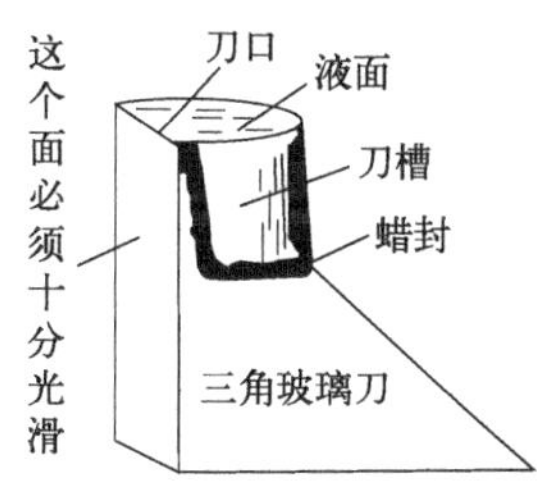

图 5-30　三角玻璃刀的示意图

进刀系统是超薄切片机中保证切片厚度的关键部件，进刀方式可采用机械式和热膨胀式。前者是通过机械传动，让样品以一定的量分步前进，前进量决定切片厚度；后者通过金属臂受热膨胀伸出，带动样品前进，由于等速升温时膨胀量与时间成线性关系，所以可由切速和受热程度来控制进刀量（亦即切片厚度）。

TEM 常用的切片厚度为 60nm，分辨率可达 2.5nm。切片的厚度可根据在刀槽液面上的切片在光照下的颜色来判断。据报道颜色与厚度有如下关系：暗灰色 40nm 以下；灰色 40～50nm；银色 50～70nm；金色 70～90nm；紫色 90nm 以上。所以一般采用银色切片。

对于柔性高分子，还可以用冷冻切片法。切片温度为－20～－40℃，切片仍可用刀槽中的液体收集。若在更低的温度下切片就不得不用“干刀”了，此时要采用专门的低温切片机。

2. 染色

在 TEM 中衬度是由于结构中存在电子密度差异，但由于多数高分子是由 C、H 等低原子序数的元素组成，电子密度差别很小，加上样品很薄，所以高分子样品的反差很小。染色可用于增加反差，所谓染色是指给特定的结构引入重原子而改变衬度的方法。

本体高分子通常用“正染色”，即感兴趣的区域被染色而在电镜下成为黑色。

一个典型的例子是 SBS 嵌段共聚物微观相分离结构的透射电镜观察。图 5-31 是一种聚苯乙烯段体积分数为70%的SBS的超薄切片的TEM图像。切片经四氧化锇蒸气染色。OsO_4与聚丁二烯微相反应后结合在一起，使它在照片上呈黑色。该照片清楚地显示出黑白相间的层状结构。

利用电子密度比标本高的重金属盐（如磷钨酸钠、醋酸铀等）将生物标本包围起来，增强背景散射电子的能力以提高衬度，在黑暗的背景下显示标本的形态结构，称“负染色”。这一技术操作简便，主要用于颗粒状标本（如细菌、病毒、分离细胞器等）的研究。图5-32是冠状病毒标本的透射电镜图像。

常用于高分子材料的染色剂有四氧化锇（OsO_4）、四氧化钌（RuO_4）、氯磺酸、磷钨酸、硫、硫化银、三氟醋酸和碘。

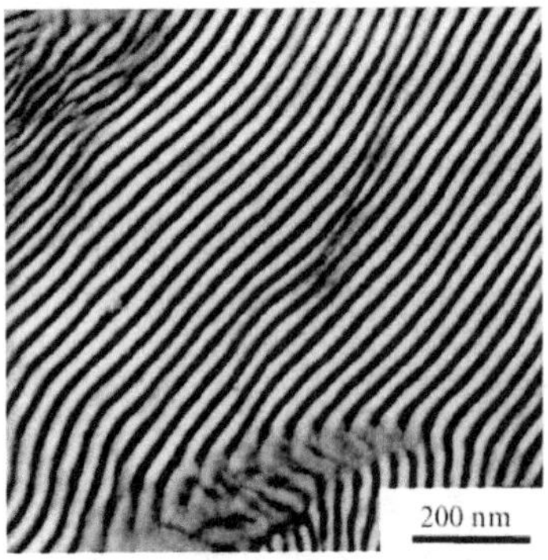

图5-31 SBS嵌段共聚物的超薄切片的电子显微像（OsO_4 染色）

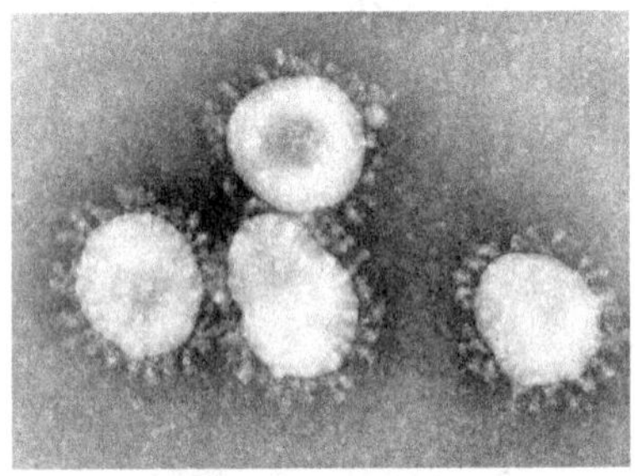

图5-32 冠状病毒标本的TEM图像

3. 蚀刻

投影和染色是通过把重金属引入到试样表面或内部，使聚合物的多相体系或半晶聚合物的不同微区之间的质量差别加大，而蚀刻的目的在于通过选择性的化学作用、物理作用或物化作用，加大上述聚合物试样表面的起伏程度。蚀刻的方法有好几种，常用的有化学试剂蚀刻和离子蚀刻。用作蚀刻的化学试剂有氧化剂和溶剂两类；所用的氧化剂有发烟硝酸和高锰酸盐试剂等。它们的蚀刻作用是使试样表面某一类微区容易发生氧化降解作用，使反应生成的小分子物更容易被清洗掉，从而显露出聚合物体系的多相结构来。值得注意的是，蚀刻条件要选得适当，以免引入新的缺陷或伴生应力诱导结晶等结构假象。溶剂蚀刻利用的是不同组分或不同相在溶解能力上的差异。例如乙胺、氯代苯酚等溶剂使聚对苯二甲酸乙二酯中的非晶区更容易溶解。而且，有时会出现在非晶区被溶解的同时，晶区被溶胀甚至少量溶解的现象；也还会出现溶剂诱导和应力诱导作用使试样表面形成新的结晶，所以蚀刻的时间要适当，不宜过长。在用化学试剂蚀刻法改善半结晶聚合物试样的衬度时应充分认识这样一个事实：化学试剂对于同一种聚合物的晶区和非晶区的作用差异是作用速率的不同，而不是能作用与不能作用的问题。

离子蚀刻是利用半晶聚合物中晶区和非晶区或利用聚合物多相体系中不同相之间耐离子轰击的程度上的差异。具体做法是在低真空系统中通过辉光放电产生的气体离子轰击样品表面，使其中一类微区被蚀刻掉的程度远远大于另一类微区，从而造成凹凸起伏的表面结构。

由于蚀刻一般是对较厚和较大的样品进行的一种表面处理，故这种样品不能直接放入透射电镜中观察，因此往往采用下面要介绍的复型技术来进一步制样。但在对蚀刻试样的图像进行解释时，务必格外小心。因为蚀刻是所有制样方法中最容易产生假象的一种，例如等离子/离子蚀刻中可能出现台阶形、锥形圆洞等假象结构，溶剂蚀刻中凝胶状的表面，以及酸蚀刻中小分子结晶的沉积等假象使图像解释产生困难，因而蚀刻必须与其他方法互相补充才能揭示高分子结构的真相。

4. 复型

选择适当的材料，制成被研究样品表面的复制品，将这种复制品送进电镜中观察，这种技术称为复型。同时把复制品称为复型物，也简称为复型。

复型能重现样品的表面起伏结构，但只是一种间接的方法。复型一般用于 TEM，而 SEM 通常不必用复型。在某些特殊情况下，如样品很易受电子损伤或要检查一个在工作中的塑料部件的表面磨损情况但又不能破坏样品时，SEM 才采用复型。

根据制作过程，复型可分为一级复型和二级复型。一级复型是一次复制品，是负复型，由于它直接从样品表面复制，效果较好，但剥离较难；二级复型是二次复制品，是正复型，由于它复制了两次，细节可能有所损失，分辨率下降，但剥离容易。复型常须用金属投影以增加衬度。复型的制作过程示意于图 5-33。

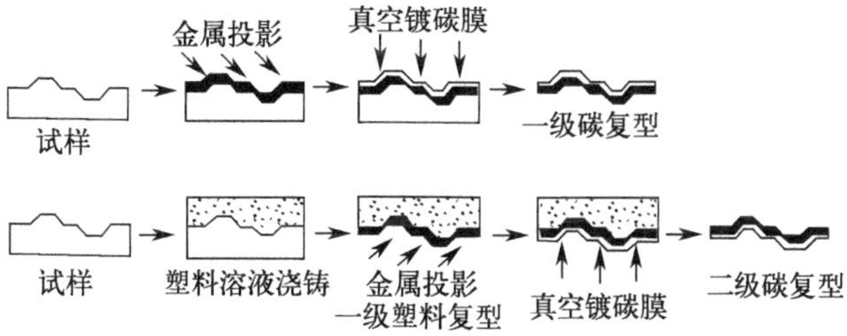

图 5-33 复型制作过程的示意图

5. 投影

有机高分子材料在利用质量厚度衬度成像时的不利因素是它们对入射电子的散射能力很弱，使得图像的衬度很差。利用重金属投影的方法可使衬度大为提高。具体做法是利用真空镀膜的方法把重金属以一定的角度沉积到试样表面上去。当试样表面存在凹凸起伏的表面形貌时，面向蒸发源的区域沉积上一层重金属，而背向蒸发源的区域会被凸出部分挡掉，沉积不上金属层，从而形成对电子束透明的“阴影区”，使图像反差大增，立体感加强。

由图 5-34 可见，未经投影的聚乙烯单晶体的衬度很低，与碳支持膜的衬度相差不大。其中（a）是经电子束轻微照射的聚乙烯单晶体的电子显微像，菱形内部的暗区是由衍射衬度引起的；（b）是经较长时间的电子束照射后的聚乙烯单晶体照片。菱形内部的衍射衬度消失了，意味着结晶有序性遭到了破坏。图 5-35 显示出聚乙烯单晶体经铂-碳投影后衬度大增和立体感加强的情形。照片中的亮区是投影时造成的阴影。这一点与人们的感觉习惯正好相反。

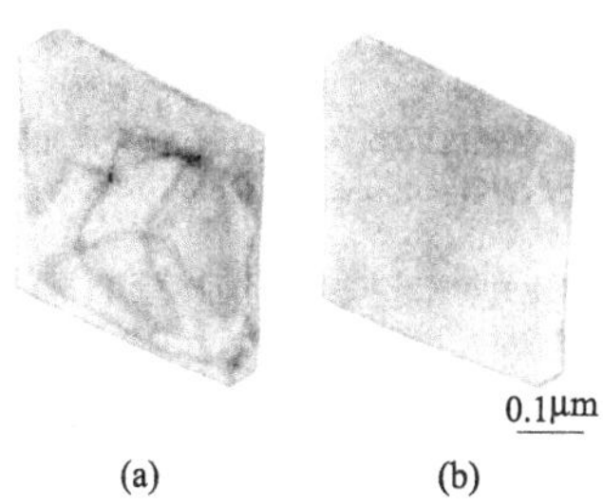

图 5-34 稀溶液培养的聚乙烯晶体的电子显微像

（a）带有衍射衬度的明场像；

（b）在电子束连续辐照下使结晶有序性破坏后的明场像

用透射电镜研究聚合物单晶体时常用投影法来测量单晶体的厚度和生长螺旋的台阶高度。要注意的是必须在投影时记下投影角度。只有这样，才能根据照片中的阴影长度计算出凸起部分的高度。由图 5-36 得：

$$h = l\tan\alpha \tag{5-36}$$

要根据试样的表面状态来选择投影操作时的角度。对于粗糙的表面要用大角度，起伏较小的表面则选用小角度。实际所选的投影角一般在 15°～45°的范围之内。很明显，投影只对支持膜上侧的试样起作用。如果制样时有试样黏附在靠铜网一侧的支持膜上，则不会有阴影产生。在用透射电镜观察稀溶液培养的聚合物单晶体时，就有可能遇到这种情形。

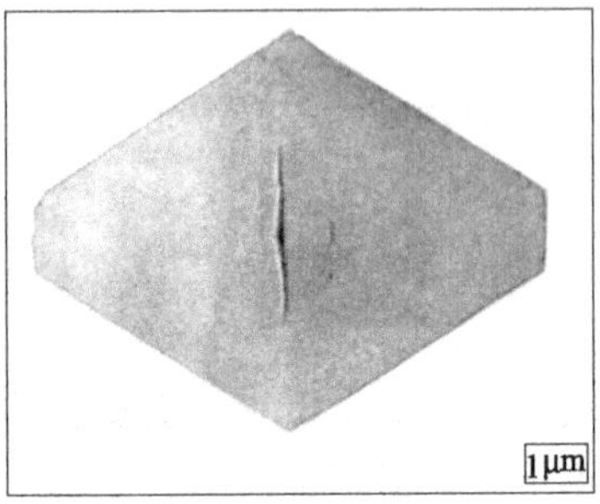

图 5-35　用 Pt-C 在 $\tan^{-1}\frac{1}{2}$方位投影的聚乙烯单晶体的电子显微像

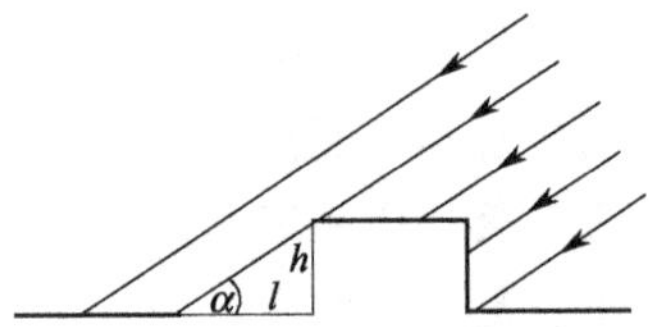

图 5-36　用于测定厚度的投影参量间的关系

投影材料的选择和蒸发量的多少要根据试样表面状况和对电子显微像的要求而定。当要显示的细节尺寸在 10nm 量级时，常用铬或金-钯合金，蒸发量可以多一些。在要表现更小的细节时，可用铂、铂-铱、铂-铑或铂-碳，投影的量也要少一些，使镀层薄一点。

6. 冷冻脆断

除了切片以外，块状聚合物样品的内部结构还可以通过冷冻脆断的方法来显示。具体做法是先将样品在液氮（或液态空气）中浸泡一段时间，待液氮表面不再有气泡时，表明样品内外均已冷冻到了液氮温度。这时将样品取出，迅速折断。折断后如果断面粗糙，可用扫描电镜观察。如果断面不太粗糙，也不能直接放入透射电镜中观察。只能先复型，后观察。

五、透射电子显微镜在高分子材料研究中的应用

透射电子显微镜具有很高的分辨率和放大倍率，在高分子研究中已成为一种不可缺少的分析工具之一：借助于透射电子显微镜，可以研究高分子内部细微的形态与结构，分析高分子中各种固体颗粒的形状、大小、粒度分布，研究高分子的晶格、网络、相对分子质量分布以及高分子材料因表面起伏现象而呈现出的微观结构等。近 30 多年来，透射电子显微镜在这些领域已经获得了卓越的研究成果，帮助人们了解和解决高分子科学研究及工业生产中出现的许多实际问题，对推动高分子科学技术的发展起到了十分重要的作用。下面通过一些具体的实例，进一步说明在高分子研究中应用透射电子显微镜的方法和意义。

1. 观察纳米粒子的形态（纳米粒子在高分子材料里的分布）

在新合成的纳米材料中如碳纳米管、纳米蒙脱土还有石墨烯，这些纳米材料都可以用透射电镜来观察它的形貌。

在纳米材料的研究过程中，表面处理技术如表面改性、表面包覆以及表面接枝等手段

常用于调控纳米材料的性能，而透射电子显微镜（TEM）是观察这些处理效果的重要工具。以下以碳纳米管为例进行说明。

图 5-37 展示的是纳米碳管的透射电镜图像。从宏观形态上看，碳纳米管与燃烧后的黑色灰烬并无明显区别，但在透射电镜下，其微观结构却呈现出显著的差异。图 5-37 的四幅图像展示了相同的碳纳米管在不同电子束辐照剂量下的结构变化。其中，图 5-37(a) 的电子束辐照剂量较低，碳纳米管呈现出较长且连续的形态；图 5-37(b) 中，随着电子束剂量的增加，碳纳米管开始出现断裂现象；图 5-37(c) 中，碳纳米管不仅断裂更为严重，还出现了部分碳管相互连接以及支化结构，断裂数量也显著增多。这表明高能电子束对碳纳米管产生了打断作用，而在更高能量下，碳管可能会形成交叉结构。图 5-37(d) 为典型结构，根据文献报道，碳纳米管在高能电子束或其他高能量外场作用下，可能会被弯曲并形成类似洋葱头或球状的新结构。这种结构的形成是高能射线作用于碳纳米管的结果，表明碳纳米管在高能环境下会发生显著的结构转变。

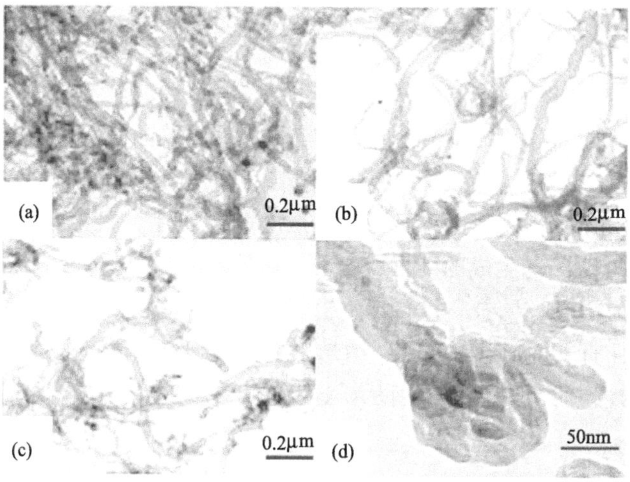

图 5-37 碳纳米管的透射电镜照片

高分辨透射电子显微镜（high resolution TEM）具有更高的分辨率，能够清晰地揭示碳纳米管的微观结构细节。通过 HRTEM 图像，可以观察到碳管壁的多层结构，从而区分单层碳管和多层碳管。在普通透射电镜图像中，碳管仅呈现为管状结构，进一步放大后可能无法清晰分辨其内部细节。然而，在高分辨电镜下，不仅可以清晰看到碳管中间的空心通道，还能数清多层碳管的每一层管壁结构。

图 5-38(h) 为示意图，展示了高能电子束对碳管的作用效果。高能电子束能够与碳管相互作用，打断碳管中碳原子之间的化学键，从而在碳管上形成反应点。这些反应点的形成程度因电子束能量和作用位置的不同而有所差异。在某些区域，电子束可能仅打断少量化学键；而在另一些区域，碳管可能被完全打断，甚至形成封闭端的结构。

从高分辨透射电镜图像中可以观察到多种结构变化：部分区域仅受到轻微的电子束作用，化学键仅被部分打断，见图 5-38(a)、(b)、(f)；另一些区域则受到较深的电子束作用，碳管被完全打断，见图 5-38(g)；还有一些区域形成了封闭端结构，见图 5-38(c)、(d)、(e)。这种封闭端结构的形成是由于碳管被打断后，断裂处的碳原子重新组合，化学键重新连接，从而形成了封闭的端头。这些现象表明，高能电子束对碳纳米管的结构具有显著的调控作用。

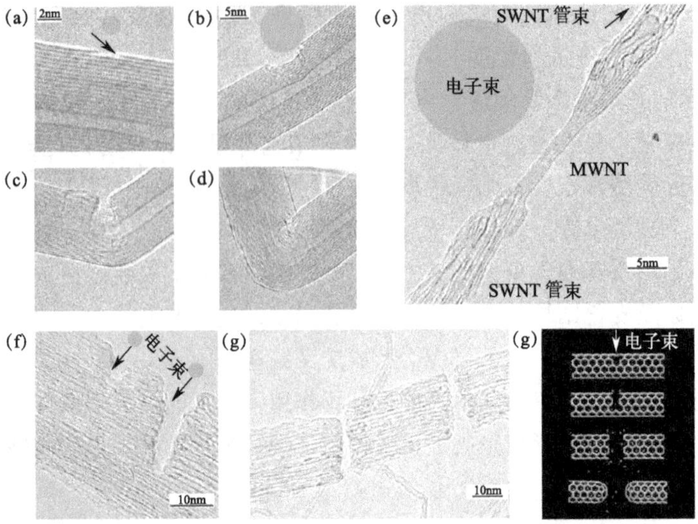

图 5-38　多层碳管的高分辨率透射电镜照片

2. 研究高分子的结晶结构

电子显微镜是研究高分子结晶结构的有力工具之一，单晶的发现是电镜在高分子研究方面的一个重大成就。1957 年，英国 Keller、美国 Till 和德国 Fisher 分别发表了用电镜研究聚乙烯单晶的文章和从稀溶液中生长的聚乙烯单晶的电镜照片。图 5-39 是用 0.01%的聚乙烯二甲苯稀溶液在 76℃下结晶生成的菱形片状聚乙烯单晶的 TEM 照片。采用重金属投影的方法测出片晶的厚度为 10nm 左右。电子衍射方法证明了晶片中分子链是垂直于晶面方向排列的。但是高分子链伸直长度通常都在几百纳米以上，根据这些实验结果，Keller 等提出在晶片中分子链是折叠排列的，如图 5-40 所示，这就是所谓高分子结晶的折叠链模型。

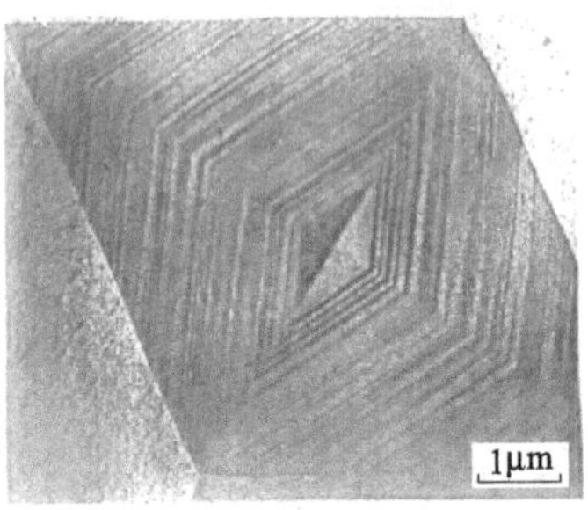

图 5-39　聚乙烯单晶的 TEM 照片

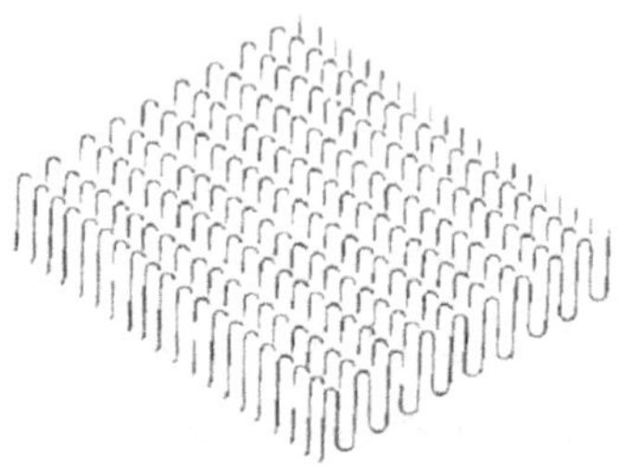

图 5-40　片晶层内的折叠链模型示意图

高分子在剪切应力作用下结晶时可生成具有部分伸直链的纤维状多晶体，应力越大，形成的伸直链晶体越多。在非常高的压力下，结晶条件适当时可以得到完全伸展的分子链平行规整排列而成的片状晶体，其晶片厚度与分子链伸展长度相当，甚至更大，这种晶体称为伸直链片晶或伸展链片晶。图 5-41 是聚乙烯熔体在 480MPa 的高压下，226℃等温结晶 8h 生成的线型聚乙烯伸直链片晶的 TEM 照片（由断裂表面二次复型制样），可以看出晶片的厚度可达微米数量级。所得结晶的熔点为 140.1℃，结晶度为 97%，密度为 0.9938g/cm^3。伸直链片晶厚度可随结晶时压力的升高，时间的延长而增大，但形成的伸直链片晶的厚度不再随一般的热处理条件而改变，是热力学上最稳定的一种高分子聚集态结构。

3. 研究多组分多相高分子的微观结构

在实际中广泛应用的高分子材料大都是一种多组分多相复合体系，这些复合体系的性能不仅取决于复合体系中各组分的结构，而且还取决于各相的分布等结构特征。电镜被广泛应用于共聚、共混、填充、增强、增韧等高分子多相体系中各相结构及其分布和相之间界面状态的研究，为提高高分子多相复合体系的性能和寻找最佳工艺条件提供科学依据。

（1）嵌段共聚物

苯乙烯与丁二烯、苯乙烯与氧化乙烯、苯乙烯与异戊二烯等二元或三元嵌段共聚物经 OsO_4 染色后，按其组分含量不同，能看到球状、棒状和层状三类不同的相结构，这是电镜应用于高分子研究最成功的例子之一。

图 5-41 480MPa 下从熔体中结晶生成的线型聚乙烯伸直链晶体的 TEM 照片（断裂表面二次复型制样）

将苯乙烯-丁二烯-苯乙烯三嵌段共聚物（SBS）从甲苯溶液中浇注成膜，分别在垂直和平行于膜面切片，经 OsO_4 染色后，得到的 TEM 照片如图 5-42 所示。图 5-42(a) 是苯乙烯（S）与丁二烯（B）的质量比为 80/20 的照片，可以看出在垂直和平行膜面的切片上，聚丁二烯相（黑色部分）都以球形粒子分散在连续相聚苯乙烯（浅色部分）中。当丁二烯含量提高，$W(S)/W(B)=60/40$ 后，垂直和平行膜面的切片上，聚丁二烯相都主要为类似圆柱状的结构，聚苯乙烯相仍为连续相［分别见图 5-42(b) 和 (c)］。当丁二烯含量进一步提高，$W(S)/W(B)=40/60$ 时，垂直和平行膜面的切片都形成了丁二烯和苯乙烯嵌段层叠状结构，分别见图 5-42(d) 和 (e)。

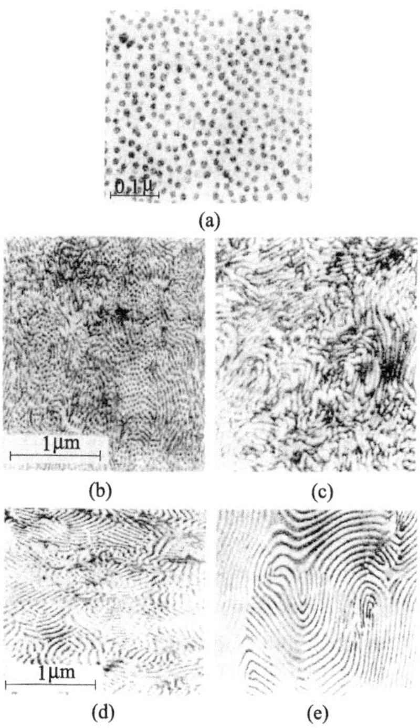

图 5 42 不同组成的 SBS 的 TEM 照片（甲苯作溶剂铸膜）

(a)$W(S)/W(B)=80/20$，垂直和平行膜面切片都是球形结构；(b)及(c)$W(S)/W(B)=60/40$，其中 (b)、(c) 分别为垂直和平行膜面切片；(d)及(e)$W(S)/W(B)=40/60$，其中 (d)、(e) 分别为垂直和平行膜面切片

（2）橡胶增韧塑料

在橡胶增韧塑料体系中，最有代表性的例子是高抗冲聚苯乙烯（HIPS）体系。图 5-43 是运用超薄切片和 OsO_4 染色技术制备的高抗冲聚苯乙烯样品的 TEM 照片。可以看到，橡胶相（深色部分）呈颗粒状分散在连续相聚苯乙烯塑料相（浅色部分）中，而在橡胶粒子内部，还包藏着相当多的聚苯乙烯，由于这种包藏结构，提高了橡胶相的模量，也增加了橡胶相的实际体积分数（如 6％聚丁二烯可以使橡胶相的体积分数高达 22％）。图 5-44 是经拉伸后，高抗冲聚苯乙烯裂纹发展情况的 TEM 照片。照片表明，分散的橡胶颗粒在应力作用下在脆性的聚苯乙烯基体中引发大量

的裂纹，大量裂纹的形成和发展过程中可吸收和分散大量能量，同时相邻的橡胶颗粒又终止裂纹而不致发展成破坏性裂缝，这就是这种材料具有高韧性的主要原因。

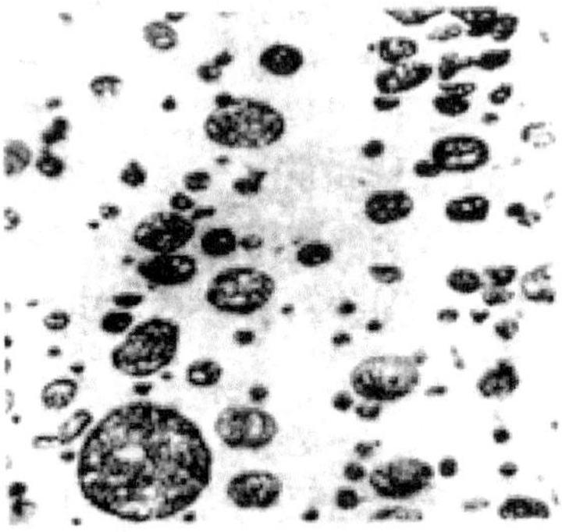

图 5-43　高抗冲聚苯乙烯的 TEM 照片

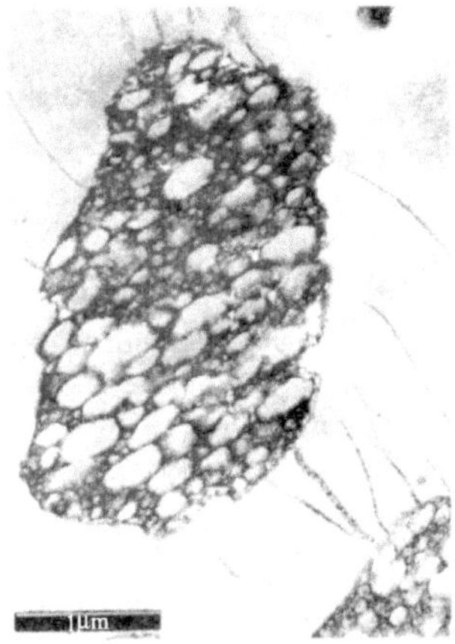

图 5-44　高抗冲聚苯乙烯经拉伸作用后的 TEM 照片

同高抗冲聚苯乙烯类似，ABS 树脂也具有类似的两相结构。在这种体系中，聚丁二烯橡胶相 PB（深色部分）被分散在苯乙烯-丙烯腈树脂（SAN）基材（浅色部分）中，见图 5-45。

在橡胶粒子内部，同样包藏着相当多的苯乙烯和丙烯腈的共聚物，而且在胶乳粒子外面形成了一个 SAN 共聚物外壳，见图 5-46，这种独特的结构使 ABS 成为一种具有一定的刚性和韧性的工程塑料。

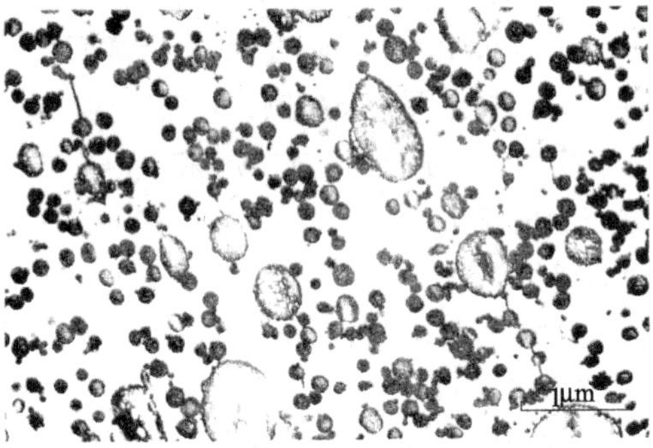

图 5-45　ABS 树脂超薄切片的 TEM 照片

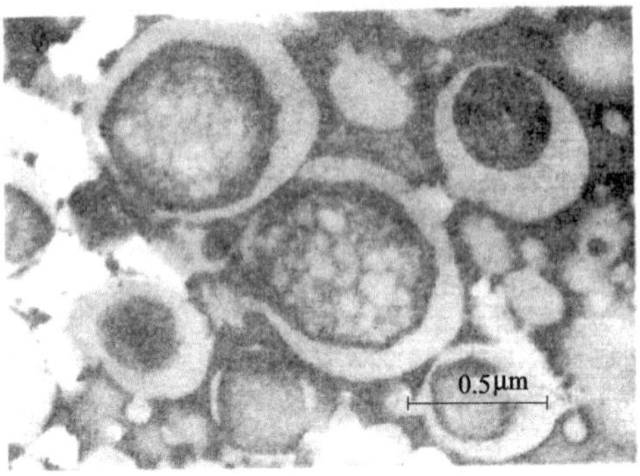

图 5-46　ABS 胶乳试样超薄切片的 TEM 照片

4. 阻燃剂在聚丙烯中的分布

如图 5-47 所示聚合物复合材料体系，基体为聚丙烯（PP），其中球状物及黑色部分为阻燃剂，且阻燃剂在体系中呈现岛相结构。在该体系中引入纳米蒙脱土后，观察到在聚丙烯相中纳米蒙脱土相几乎不可见（MAPP0）。通过添加极性相容剂，可实现纳米蒙脱土从阻燃剂相向聚丙烯基体相的迁移。当相容剂添加量为 4%时（MAPP4），纳米蒙脱土同时存在于阻燃剂相和聚丙烯基体相中；而当相容剂添加量达到 16%（MAPP16）和 32%（MAPP32）时，纳米蒙脱土基本不再分布于阻燃剂相内，而是主要分布在聚丙烯基体相以及两相界面处，这体现了纳米蒙脱土分散状态随相容剂用量变化的规律。此外，添加极性相容剂还可使阻燃剂的相尺寸减小。

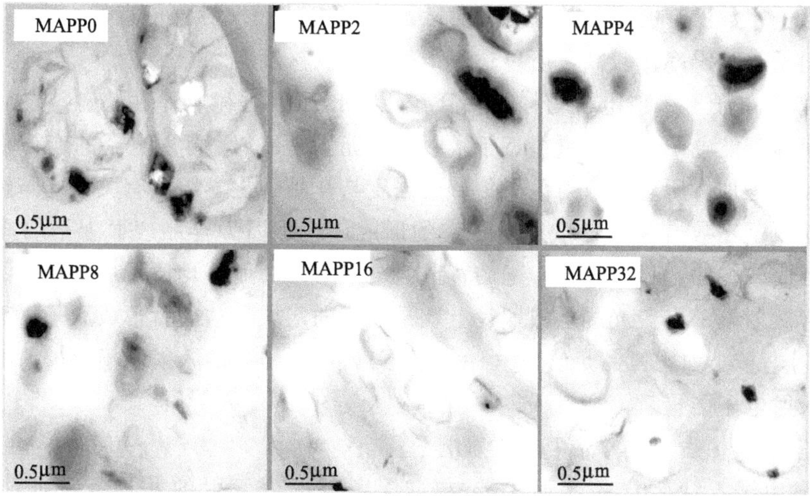

图 5-47　聚合物复合材料体系

第三节　扫描电子显微镜

一、扫描电子显微镜的概述

扫描电子显微镜的简称为扫描电镜，英文缩写为 SEM（scanning electron microscope）。它是用细聚焦的电子束轰击样品表面，通过电子与样品相互作用产生的二次电子、背散射电子等对样品表面或断口形貌进行观察和分析。现在 SEM 都与能谱（EDS）组合，可以进行成分分析。所以，SEM 也是显微结构分析的主要仪器，已广泛用于材料、冶金、矿物、生物学等领域。

二、扫描电子显微镜的工作原理

电子与物质的相互作用是一个很复杂的过程，是扫描电镜所能显示各种图像的依据，因此有必要先作一定的说明。

如图 5-48 所示，当高能入射电子束轰击样品表面时，由于入射电子束与样品间的相互作用，将有 99%以上的入射电子能量转变成样品热能，而余下的约 1%的入射电子能量将从样品中激发出各种有用的信息，主要有：

① 二次电子　入射电子与样品相互作用后，使样品原子较外层电子（价带或导带电子）电离产生的电子称为二次电子。二次电子能量比较低，习惯上把能量小于 50eV 的电子统称为二次电子，仅在样品表面 5～10nm 的深度内才能逸出表面，这是二次电子分辨率高的重要原因之一。

二次电子像是表面形貌衬度，它是利用对样品表面形貌变化敏感的物理信号作为调节信号得到的一种像衬度。因为二次电子信号主要来自样品表层 5～10nm 的深度范围，它的强度与原子序数没有明确的关系，但对微区表面相对于入射电子束的方向却十分敏感，而且二次电子像分辨率比较高，所以适用于显示形貌衬度。

② 背散射电子　入射电子与样品相互作用（弹性散射和非弹性散射）之后，再次逸出样品表面的高能电子，其能量接近于入射电子能量（E_0）。背射电子的产额随样品的原子序数增大而增加，所以背散射电子信号的强度与样品的化学组成有关，即与组成样品的各元素平均原子序数有关。背散射电子像的形成，就是因为样品表面上平均原子序数 Z 大的部位形成较亮的区域，产生较强的背散射电子信号；而平均原子序数较低的部位则产生较少的背散射电子，荧光屏上或照片上就是较暗的区域，这样就形成原子序数衬度。

③ 透射电子　如果样品足够薄（1μm 以下），透过样品的入射电子为透射电子，其能量近似于入射电子能量。

④ 吸收电子　残存在样品中的入射电子。

⑤ 俄歇电子　从距样品表面 1nm 左右深度范围内发射的并具有特征能量的二次电子。

⑥ 特征 X 射线（光子）　入射电子激发样品中的外层电子，当这些电子跃迁填补内层空轨道时，会释放出特征 X 射线。由于不同元素的原子核外电子能级结构固定，其特征 X 射线的波长具有确定性，因此可用于元素的定性分析；而通过测定特征 X 射线的强度，则可实现定量分析。

⑦ 阴极荧光　入射电子束轰击发光材料表面时，从样品中激发出来的可见光或红外光。

以上列举的各种信息，是在高能入射电子束轰击样品时，从样品中激发出来的。不同的信息反映样品本身不同的物理、化学性质。扫描电镜的功能就是根据不同信息产生的机理，采用不同的信息检测器，以实现选择检测。任意一种信息都要被转变成放大了的电信号，并在显像管荧光屏上以二维图像形式显示出来，或通过纸带记录仪记录下来。应特别指出，扫描电镜的图像，不仅仅是样品的形貌像，还有反映元素分布的 X 射线像等，这一点与一般光学显微镜和透射电镜有很大不同。

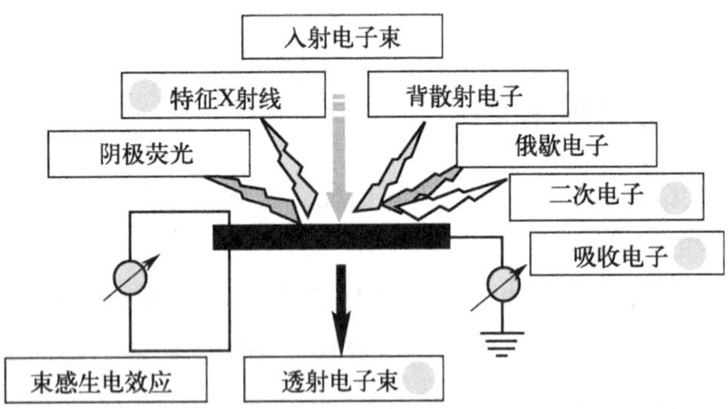

图 5-48　入射电子束轰击样品产生的信息

三、扫描电子显微镜的仪器结构

（一）扫描电镜主机结构框架

扫描电镜主机结构框架见图 5-49。

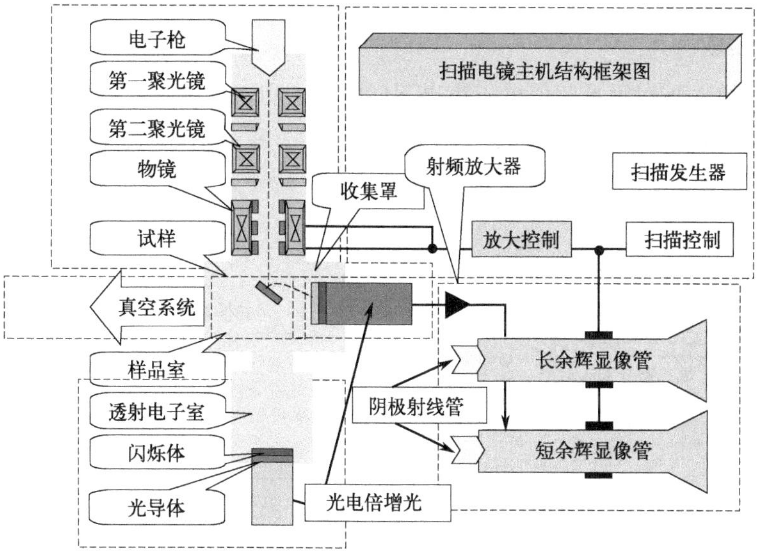

图 5-49 扫描电镜主机结构框架图

（二）各种系统的基本功能

1. 电子光学系统

电子光学系统的主要作用是提供一束直径足够小，亮度足够高的扫描电子束。如图 5-50 所示，它主要包括电子枪、第一聚光镜、第二聚光镜、光阑、消像散器。

（1）电子枪

扫描电镜的电子枪与透射电镜的电子枪相似，只是加速电压没有透射电镜的高。透射电镜的加速电压一般在 100～200kV 之间，而扫描电镜的加速电压相对要小，有时根据需要加速电压仅为 0.5kV 即可，电子枪的作用是产生束流稳定的电子束。与透射电镜一样扫描电镜的电子枪也有两种类型：热发射型和场发射型。

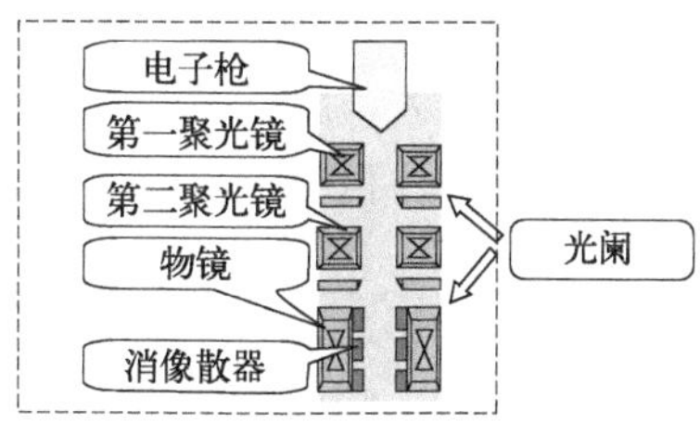

图 5-50 电子光学系统

（2）光阑

每一级电磁透镜上均装有光阑，第一级、第二级磁透镜上的光阑为固定光阑，作用是挡掉大部分的无用电子，使电子光学系统免受污染；第三级透镜（物镜）上的光阑为可动光阑，又称物镜光阑或末级光阑，它位于透镜的上下极靴之间，可在水平面内移动以选择不同孔径（100μm、200μm、300μm、400μm）的光阑。末级光阑除了具有固定光阑的作用外，还能使电子束入射到样品上的张角减小到 10^{-3}rad 左右，以进一步减小电磁透镜的像差，增加景深，提高成像质量。

（3）消像散器

消像散器一般都装在物镜上极靴的上方，其作用是消除电子光学系统因玷污等原因引起的像散，以提高分辨率。当电子光学系统的磁场或电场的轴对称性被破坏时，就会产生像散。由于像散的存在，将使原来圆形的交叉斑像，即入射电子束斑变为椭圆，因而使图像变坏。

2. 扫描系统

扫描系统的主要作用是驱使电子束以不同的速度和不同的方式在试样表面扫描，以使用各种观察方式获得合理的信噪比。如图 5-51 所示。主要有快速扫描和慢速扫描两种方式，还可以进行点扫描、线扫描、面扫描。

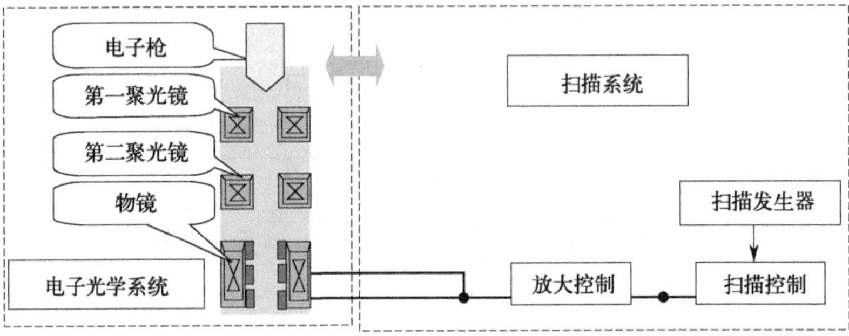

图 5-51　扫描系统与电子光学系统联用

快速扫描主要用于整体观察样品的形貌并选择出代表性区域进行观察，所观察到的图像清晰度较低。慢速扫描一般情况下是经过快速扫描以后，对样品整体状况了解以后选取某个代表性的位置停留然后拍照，也就是让它进行精细扫描，精细扫描以后图像就比较清晰。一般情况来说慢速扫描等待的时间比较长。

点扫描：点扫描信号采集时间长，适合作定量分析。图 5-52（a）所示是一种钛酸锶压电陶瓷材料，在其断口上看到两个白色小点。背散射电子成像模式下，图像上白亮区域的原子序数较大，用点模式采集亮点能谱［图 5-52（b）］，发现白点中含有大量铜元素，这是陶瓷制备过程中掺入的元素，分析表明有富集铜相出现。

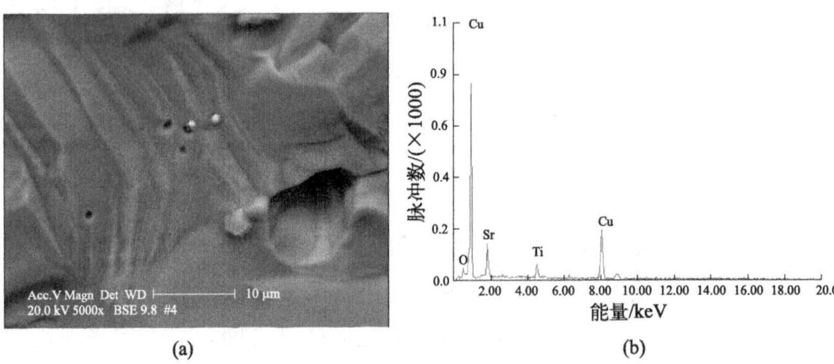

图 5-52　钛酸锶压电陶瓷的断口 SEM 图

线扫描：线扫描是沿着直线的方向进行线扫描，对元素进行信号收集，定量分析准确性低。如图 5-53 所示，在耐热铁合金表面溅射了贵金属 Pt，欲考察经过高温热处理后元素在界面附近的分布。从线扫描得到的结果可以看到大量 Pt 已经扩散进入铁合金，而 Pt 层中也有不少 Fe、Cr 元素，并且，界面处的 Al 分布出现峰值，Fe 也出现平台，这些信息可以推算界面深灰色化合物的组成。

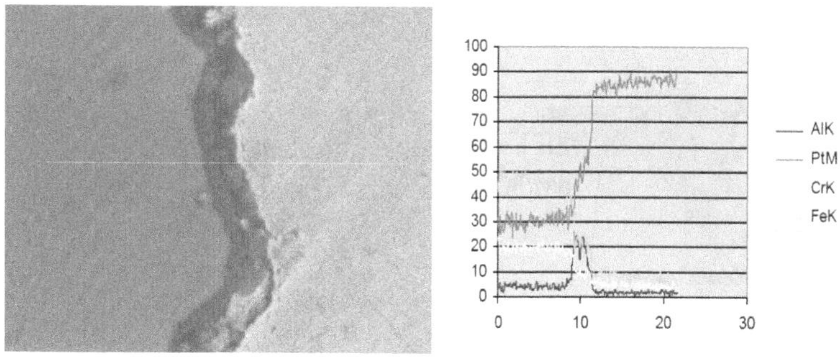

(a) (b)

图 5-53 耐热铁合金表面 SEM 图与分布图

面扫描：记录有关元素沿此面的浓度分布，用不同颜色表示出来。面扫描定量分析准确性低，不同区域同一元素的浓度差大于两倍才能显示出差别。如图 5-54 所示，材料中各种元素的分布可以从面扫描的图像中清晰地观察到。

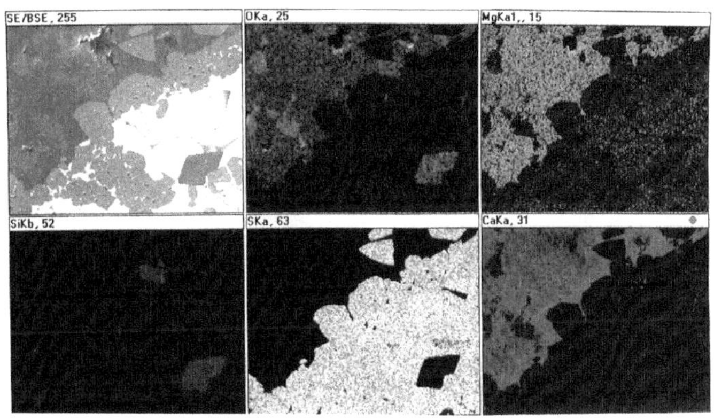

图 5-54 材料中不同元素的面扫描图

3. 信号检测系统

信号检测系统的主要作用是将入射电子束与试样作用产生的各种信息用探测器记录下来并转换成电信号加以放大，以便在显像管上成像或在记录仪上记录下来。如图 5-55 所示。

如图 5-56 所示，二次电子探测器通常位于 SEM 样品室的侧壁，靠近电子柱的末端（即靠近样品的位置）。它是扫描电子显微镜实现纳米级表面形貌分析的核心部件，其技术发展直接决定了图像分辨率和信噪比水平。该探测器通过收集样品受电子束轰击后激发的低能二次电子来生成高分辨率表面图像。探测器通常施加 200～500V 偏压以提高低能电子收集效果。

背散射电子探测器是扫描电子显微中用于检测高能背散射电子的关键组件，通常安装在物镜极靴下方或样品室侧壁，具体位置根据探测器类型而有所不同。环形半导体探测器是最常见的类型，对称环绕电子束轴安装在物镜下方，工作距离通常为 5～15mm，具有高收集效率和优异的原子序数对比能力。

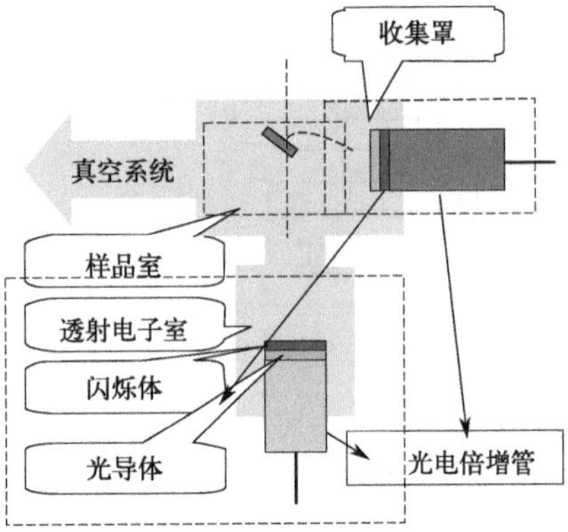

图 5-55 信号检测系统

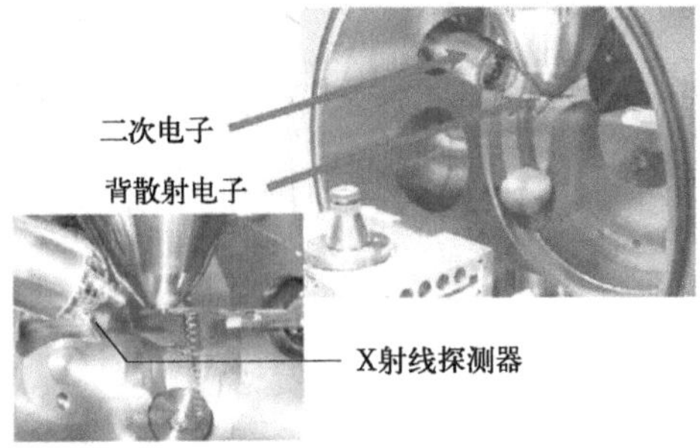

图 5-56 探测器的位置图

X射线探测器是扫描电子显微镜和电子探针显微分析中进行元素成分分析的关键部件，通常安装在样品室侧壁靠近样品的位置，与电子束呈特定角度以优化X射线收集效率。最常见的能谱探测器采用硅漂移探测器技术，通过液氮冷却或电制冷维持低温工作状态，其核心由超薄铍保护的硅晶体组成，可检测特征X射线能量范围为0.1～40keV，能量分辨率达到122eV。

4. 显示系统

显示系统的主要作用是把放大的被检测信号在显像管上显示成相应的像并加以记录。如图5-57所示。

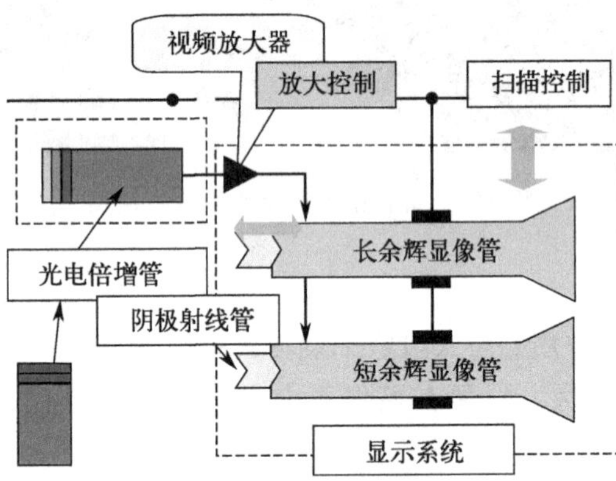

图 5-57 显示系统

如图5-58所示，扫描电镜的工作原理可以简单地归纳为光栅“扫描，逐点成像”。扫描电镜图像的放大倍率定义为：

$$M=L/I \tag{5-37}$$

式中，L 为显像管的荧光屏分辨率；I 为电子束的直径。

四、扫描电子显微镜的主要性能参数

扫描电镜的主要性能参数有分辨率、放大倍率和景深等。

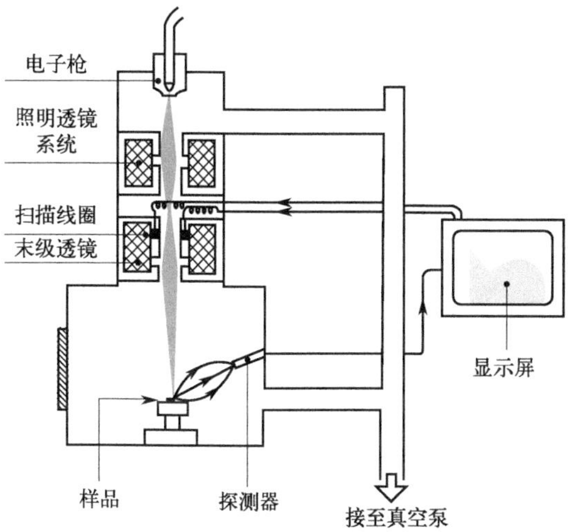

图 5-58 SEM 工作原理图

1. 分辨率

SEM 的分辨率主要受到电子束直径的限制，这里电子束直径指的是聚焦后扫描在样品上的照射点的尺寸。对同样间距的两个颗粒，电子束直径越小，越能得到好的分辨效果。但分辨率不能靠减小电子束直径而无限增大。一方面，因为磁透镜材料的缺陷，总是存在一定的球差、色差等，现在一般电子束直径局限于 5nm 左右，很难再减小；另一方面，电子束直径越小，信噪比越小。如果以两个小颗粒之间刚能区分开的最小距离为分辨率，则 SEM 的分辨率与电子束直径一样大，约为 5nm。

不同的信号，其调制后所成像的分辨率也不同。

① 背散射电子　分辨率较低，50～200nm。

② 二次电子　分辨率高，5～10nm。

③ 吸收电子　分辨率低，μm。

④ 透射电子　分辨率较高，5～10nm。

⑤ 特征 X 射线　分辨率低，μm。

图像分析时，二次电子信号的分辨率最高，常用二次电子观察表面形貌。因此，所谓扫描电子显微镜的分辨率即二次电子像的分辨率。

2. 放大倍率

SEM 的放大倍率与屏幕分辨率有关。

$$放大倍率=屏幕的分辨率/电子束直径$$

SEM 用的显像管与普通电视用的一样，以尺寸 20cm×20cm 为例，为了保证在肉眼分辨率以上（这里以极限分辨率 0.1mm 计），至少要扫描 2000 行，使屏幕分辨率在 0.1mm。这样，SEM 的最大放大倍率为 2 万左右。

3. 景深

景深主要取决于透镜的分辨率和孔径半角。由于扫描电镜中的末级焦距较长，其孔径半角很小，一般在 10^{-3}rad 左右，因此，扫描电镜的景深较大，比一般光学显微镜的景深长 100～500 倍，比透射电镜的景深长 10 倍左右。由于景深大，扫描电镜的成像富有立体感，特别是对粗糙表面，如断口、磨面等，光学显微镜因景深小无能为力，透射电镜由于制样困难，观察表面形貌必须采用复型样品，且难免有假象，而扫描电镜则可清晰成像，直接观察。因此扫描电镜是断口分析的最佳设备。

五、扫描电子显微镜图像的衬度及其调节

1. 表面形貌衬度

如图 5-59 所示，SEM 照片中的基元微观形貌有刻面、曲面、尖棱、微粒、沟槽等。图 5-59（a）是一些颗粒有一些锥体，这些颗粒尖的地方还有棱的地方是白的也就是亮区，晶体相接的地方形成凹陷就是暗区。图 5-59（b）是纤维，树状纤维比较凸出的地方就是亮的区域，比较低的地方凹下去的地方就是暗的区域。图 5-59（e）有很多孔洞，这是多孔材料的表面，多孔材料的孔状黑的地方是暗区，其他地方就表现为亮区。图 5-59（f），圆形的颗粒，富集了以后比较高的地方是亮区，比较暗的区域是圆形颗粒比较矮的地方。

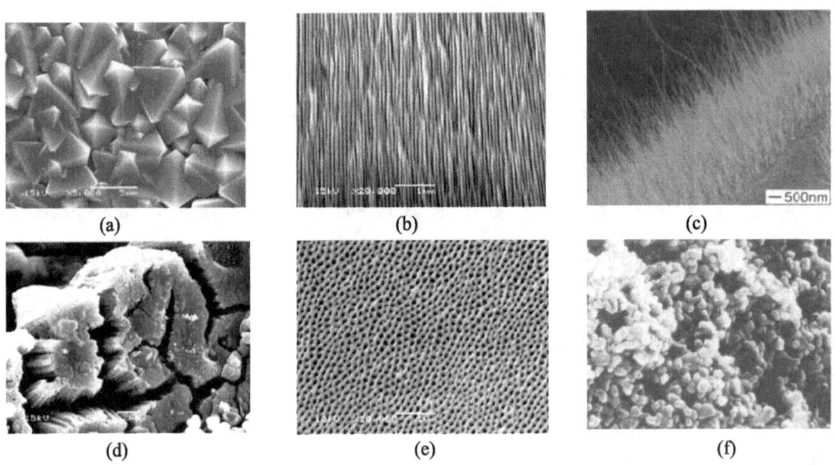

图 5-59　SEM 下的微观形貌图

表面形貌衬度是指由样品表面微观形貌特征差异所导致的图像明暗对比现象。在扫描电子显微镜分析中，通常采用二次电子信号来表征样品表面形貌特征，这主要是因为二次电子产生于样品表面 5～10nm 的浅表层区域，其信号强度对原子序数的依赖性较低，同时对样品表面微区相对于入射电子束的取向变化十分敏感，且具有较高的分辨率，能够清晰分辨表面形貌的细微特征。

表面形貌衬度像的形成主要依赖于二次电子信号。如图 5-60 所示，二次电子产额 δ（定义为二次电子信号强度 i_s 与入射电子束强度 i_p 的比值，即 $\delta = i_s / i_p$）与电子束入射角 α 之间满足 $\delta \propto 1/\cos\alpha$ 的关系。当电子束入射角增大时，一方面电子束的作用体积更靠近样品表层，使得作用区域内产生的自由电子更容易从表面逸出；另一方面，较大的入射角使电子在样品中的运动轨迹长度增加，从而提高了价电子电离的概率。探测器接收到的二次电子数量直接决定了图像的明暗对比：电子产额较高且收集效率良好的区域呈现亮区，而电子产额较低的区域则显示为暗区。

如图 5-61 所示，电子束在样品表面的作用范围呈水滴状分布。当电子束作用于凸起

形貌（如尖角或棱边）时，由于作用体积更接近表面，产生的自由电子更容易逸出，探测器能够收集到更强的二次电子信号。同时，这些凸起区域的电子束入射角度更大，进一步增加了电子运动路径长度，提高了二次电子产额。相比之下，平坦区域由于电子逸出路径受限，可探测的二次电子数量相对较少。因此，电子束入射角越大，二次电子信号越强，相应区域的图像亮度也越高。

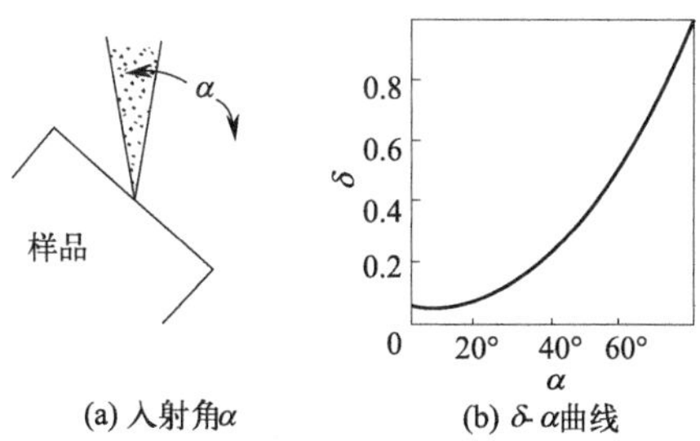

图 5-60　二次电子像

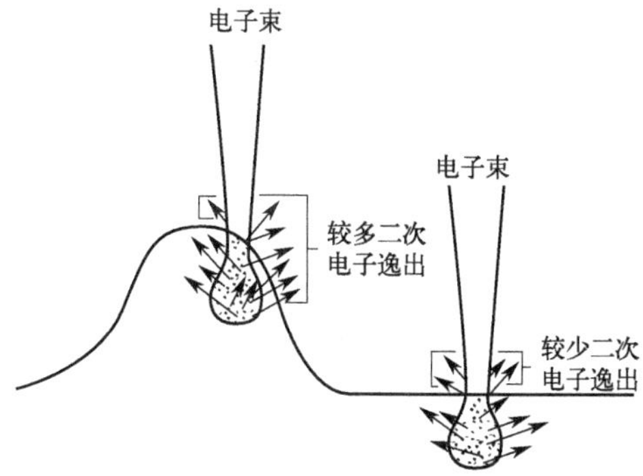

图 5-61　二次电子产额的实例图

二次电子的收集效率与样品表面和入射电子束之间的夹角密切相关。当电子束垂直入射时，二次电子产额相对较低。为提高检测效果，实际观测中通常使入射电子束与样品表面形成一定的倾角（如图 5-62 所示）。此外，通过在探测器上施加适当的偏置电压，可以进一步提升二次电子的收集效率，从而增强信号强度并改善图像衬度。

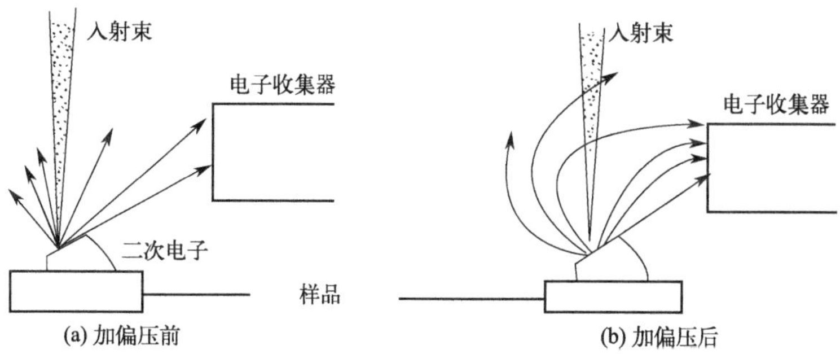

图 5-62　二次电子收集情况

2. 原子序数衬度

当扫描电子束照射样品时，会产生背散射电子、吸收电子和 X 射线等多种信号，这些信号对样品微区内的原子序数差异具有显著敏感性，原子序数衬度的形成主要来源于背散射电子信号，其背散射系数 η_s 被定义为背散射电子信号强度 i_b 与入射电子束强度 i_p 的比值，即 $\eta=i_b/i_p$，这一参数是表征原子序数衬度的重要指标，如图 5-63 所示。而二次电子对原子序数的敏感性则相对较弱。由于背散射电子具有较高能量，其出射轨迹呈直线传播特性，导致有效收集立体角较小，因此实际检测到的背散射电子信号强度远低于二次电子信号。对于高分子材料而言，由于各组分间的平均原子序数差异普遍较小，通常只有在特定的高分子多相体系中才能利用这种衬度机制进行有效成像。

背散射电子空间强度分布满足关系：$\eta(\varphi)=\eta_n\cos\theta$，表明当电子束沿样品表面法线入射时，接收到的背散射电子信号在样品正上方最强，因此，接收背散射电子的探测器通常安装在样品正上方，有利于信号采集。如图 5-64 所示。

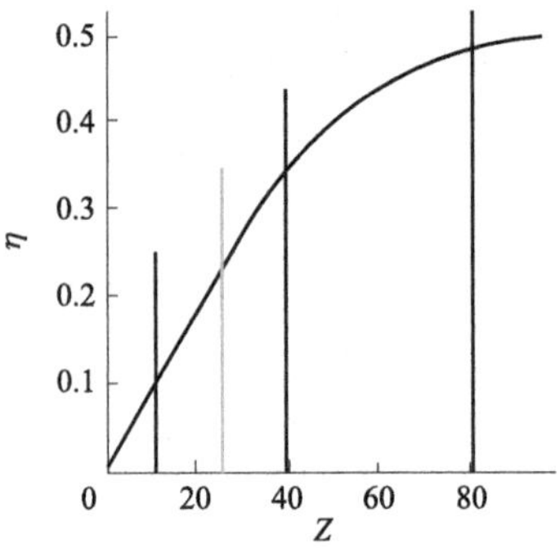

图 5-63　背散射系统 η 与原子序数 Z 的关系

样品中重元素区域在图像上是亮区，而轻元素在图像上是暗区。利用原子序数造成的衬度变化可以对各种合金进行定性分析。如图 5-65（b）所示，铅的原子序数大，呈现亮区，锡的原子序数小，呈现暗区。而图 5-65（a）中同一样品的二次电子的图像亮区与暗区不明显。

背散射电子信号强度要比二次电子低得多，所以粗糙表面的原子序数衬度往往被形貌衬度所掩盖。背散射电子既可以用来显示形貌衬度，也可以用来显示成分衬度。用背散射信号进行形貌分析时，其分辨率远比二次电子低。因为背散射电子是来自一个较大的作用体积。此外，背散射电子能量较高，它们以直线轨迹逸出样品表面，对于背向检测器的样品表面，因检测器无法收集到背散射电子，而掩盖了许多有用的细节。

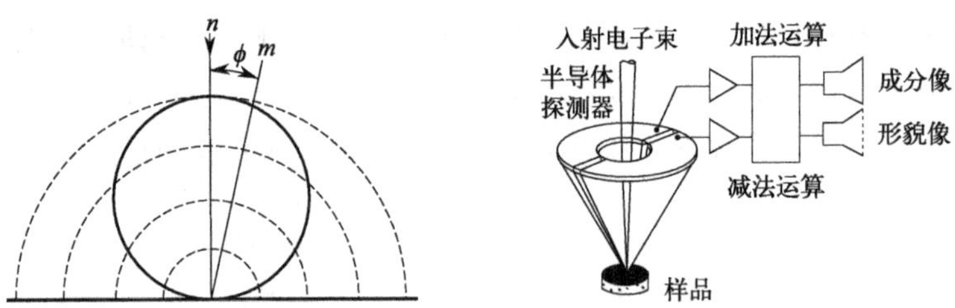

图 5-64　背散电子空间强度分布图及装置图

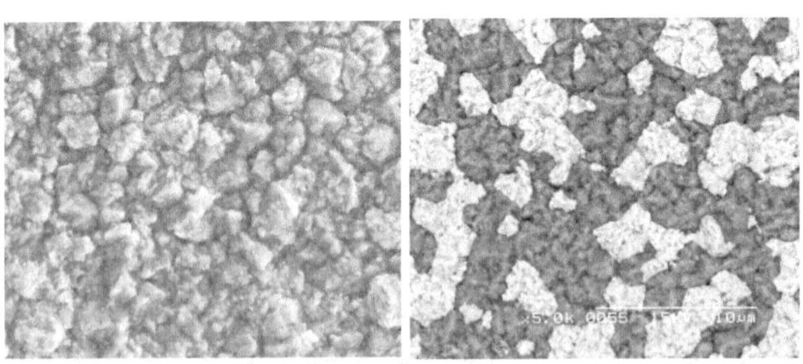
(a) 二次电子图像　　(b) 背散射电子图像

图 5-65　锡铅镀层的表面图像对比

3. SEM 像衬度调节

γ 控制使用一个指数放大器来处理信号，使它们按指数率变更强度。这时输入信号与输出信号间的强度比为：

$$S_{出} = S_{入}^{1/\gamma} \tag{5-38}$$

如图 5-66 所示，当 $\gamma=1$，即为线性放大器。当 $\gamma>1$，可用来抑制强信号，提升弱信号，从而减小图像的反差，γ 数值越大，γ 控制效应越强；当 $\gamma<1$ 则相反，弱信号变得更弱，强信号变得相对更强，从而增大图像的反差。

如图 5-67 所示，在观察表面有凹坑的试样时，发自坑内的信号过弱，而发自凹坑边缘的信号又相对较强，如果为了使各部分的细节都显示清楚而增加亮度，坑内信号加强，但发自凹坑边缘的信号过强，甚至烧坏显像管；如果降低亮度，坑内细节反映不出来。而通过 γ 控制处理，抑强增弱，能够改善图像的衬度。

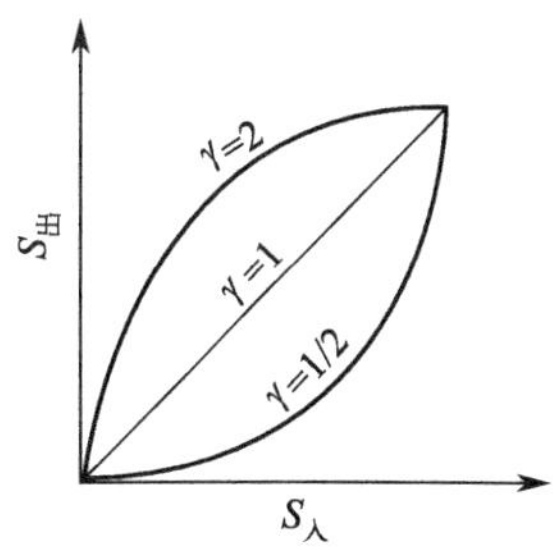

图 5-66 不同 γ 值时输入与输出信号强度间的关系

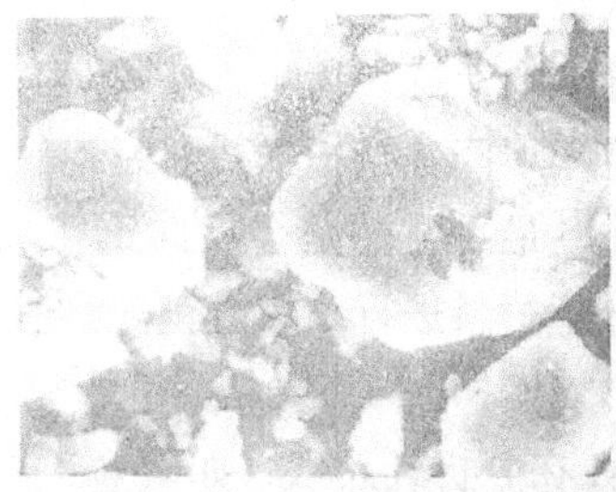

图 5-67 表面有凹坑的聚肽菁硅氧烷晶体颗粒的扫描电子显微像（衬度经过 γ 控制处理）

六、扫描电子显微镜的优缺点

1. 优点

（1）试样制备简单

对于金属等导电试样，在电镜样品室许可的情况下可以直接进行观察分析，也可对试样进行表面抛光、腐蚀处理后再进行观察，对于一些陶瓷、高分子等不导电的试样，需在真空镀膜机中镀一层金膜后再进行观察。

（2）有效放大倍率高

光学显微镜的最大有效放大倍率为 1000 倍左右，透射电镜为几百到 80 万，而扫描电镜可从数十到 20 万，且一旦聚焦后，可以任意改变放大倍率，无须重新聚焦。

（3）景深长、视野广

其景深比透射电镜高一个量级，可直接观察各种如拉伸、挤压、弯曲等断口形貌以及松散的粉体试样，得到的图像富有立体感；通过改变电子束的入射角度，可对同一视野进行立体观察和分析。

（4）分辨本领强

其分辨率可达 1nm 以下，介于光学显微镜的极限分辨率（200nm）和透射电镜的分辨率（0.1nm）之间。

（5）可进行动态观察

在扫描电子显微镜中，成像的信息主要是电子信息。如果在样品室内安装有加热、冷却、弯曲、拉伸和离子刻蚀等附件，可以通过连接电视装置，观察相变、断裂等动态的变化过程。

(6) 图像衬度可调节

(7) 可立即得到正片

(8) 实现综合分析

扫描电镜中可以同时组装其他观察仪器，如波谱仪、能谱仪等，实现对试样的表面形貌、微区成分等方面的同步分析。

2. 缺点

(1) 场发射 SEM 需要导电样品

与传统热发射 SEM 相比，场发射电子枪在提供亚纳米级分辨率的同时，对样品表面电荷积累表现出极高的敏感性。当电子束作用于非导电样品时，入射电子会在材料表面积累形成局部静电场，这种荷电效应引发三重连锁反应：首先导致电子束轨迹畸变，造成图像扭曲、分辨率下降甚至扫描线断裂；其次显著抑制二次电子和背散射电子发射，使图像信噪比急剧恶化；最重要的是会反向干扰场发射电子枪的尖端稳定性，引起束流波动超过 30%，因此高分子材料进行扫描电镜观察时必须通过喷金等方法使样品导电。

(2) 对 C、O、N 组成不敏感

SEM 在分析轻元素（如碳 C、氧 O、氮 N）时存在显著局限性，这主要源于物理原理和仪器设计的固有缺陷。轻元素的特征 X 射线能量极低，这些低能信号极易被探测器铍窗吸收，且轻元素的 X 射线荧光产额极低，导致信号强度比重金属元素弱 2～3 个数量级。能谱仪的能量分辨率难以有效区分 C Kα 与 Au Mα 等临近峰，而样品表面吸附的碳氢污染物会进一步干扰 C、O 的定量分析。电子束照射还可能引发有机样品分解，造成元素含量测量偏差。虽然无窗探测器可提升轻元素探测效率，但受限于信噪比，其检出限仍较差，且无法避免表面污染的影响。总体而言，SEM-EDS 对 C、O、N 的定量误差可达 10%以上，远高于重金属元素，这是其成分分析的重要短板。

(3) 不充分了解内部结构

扫描电子显微镜在材料表征中的一个关键局限是无法充分获取样品内部结构信息，这一缺陷主要源于其工作原理的物理限制。由于 SEM 依赖高能电子束与样品表层原子的相互作用，所有成像信号均来自样品极浅表层，导致其本质上是一种表面分析技术。SEM 在需要全面材料表征的场景中必须依赖其他技术的补充，如同步辐射 X 射线成像或超声检测等跨尺度表征手段。

七、扫描电子显微镜在高分子材料研究中的应用

1. 高分子多相体系的微观相分离结构

图 5-68 (a)、(b) 为样品的扫描电镜（SEM）照片，(c)、(d) 为透射电镜（TEM）照片。图中显示的是同一样品的不同表征结果：SEM 照片呈现的是样品断面形貌，而 TEM 照片中是切片样品的形貌，岛状分散相为阻燃剂，黑色片状结构为黏土。由于黏土均匀分布“海岛结构”的“岛”相（即小球内部）中，因此在 SEM 图像中难以直接观察到。而 TEM 图像反映的是散射衬度，不显示表面起伏信息。图 5-68 (c)、(d) 中连续相为聚合物基体，岛状分散相为阻燃剂，可观察到片状纳米黏土分散在阻燃剂中。

2. 高分子树脂粉料的颗粒形态

如图 5-69 所示，疏松的表面比较容易吸收加工助剂，如增塑剂，很容易混合在一起等。

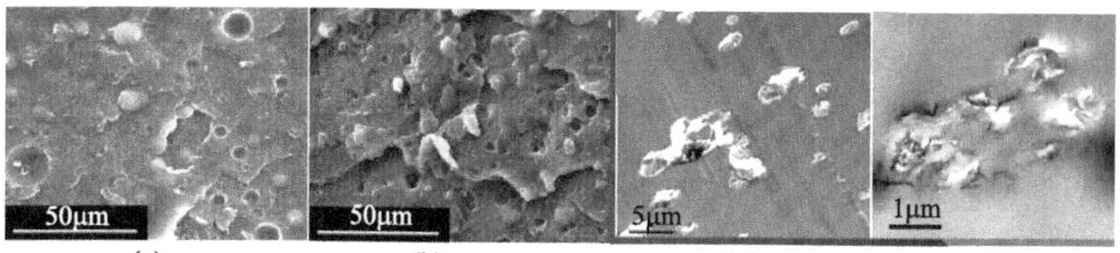

(a) (b) (c) (d)

图 5-68 高分子/阻燃剂/黏土相结构

从微观形貌的角度能看到左边的更容易加工，对其长久的性能也有保障。右侧紧密型 PVC 则不容易吸收加工助剂，制品的性能欠佳。

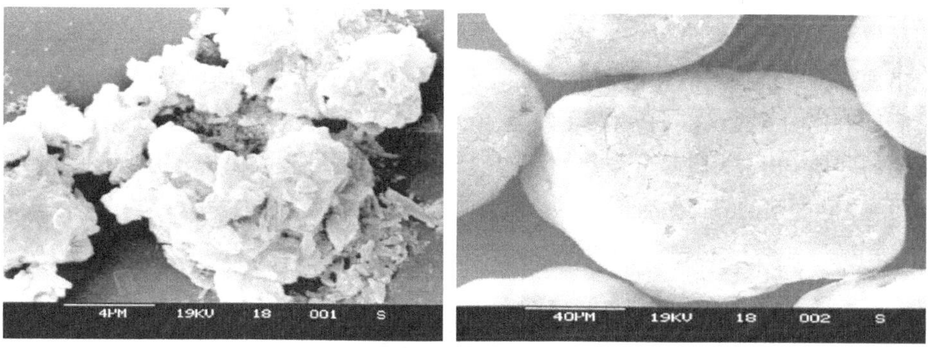

图 5-69 PVC 粒子结 SEM 图

3. 泡沫材料的孔径与微孔分布

如图 5-70 所示，这是泡沫材料的孔径和微孔分布，是以开孔结构为主的泡沫。如图 5-71 所示，该材料表面覆盖有一层薄膜，形成典型的闭孔结构。开孔结构与闭孔结构具有不同的应用特性：当应用于保温、隔声等领域时，需以闭孔结构为主；而用于沙发或聚氨酯泡沫海绵等产品时，则要求开孔结构占优，以确保材料具备良好的透气性能。

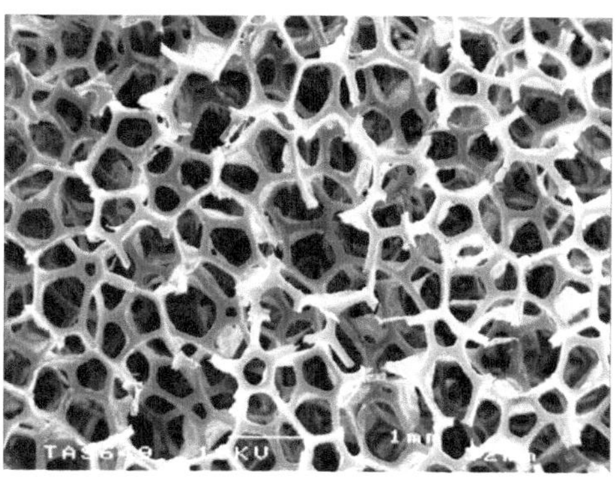

图 5-70 聚氨酯发泡材料的开孔结构 SEM 图

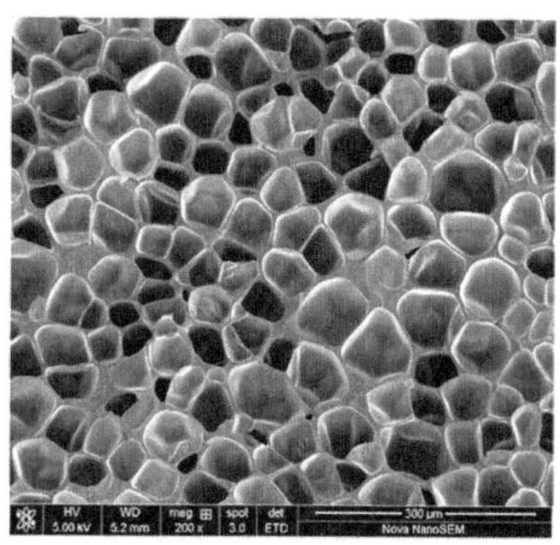

图 5-71 聚氨酯发泡材料的闭孔结构 SEM 图

4. 填充剂和增强材料在高分子中的分布情况

图 5-72 (a) 和 (b) 均为碳纳米管与树脂复合材料的扫描电镜照片。在样品制备过程中，由于注塑加工存在方向性，碳纳米管沿注塑方向定向排列，因此在断面观察时可见大量

碳纳米管的横截面呈现“白头”状形貌。其中，图 5-72（a）显示碳纳米管存在明显团聚现象，这是由于该样品中的碳纳米管未经表面改性处理所致；相比之下，图 5-72（b）中的碳纳米管分散性较好，在基体中呈现均匀分布状态，这是经过表面改性处理后的效果。

(a) (b)

图 5-72 碳纳米管在树脂中的分布

5. 高分子材料的表面、界面和断口

如图 5-73 所示，为不同 PP 含量发光型木塑复合材料断面的 SEM 照片。当 PP 含量高时，木粉纤维与碱土铝酸盐均被完全包覆，效果良好。没有盐粒之间的碰撞挤压，均置度高，能够给材料提供足够的力学性能。对比图（b）PP 含量降低 10%，碱土铝酸盐之间的距离明显减小，部分盐粒出现破碎锐角，说明此时 PP 能够给碱土铝酸盐的保护开始减弱，断面上出现部分纤维抽出的孔洞，木粉、碱土铝酸盐、PP 两两之间的界面结合问题开始出现。最后，对比图（c），当 PP 含量下降至 50%时，开始出现碱土铝酸盐密集区，盐粒之间仅有薄薄的一层 PP 作为阻隔，当受到冲击时完全无法提供有效保护，有明显的纤维断面，说明木粉与 PP 之间的界面结合问题也凸显出来。

(a) (b) (c)

图 5-73 不同 PP 含量发光型木塑复合材料断面的 SEM 照片

PP 含量：(a) 70%；(b) 60%；(c) 50%

6. 黏合剂的黏结效果

图 5-74 是等规聚丁烯/等规聚丙烯双层复合膜 T 型剥离模式撕裂面形貌，可以观察到等规聚丙烯撕裂面比等规聚丁烯光滑，分析认为，这是因为与等规聚丙烯相比，等规聚丁烯的模量较低，在撕裂过程中，更易发生塑性形变，从而表现为拔出形貌，而与之对应的等规聚丙烯撕裂面则留有空腔。

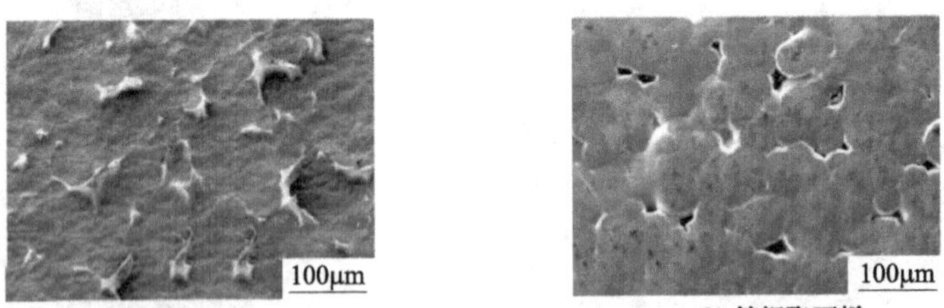

(a) 等规聚丁烯 (b) 等规聚丙烯

图 5-74 双层复合膜 T 型剥离模式撕裂面形貌

7. 高分子涂料的成膜性能

如图 5-75（a）所示，旋涂 PS 薄膜表面呈现预期中的光滑均一特征；经单层二氧化硅包覆后［图 5-75（b）］，表面形成 1～5μm 尺度且分布均匀的微粗糙结构，部分颗粒尺寸可达 10μm；双层包覆样品［图 5-75（c）］中二氧化硅颗粒表面浓度增加但粒径未发生显著变化；最终经含硅 PS 溶液处理后［图 5-75（d）］，表面形成颗粒分布更致密且均匀的二氧化硅层，粗糙度进一步增加，但颗粒尺寸仍保持稳定。

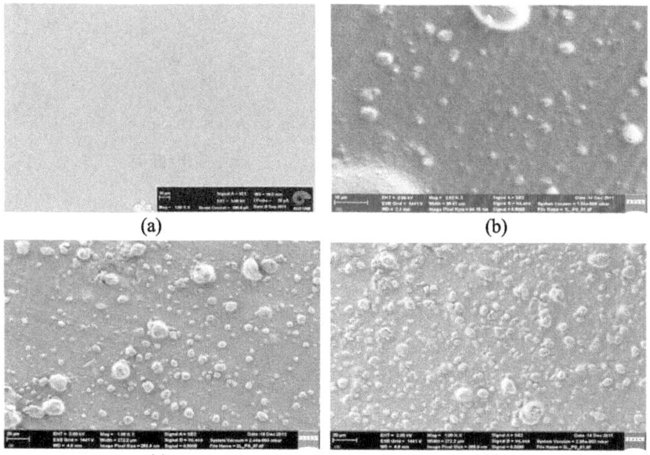

(a) (b) (c) (d)

图 5-75 旋涂于玻璃基底上厚度约 30 微米的聚苯乙烯（PS）薄膜及其经疏水二氧化硅修饰后的表面形貌

8. 其他

图 5-76 所示为聚丙烯腈（PAN）微滤膜的微观形貌特征。图 5-76（a）显示膜表面均匀分布着规则孔道结构，这些微孔是实现过滤功能的关键结构单元；图 5-76（b）则展示了材料的断面形貌，可清楚地观察到微孔的孔道结构。需特别说明的是，在进行断面观察时，需采用特制的样品夹具和包埋模具对试样进行固定处理。若直接将样品水平黏附于样品台，则仅能观察到膜表面形貌特征。

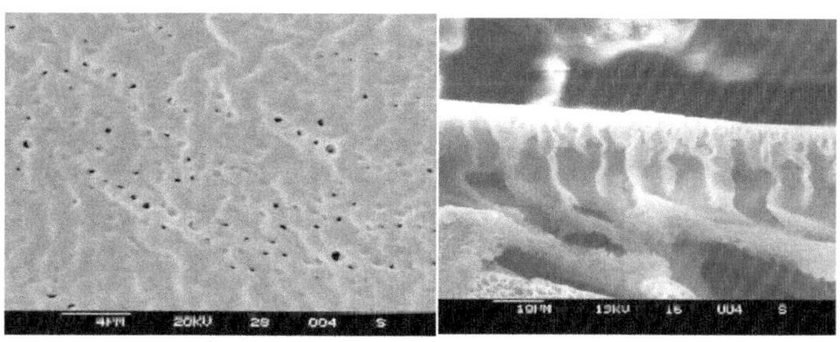

(a) 表面 (b) 断面

图 5-76 PAN 微滤膜的 SEM 图

扫描电镜观察结果显示，生物钢（蜘蛛丝）单丝表面呈现典型的光滑形，如图 5-77（a）所示。这种天然蛋白纤维具有显著的多级结构特征：其内部有纳米尺度的分层组装结构，如图 5-77（b）所示。

图 5-78 中，（a）表现出“皮”结构，也称“鞘”结构。（b）表现出“芯”结构，也称为“剑”结构，这些独特的结构设计使其断裂过程中能有效耗散能量，从而表现出卓越的力学性能——拉伸强度可达 1.5～2.5GPa，断裂伸长率超过 30%，其比强度更是优于高级合金钢。

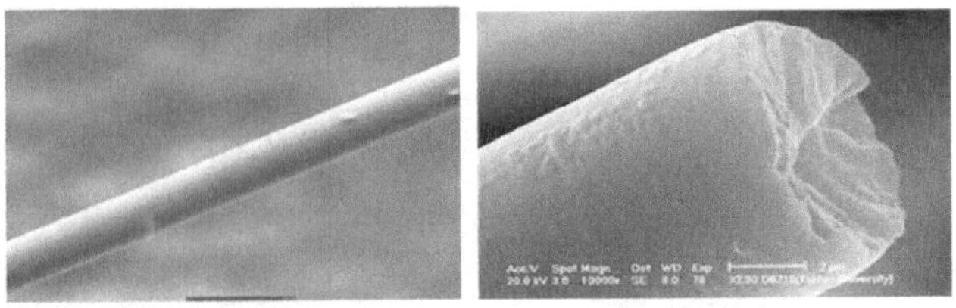

(a) 表面　　　　(b) 断面

图 5-77　蜘蛛单丝的 SEM 图

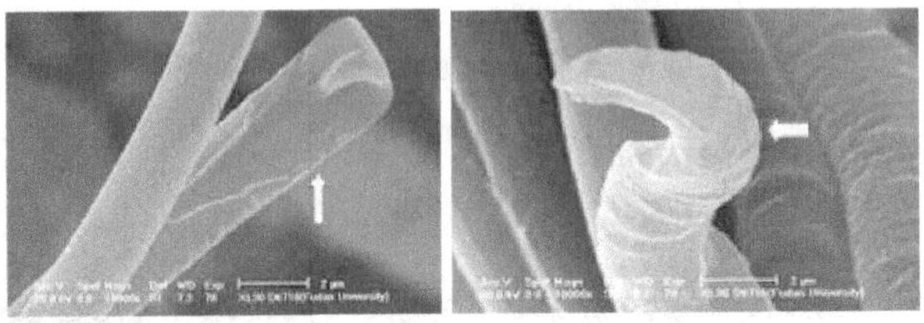

(a)　　　　(b)

图 5-78　蜘蛛丝被拉断时显示出的结构

习题

1. 光学显微镜的极限分辨率是多少？如何推导？
2. 透射电子显微镜与光学显微镜相比有哪些差异？
3. 偏光显微镜在高分子材料研究中有哪些应用？
4. 如何提高透射电子显微镜的分辨率？
5. 哪些制样方法能够提高透射电子显微镜图像的衬度？
6. 电子束与物体相互作用会产生哪些信息？扫描电镜主要是用其中的哪个信号成像的？

参考文献

[1] 朱和国，尤泽升，刘吉梓．材料科学研究与测试方法 [M]．3 版．南京：东南大学出版社，2016.

[2] 杨玉林，范瑞清，张立珠，等．材料测试技术与分析方法 [M]．哈尔滨：哈尔滨工业大学出版社，2014.

[3] 汪昆华，罗传秋，周啸．聚合物近代仪器分析 [M]．2 版．北京：清华大学出版社，2000.

[4] 曾幸荣，吴振耀，侯有军，等．高分子近代测试分析技术 [M]．广州：华南理工大学出版社，2007.

[5] 董炎明，熊晓鹏，杨柳林，等．高分子研究方法 [M]．北京：中国石化出版社，2011.

[6] 孙业英．光学显微分析 [M]．2 版．北京：清华大学出版社，2003.

[7] 闫红强，程捷，金玉顺．高分子物理实验 [M]．北京：化学工业出版社，2012.

[8] 倪志耀．晶体光学 [M]．3 版．北京：地质出版社，2011.

[9] 莫志深．高分子结晶和结构 [M]．北京：科学出版社，2017.

[10] 董炎明．高分子分析手册 [M]．北京：中国石化出版社，2004.

[11] 章晓忠．电子显微分析 [M]．北京：清华大学出版社，2006.

[12] 李佩琦，李新功，佀爽，等．发光型木塑复合材料的制备及性能研究 [J]．中国塑料，2021，35 (5)：47-53.

[13] Lin Yung-Sen，Wu Tzung-Ting，Wan Hsiang-Yu. Enhanced adhesion of EVA and NBR soles with polyurethane adhesives by cold atmospheric pressure plasmas [J]．Journal of Adhesion Science and Technology 2023，37 (10)：1625-1648.

[14] Yilgor I，Bilgin S，Isik M，et al. Facile preparation of super hydrophobic polymer surfaces [J]．Polymer，2012，53 (6)：1180-1188.

[15] 侯紫薇，牛秀，岳倩倩，等．等规聚丁烯-1 与等规聚丙烯间界面的结构与性能研究 [J]．高分子学报，2023，54 (12)：1891-1898.